工业和信息化部"十二五"规划专著
"十二五"国家重点图书出版规划项目
机器人先进技术与研究应用系列

仿人型假手及其生机交互控制

Anthropomorphic Hand Prosthesis and Bio-machine Interactive Control

◎ 刘　宏　杨大鹏　姜　力　赵京东　著

哈尔滨工业大学出版社
HARBIN INSTITUTE OF TECHNOLOGY PRESS

内容简介

  仿人型假手是一种主要面向残疾人康复的生机电一体化装置,融合了生物医学、机器人学、计算机学及控制学等多个学科的相关技术。本书在综述国内外典型灵巧型假手案例的基础上,以自行研制的仿人型假手为例,详细介绍了仿人型假手的机械创成方法、传感系统设计、控制系统设计、肌电控制方法、电刺激反馈策略及具体的生机交互控制实验等内容。

  本书对智能假肢及其控制方法的研究具有一定的借鉴意义,可供从事机械工程、生物、人工智能等交叉学科研究的科技人员参考。

图书在版编目(CIP)数据

仿人型假手及其生机交互控制/刘宏等著. —哈尔滨:
哈尔滨工业大学出版社,2017.3
ISBN 978-7-5603-5709-6

Ⅰ.①仿… Ⅱ.①刘… Ⅲ.①机械手-人-
机系统-研究 Ⅳ.①TP241

中国版本图书馆 CIP 数据核字(2015)第 278595 号

策划编辑 王桂芝 张 荣
责任编辑 刘 瑶 王桂芝
出版发行 哈尔滨工业大学出版社
社 址 哈尔滨市南岗区复华四道街 10 号 邮编 150006
传 真 0451-86414749
网 址 http://hitpress.hit.edu.cn
印 刷 哈尔滨市石桥印务有限公司
开 本 787mm×1092mm 1/16 印张 15.5 字数 374 千字
版 次 2017 年 3 月第 1 版 2017 年 3 月第 1 次印刷
书 号 ISBN 978-7-5603-5709-6
定 价 68.00 元

"十二五"国家重点图书出版规划项目

机器人先进技术与研究应用系列

编 审 委 员 会

序

  机器人技术是涉及机械电子、驱动、传感、控制、通信和计算机等学科的综合性高新技术，是光、机、电、软一体化研发制造的典型代表。随着科学技术的发展，机器人的智能水平越来越高，由此推动了机器人产业的快速发展。目前，机器人已经广泛应用于汽车及汽车零部件制造业、机械加工行业、电子电气行业、医疗卫生行业、橡胶及塑料行业、食品行业、物流和制造业等诸多领域，同时也越来越多地应用于航天、军事、公共服务、极端及特种环境下。机器人的研发、制造、应用是衡量一个国家科技创新和高端制造业水平的重要标志，是推进传统产业改造升级和结构调整的重要支撑。

  习近平总书记在 2014 年 6 月 9 日两院院士大会上，对机器人发展前景进行了预测和肯定，他指出：我国将成为全球最大的机器人市场，我们不仅要把我国机器人水平提高上去，而且要尽可能多地占领市场。习总书记的讲话极大地激励了广大工程技术人员研发机器人的热情，预示着我国将掀起机器人技术创新发展的新一轮浪潮。

  随着中国人口红利的消失，以及用工成本的提高，企业对自动化升级的需求越来越迫切，"机器换人"的计划正在大面积推广，2014 年中国已经成为世界年采购机器人数量最多的国家，更是成为全球最大的机器人市场。为了反映和总结我国机器人研究的成果，满足机器人技术开发科研人员的需求，我们撰写了《机器人先进技术与研究应用系列》著作。

  本系列图书总结、分析了国内外机器人技术的最新研究成果和发展趋势，主要基于哈尔滨工业大学在机器人技术领域的研究成果撰写而成。系列图书的许多作者为国内机器人研究领域的知名专家和学者，本着"立足基础，注重实践应用；科学统筹，突出创新特色"的原则，不仅注重机器人相关基础理论的系统阐述，而且更加突出机器人前沿技术的研究和总结。本系列图书重点涉及空间机器人技术、工业机器人技术、智能服务机器人技术、医疗机器人技术、特种机器人技术、机器人自动化装备、智能机器人人机交互技术、微纳机器人技术等方向，既可作为机器人技术研发人员的技术参考书，也可作为机器人相关专业学生的教材和教学参考书。

  相信本系列图书的出版，必将对我国机器人技术领域研发人才的培养和机器人技术的快速提高起到积极的推动作用。

中国工程院院士 蔡鹤皋

2016 年 5 月

前　言

仿人型假手是一种主要面向残疾人康复的生机电一体化装置,融合了生物医学、机器人学、计算机学及控制学等多个学科的相关技术。

我国具有庞大数量的残疾人人口,如何解决残疾患者的运动功能康复,切实提高其生活质量,已成为不可回避的社会问题。传统单自由度商业假肢很难满足残疾人实际生活的需要,尤其难以应对较为复杂、灵巧的操作。研究表明,低灵巧性、非直观的控制及匮乏的感知能力是目前商业假手市场接受度较低的主要原因。因此,对于新型仿人型假手设计,不仅要求具有灵巧的自由度和多方位的感知能力(如位置、力觉、触觉等),同时,还需要直观的生物电控制通道及高效的感知反馈通道。本书在综述了国内外典型灵巧型假手设计的基础上,以自行研制的仿人型假手为例,介绍了仿人型假手的机械创成方法、传感系统设计、控制系统设计、肌电控制方法、电刺激反馈策略及具体的生机交互控制实验。

全书共分8章:第1章绪论,主要介绍仿人型假手的发展历程、代表性成果及多种驱动、感知、生机交互方法;第2章人手解剖学知识及其功能,主要介绍人手的运动功能、肌肉分布、神经控制及感知反馈回路;第3章仿人型假手的驱动和机构,主要介绍欠驱动、耦合驱动原理及拟人性设计;第4章仿人型假手的电气系统,主要介绍假手的驱动单元模块化设计、感知系统集成化设计及控制系统的层次化;第5章仿人型假手的运动控制,主要介绍假手关节位置控制、阻抗力矩控制、自适应阻抗力跟踪控制等方法;第6~8章则围绕仿人型假手的生机交互系统,分别探讨肌电假手的姿态控制、抓取控制及电刺激感知反馈策略。

本书主要由刘宏、杨大鹏、姜力和赵京东撰写并统稿。其中,刘宏、杨大鹏、姜力撰写第1章,杨大鹏、刘源撰写第2章,刘宏、赵京东、王新庆、樊绍巍、黄海撰写第3章,刘宏、姜力、李楠、张庭撰写第4章,姜力、王新庆、赵大威撰写第5章,杨大鹏、赵京东、顾义坤撰写第6章,杨大鹏、王新庆撰写第7章,杨大鹏、姜力、黄琦撰写第8章。

本书相关工作得到以下项目支持:国家"973计划"项目"操作感知一体化灵巧假肢设计制造与性能评估"(项目编号:2011CB013306),国家"863计划"项目"高性能仿人型假手"(项目编号:2009AA043803),国家自然科学基金项目"融合增强学习机制的智能假肢肌电控制方法"(项目编号:51205080)。樊绍巍、顾义坤、黄琦、刘源、王新庆、李楠、黄海、赵大威、张庭等参与了本书相关内容的研究工作,刘源、黄琦、张华杰参与了本书的编辑校对工作,蔡鹤皋院士审阅了本书的全部文稿。

作为国内生机电一体化假手的第一本专著,本书密切结合作者在仿人型假手研究方面取得的成果,注重理论联系实际,力求对假手设计及生机交互方法进行全面、系统的介绍,具有鲜明的多学科交叉特色,有助于推动我国高性能假肢装备的产业化进程,促进机械工程学科与生物学科、人工智能学科的交叉融合,发展新兴人机控制界面和生机交互方法。

通过本书,读者将获取国际及国内多自由度假手设计的全面资料,对其开展的智能假肢及其控制方法的研究具有一定的借鉴意义。

限于作者水平,书中难免存在疏漏及不妥之处,敬请读者批评指正。

作　者

2017 年 1 月

目　　录

第1章 绪 论

本章要点：假手是应用于截肢患者手部运动功能重建的一种康复机器人，涉及生物学、机械学、电子学、仿生学及计算机科学等多门学科。本章从仿人型假手的发展历程展开论述，主要讨论全球范围内先进假手的机构形式及感知方法，详细综述人体对假手的操控方式和获取假手信息的反馈方法，最后介绍仿人型假手的一些代表性成果。通过本章的学习，读者能够对目前仿人型假手系统的发展现状有清晰的认识。

1.1 仿人型假手的发展历程

人手经常被比作是人类大脑的延伸，心灵的镜子[1]。人手具有 27 块骨头、21 个自由度、29 块肌肉以及 17 000 个触觉传感器[2]。从机械学角度出发，人手可看作一种复杂的生物机电（Bio-Mechatronics）系统，具有丰富的传感器及高度的灵活性。然而，控制如此精密的机械系统，人们却几乎不需要投入额外的心理关注。这是人手以及人体运动神经系统（人脑）经过长期的进化，相互影响、相互促进的结果。

战争、事故或者先天性疾病造成手部缺失的患者，在日常生活中遭受着生理及心理的双重压力。仿人型假手是应用于截肢患者进行手部运动弥补的仿生机器人系统，其研究涉及生物学、机械学、电子学、仿生学及计算机科学等多门学科，是目前机器人领域的一大研究热点。由于人手不仅是灵巧的执行器，还是优秀的感知器，因此作为人手的替代品，仿人型假手需要同时具有操作物体和感知环境两大功能。

最早的假手称为被动式假手或者装饰型假手，其历史可以追溯到公元前 218～公元前 201 年的迦太基战争时代。这种假手质量轻（木质）、外形逼真，但只能用于静态装饰[3]。可驱动型假手出现于 1509 年，当时人们为在战争中失去一只手的年轻战士 Berlichingen 制作了通过弹簧驱动的假手。这只假手在战斗中发挥了很大的作用，但是在生活中却很不方便。

1812 年，Peter Baliff 发明了采用肢体驱动的假手，该假手通过捆绑到肩膀上的绳索带动实现单自由度开合运动，虽然实现简单，但是可以利用人体自身的视觉及皮肤触觉获得一定的位置及力的反馈。目前，这种绳索驱动的假肢仍旧占据较大的市场份额。

1972 年，Chilidress 将假手划分为装饰型、被动型、身体驱动型和外部动力型 4 种类型。其中，外部动力型假手是指采用肢体以外驱动形式①的假手。相比于身体驱动型假手，动力型假手配置较灵活，出力较大。按此分类，动力型假手开始流行于 20 世纪 20 年代，并于 30 年代开始得到了广泛的应用[4]。由 Tomovic 和 Boni 于 1962 年研制的 Belgrade 手最初就是为南斯拉夫的一位伤寒病患者设计的，当时它被认为是世界上最早的灵巧手[5]。

---

① 当时是电机驱动，后来还可以采用液压、气动等驱动形式。

1948 年出现了肌电型假手[6]，通过处理人体残肢肌电信号来实现对假手的控制。通过分析人体肌肉收缩时产生的肌电（Electromyography，EMG）信号，可进行人手运动模式及强度等多种估计，从而实现假手不同运动姿态及速度的控制，是目前广泛研究及应用的假手类型。然而，商业化的肌电假手（德国 Otto Bock、美国 Motion Control，Liberating Technologies 公司以及国内丹阳假肢等）普遍只具有一个张合自由度，在抓取功能及灵活性方面表现较差。

20 世纪 70~80 年代，在航天技术迅猛发展的推动下，机器人灵巧手技术有了突破性进展，代表性成果有 Stanford/JPL 手[7]、Utah/MIT 手[8]等。在面向未知环境的交互时，研究者希望能够模拟人手高度灵巧的抓取及操作特性，提高机器人的操作水平[9]。此时，作为机器人灵巧手的一项潜在应用，仿人型假手的发展得到了巨大的推动[10]。20 世纪末，随着生物机电一体化技术的崛起以及康复医学工程需求的日益增长，发达国家开始投入大量的人力、物力从事灵巧假肢的研发，如英国南安普顿大学的 Southampton 假手[11]、牛津大学的 Oxford Intelligent 假手[12]、斯坦福大学的 Stanford 假手[13]、台湾大学的 NTU 假手[14]等。上述假手均具有 5 个手指，通过电机独立驱动，注重对人手抓取功能的模仿。但是，受当时驱动技术和传感水平的制约，假手尺寸及质量均较大，基本不具备感知能力。一项对假手使用情况的调查表明[15]，残疾患者群体对假手的期望，包括外观、舒适性、功能性以及可控性等方面，在一定程度上修正了假手研究的方向。

进入 21 世纪之后，假手的发展呈现出多样化的趋势，其设计指导思想不再是单一地对灵巧手进行简化或是对人手进行简单模仿，而是机械、电气、生物及控制等相互交叉的范围日益扩大。理想的假手通常要便于控制、佩戴舒适且外形逼真，更为重要的是还要有高的灵活性。2005 年，美国国防高级研究计划署（DARPA）先后投入 7 100 万美元资助"Revolutionizing Prosthetics"项目，包括多所著名大学和实验室在内的 30 多个研究机构参与了该项目的研究，是假肢领域有史以来最大的研究计划项目之一。历经 5 年的研究，该项目在灵巧机构设计、生机交互方法及神经功能移植方面取得了突破性的进展，DARPA 也在2010 年发布了该项目的第二期资助计划。与此同时，以意大利为代表的欧洲国家启动了 Cyber hand，Smart hand 和 Neurobotics 等研究计划，以生机电一体化假肢为对象开展了持续多年的研究。在人工感知方面，欧盟第六和第七框架计划先后启动了 Nanobiotact，Biotact，Nanobiotouch 等多个研究项目，从仿生学、机器人学以及生机接口等角度研究皮肤感知机理，为假肢触觉感知奠定了坚实的基础。

目前，仿人型假手的发展逐渐向灵巧化、高集成化、小型化、智能化转变，研究者们已经尝试了多种驱动源形式（如电机驱动、液压驱动、人工肌肉及记忆合金等）以及传动形式（如齿轮齿条、蜗轮蜗杆、连杆、腱等）。在驱动源个数少于可动关节数时，多采用欠驱动[16]来进行多指仿人型假手的驱动。各国科研机构，如意大利的博洛尼亚大学、韩国的东义大学、日本的庆应义塾大学、美国的范德比尔特大学和耶鲁大学、加拿大的新不伦瑞克大学等陆续推出了各具特色的研究型假手。与此同时，多自由度假手（i-limb hand，Bebionic hand，Vincent hand，Michelangelo hand 等）也逐渐实现了商业化。在机构上，越来越多的假手考虑到了拇指的对掌运动，将其作为独立自由度进行驱动，以实现更好的抓握性能。在感知方面，多自由度仿人型假手也逐渐具备了触觉、力觉、位置等感知能力，能够实现一定的局部自主，智能性也逐渐提高。

然而，如何能够基于人体信号实现对多自由度假手的控制，充分发挥其灵巧性，是假肢应用面临的一大挑战。美国 DARPA"革命性假肢"采用神经移植手术,将残疾人患者手臂处的神经移植到患者胸部,然后通过采集嫁接后肌肉的肌电信号实现了多自由度假肢控制。另外,科研人员还尝试使用植入式神经信号、脑皮层电位等进行假肢的控制,并通过神经反馈的引入,使人体能够获得对假手的本体感知。目前,在脑科学、认知科学等的发展带动下,神经控制及感知反馈的研究逐渐成为仿人型假手研究的重点。2010 年,智能假肢作为典型的生物机电一体化系统,被 Live Science 列为引领未来的十大创新技术之一。

1.2　仿人型假手的代表性成果

据不完全统计,目前各种仿人型假手的数量(包括研究型和商业型)已经具有数百种。表 1.1 列出了 2003～2014 年实验用仿人型假手的主要参数。

表 1.1　实验用仿人型假手的主要参数

图片	名称	年份	手指数/个 关节数/个 自由度/个	出力及 速度	驱动器 个数及 位置	传动 原理	大小及 质量	主要 文献
	Cyber hand	2003	5/15/16	70 N 45(°)/s	6/DC External	Tendon	95% 360 g	[17] [18]
	Manus hand	2004	5/10/4	60 N 90(°)/s	3/BLDC Internal	Tendon	120% 300 g	[19]
	IOWA hand	2004	5/15/5	—	5/DC Internal	Tendon	100% 90 g	[20]
	Fluid hand	2004	5/8/8	110 N 57(°)/s	1/Gear Pump Internal	Fluid Actuator	100% 350 g	[21] [22]
	Tokyo hand	2005	5/15/12	0.4 N·m 200(°)/s	7/SM External	Tendon	— 584 g	[23] [24]

续表 1.1

图片	名称	年份	手指数/个 关节数/个 自由度/个	出力及 速度	驱动器 个数及 位置	传动 原理	大小及 质量	主要 文献
	UB Ⅲ	2005	5/15/16	70 N 250(°)/s	16/DC External	Tendon	120% —	[25]
	AR Ⅲ HITAPH Ⅲ	2007	5/15/3	30 N 72(°)/s	3/DC Internal	Bar	120% 500 g	[25]
	SMA hand	2008	5/15/7	— 41(°)/s	7/SMA External	Tendon	50% 250 g	[27]
	SJT2 hand	2008	5/15/6	27 N —	4/DC Internal	Bar	—	[28]
	Dong-Eui hand	2008	5/15/6	14 N —	6/DC Internal	Tendon	— 400 g	[29]
	Vanderbilt hand	2009	5/16/17	—	5/Gas Actuate External	Tendon	— 580 g	[30]

续表 1.1

图片	名称	年份	手指数/个 关节数/个 自由度/个	出力及 速度	驱动器 个数及 位置	传动 原理	大小及 质量	主要 文献
	Intrinsic hand	2009	5/15/19	4.7 N·m 360(°)/s	15/BLDC Internal	Motor	75% —	[31]
	Extrinsic hand	2009	5/11/21	— 360(°)/s	1/Cobot External	Tendon	—	[32]
	EA hand	2009	5/16/5	80 N 225(°)/s	5/DC External	Tendon	100% 580 g	[33]
	SDM hand	2010	4/8/1	—	1/DC External	Tendon	—	[34]
	iCub hand	2010	5/20/9	—	9/DC Hybrid	Tendon	—	[35]
	DLR HASy hand	2011	5/15/19	2.73 N·m 600(°)/s	19/SM External	VSA Tendon	—	[36]

续表 1.1

图片	名称	年份	手指数/个 关节数/个 自由度/个	出力及 速度	驱动器 个数及 位置	传动 原理	大小及 质量	主要 文献
	UT hand I	2014	5/15/15	5 ~ 10 N 90(°)/s	3/DC Internal	Tendon	—	[37]
	Pisa/IIT Soft hand	2014	5/15/19	3.5 N·m —	1/SM Internal	Tendon	—	[38]
	Sandia hand	2014	4/12/12	10 N 4.5 r/s	12/BLDC Internal	Planetary Gear + Tendon	—	[39]

表 1.1 中，自由度包括主动自由度及手腕的自由度；质量仅代表假手的质量，不包括手臂部分；出力以"N"为单位时代表整手抓取力，以"N·m"为单位时代表单手指出力；速度指的是基关节转速；DC 代表直流有刷电机；BLDC 代表直流无刷电机；SM 代表伺服电机；SMA 代表形状上的记忆合金；Internal 代表驱动器位于手掌内；External 代表驱动器位于手臂处；Tendon 代表腱驱动；Bar 代表连杆驱动；Gas Actuate 代表气动驱动；大小为与自然人手对比的结果，以百分比的方法表示。表中数据均根据最后一栏的参考文献获得，部分未知参数以"—"表示。

上述假手一般都具有 5 个手指，其质量在 500 g 左右。驱动外置式假手在外观、传动方式、灵巧性、出力等方面均优于内置式假手。外置式假手通常采用腱驱动，手掌内有充足的空间，可以实现更多的自由度以及更丰富的传感器配置。此外，手臂处的驱动元件也不受空间的限制，可以选择大功率的电机。与驱动外置式假手相比，内置式假手受到整手体积的限制，只能采用有限数量的小功率直流电机，在传动上更趋向于不需要预紧装置的方式。此外，由于其电控系统较简单，因而无法快速处理大量的传感器信息。但驱动内置式假手对不同程度的截肢患者具有更高的适应性，因此实际应用前景也更为广阔。

与上述试验用假手相比，商业假手具有不同的设计思路。假手的研究最终还要面向用户，根据患者的需求来制订设计指标。表 1.2 给出了有代表性的商业仿人型假手的主要参数。

表 1.2　商业仿人型假手的主要参数

图片	名称	年份	手指数/个 关节数/个 自由度/个	出力及 速度	驱动器 个数及 位置	传动 原理	大小及 质量	传感器	主要 文献
	Ottobock Sensorhand	2002	5/2/1	90 N —	1/DC/IN	连杆	50% 500 g	1H/1T 3AF	
	丹阳假手	2008	3/2/1	14 N —	1/DC/IN	连杆	— 400 g	FSR	[40]
	i-limb hand	2009	5/10/6	27 N	5/DC/IN	蜗轮蜗杆	— 518 g	5T	[41]
	原田手	2009	5/10/5	—	5/DC/IN	腱	—	—	
	Vincent hand	2010	5/11/6	—	6/DC/IN	—	—	—	[42]
	Bebionic hand	2011	5/11/6	140 N 约 3 r/s	5/DC/IN	连杆	100%/ 550 g	—	[43]

　　表 1.2 中,AF 代表三轴力传感器;H 代表 Hall 传感器;T 代表力矩传感器;FSR 代表柔性压阻传感器;各英文符号前的数字代表数量。

　　相对于研究型假手,商业假手更注重对手指及掌型的仿人化设计。商业假手一般采用内置式直流电机驱动,但由于自由度少,因此能够实现的抓握方式也比较有限。Ottobock 假手仅能够实现两指捏取,且对物体的包络能力也较差。但其最大优点在于可以通过手掌内的三维力传感器自动调节抓握力。i-limb 假手的外观仿人性好,每个手指可以单独运动,但由于传感器的数量少,因此控制方式较为单一。除此之外,两种假手的价格都非常昂贵,过高的售价远远超过了国内截肢患者的承受能力。国内假肢的价格较国外便宜很多,但国内假肢只具有一个开合自由度,不具备感知功能,可控性不高。

　　综上所述,假手设计中存在着诸多矛盾。自由度越多,灵活度越高,结构就越复杂,尺寸及质量难以保证且难以控制;可控性越高,需要的传感器信息越多,算法就越复杂,控制的实时性难以满足。以上种种,不一而足。如何在"理想化"与"实用化"之间取得折中是目前假手设计中必须考虑的因素。未来假手的发展将进入以人的需求为中心的时代,根据使用者的需求制订设计标准是假手能否走向患者的关键。

下面就仿人型假手的驱动、传感、控制以及生机交互方法进行深入讨论。

1.3　仿人型假手的驱动

目前绝大多数假手使用的动力装置仍然是直流电机,在体积、质量、输出力矩及可靠性方面比较均衡。另外,围绕微小型驱动器及驱动模块的研制也取得了令人瞩目的成果,通常是以直流电机为基础加以改造形成新的驱动模块。具有代表性的有 Fluid hand 使用的液体伺服驱动器、Vanderbilt 假手使用的微型 4 通道伺服阀、Extrinsic 假手使用的 Cobot 驱动器、EA hand 使用的旋转钢轮驱动模块及德国宇航中心使用的 VSA 驱动器,如图 1.1 所示。

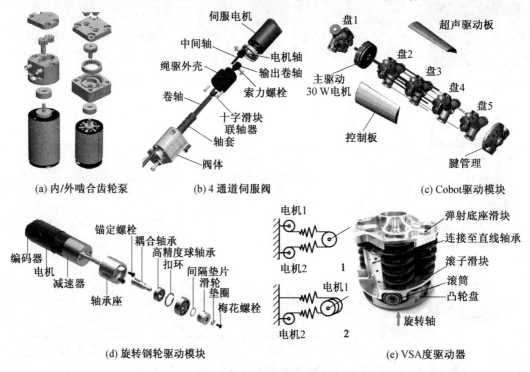

图 1.1　驱动器比较

Fluid hand 驱动器的核心为一套自制的内/外啮合齿轮泵,如图 1.1(a)所示。假手通过放置在手掌内的液压阀分配压力,通过关节柔性液体驱动器驱动关节旋转。内啮合齿轮泵的基本原理为直流电机带动小齿轮与外齿圈啮合,泵壳内月牙儿状的凸起密封住两齿轮之间的空隙,从而将吸油腔与压油腔隔开,进口及出口分别在月牙儿凸起的末端,随着齿轮的回转完成吸排过程。整套电液驱动装置可以完全集成在手掌内,通过 Infineon C164CI 型微处理器对伺服阀进行比例控制,手指的基关节转动范围为 90°,单指出力可以达到 8 N。

Vanderbilt 假手为驱动外置式假手,通过多个气缸产生驱动力。驱动源为气体,过氧化氢在活塞缸中燃烧产生高压气体,通过微型 4 通道伺服阀实现动力分配。其中伺服阀为驱动的核心元件,如图 1.1(b)所示。该伺服阀的大小与 AA 电池相仿,质量为 28 g,能产生 2.1 MPa的气压。其基本原理为直流电机通过9:1的腱驱动齿轮箱驱动滑阀。气流的方向及流量通过旋转套筒中的转轴来决定。该伺服阀能够提供平缓线性的输出,−3 dB 带宽下的频率响应为 35 Hz。整套手设计新颖,但由于采用了燃气装置,会产生较大的噪声及废气,同时发热及包装问题也很难解决。

通常的腱、齿轮、同步带、液压或气压等驱动方式都有能量消耗,从而引起发热或噪声。此外,传动机构的摩擦、间隙、柔性等会在系统中引入非线性,给精确控制带来困难。为了解决上述问题,Kinea 公司研制了新型 Cobot 驱动模块[44],如图 1.1(c)所示。该驱动模块采用具有轴承特性并处于滚动接触状态的钢制部件进行传动,不会产生上述任何的非线性,在将旋转运动转化为直线运动的过程中也没有能量损失。此外,其质量较轻,比电机等驱动元件具有更高的驱动力及效率。该模块以 30 W 电机为主驱动元件,沿电机输出轴布置有 5 个 puck,电机的输出轴从每个 puck 内穿过,每个 puck 的内部集成 3 个连续可变传动比(Continuously Variable Transmissions, CVTs)装置[45],每个 CVTs 控制一根腱,每根腱驱动一个手指关节,并能够根据需要调整其速度及转矩。其缺点在于无法同时驱动所有的腱。CVTs 的工作原理及结构如图 1.2 所示。

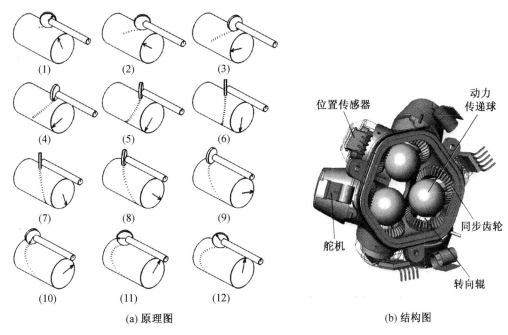

(a) 原理图   (b) 结构图

图 1.2 CVTs 的工作原理及结构图

CVTs 装置以电机轴为输入,惰轮通过一定的预载荷与输出轴滚动接触,惰轮的一端与腱或连杆连接,作为输出。当电机轴沿图 1.2 所示方向旋转时,惰轮同时通过超声电机驱动绕自身轴线摆动,从而产生 3 个方向的周期性运动,即绕电机轴线回转、沿电机轴线前后移动及绕自身轴线摆动。其前后方向的移动作为输出来控制手指弯曲。

具有人手骨骼外观的 EA hand 采用旋转钢轮驱动模块,其结构如图 1.1(d)所示。该模块以直流电机为驱动器,行星减速箱的输出轴通过刚性联轴器连接钢轮,在钢轮上缠绕钢丝,通过惰轮改变钢丝的方向,将旋转运动转化为直线运动,从而驱动手指弯曲,手指的伸展依靠关节扭簧来实现。该驱动器的实现形式较为简单,但其输出力矩大小受减速箱额定转矩的影响。

考虑到高速撞击可能对人体及机器人双方面的损害,德国宇航中心(DLR)根据变刚度驱动(Variable Stiffness Actuation,VSA)[46,47]的原理设计了一种新型的 VSA 驱动器并应用于最新一代 VIA 假手。VSA 通常采用对抗驱动方法来实现,如图 1.1(e)中 1 所示。两个相同的电机分别连接一个弹性元件,当电机同向转动时可以改变被驱动装置的运动方向,当两个电机反向转动时,可以调节被驱动装置的刚度。其不足之处在于,如果没有反向制动装置,当需要高刚度时,两个电机需要持续输出极大的力矩,不利于减小能量消耗。

为了减弱上述不利影响,DLR 对 VSA 驱动器做了改进,如图 1.1(e)中 2 所示。功率较大的电机 1 用于驱动关节转动,小功率的电机 2 用于改变关节刚度,两者基本相互独立。按照上述原理设计出的 VSA 驱动器如图 1.1(e)所示。关节产生偏离时会引起偏心盘的位移,进而由沿轴向布置的弹簧压紧滚柱以平衡这一位移,由此产生的向心力驱动关节转动。如果需要改变关节的刚度,小的电机功率会带动弹簧座沿关节轴向趋近偏心盘,通过改变弹簧的弹力来调节关节刚度。

除了以电机为基本驱动元件之外,形状记忆合金(Shape Memory Alloy, SMA)早期也曾被用作假手的驱动元件[48]。SMA 假手即采用记忆合金作为驱动元件。记忆合金材料通常采用 FLEXINOL 公司的镍钛合金丝,直径为 0.2 mm。合金丝的一端固定,另一端连接到滑动片上,滑动片与腱相连。通过电流加热合金丝而产生收缩,将滑动片的直线运动转化为手指关节的回转运动。由于合金丝的伸缩比只有 3% ~5%,因此该驱动系统需要较长的合金丝,且由于合金丝的冷却速度慢,因而降低了系统的反应速度。

目前假手采用的传动方式主要可以分为 3 种,即关节驱动、连杆传动及腱传动。假手采用何种传动方式与驱动器的形式及位置有直接关系。驱动外置式假手及采用 SMA 驱动的假手通常采用腱传动。驱动内置式假手常采用连杆或关节驱动方式。3 种传动方式各有其优缺点。关节驱动方式可控性高,但受限于驱动器的发展水平,目前还难以兼顾尺寸与输出力矩;连杆传动结构紧凑,刚度大,如果对其尺寸进行合理优化,则能够具有仿人型运动轨迹,但其运动平稳性不高,加速度有波动;腱传动结构简单、效率较高,其缺点在于传动链较长,腱容易松弛或被过度拉伸,需要通过张紧装置经常维护。因此,采用何种传动方式需要综合考虑多方面因素。

1.4　仿人型假手的感知

假手功能的高低与感知功能有直接的关系,人手的操作也极大地依赖于丰富细腻的触觉,遗憾的是,现有的技术还无法完全复现这一功能。有研究者提出采用纳米级硅丝超低电压场致电离放电技术解决触觉感知问题[49]。到目前为止,假手配备的传感器可以按照用途分为两大类,即感知传感器和交互传感器。前者主要用于假手自身状态及与环境作用力的感知,后者主要用于同人体之间的交互。试验用假手的传感器配置见表 1.3。

表 1.3 试验用假手的传感器配置

名称	感知传感器		交互传感器	
	位置传感器	力觉传感器	信号采集传感器	反馈传感器
Cyber hand	6E-8H	2TF-5FCS	EMG	—
Manus hand	1H	1HF	EMG	—
IOWA hand	—	—	EMG	—
Fluid hand	2FSR	2FSR	EMG	—
UB Ⅲ	16PS	16TFS	EMG	—
SMA hand	—	—	EMG	—
SJT2 hand	—	—	EMG	—
Dong-Eui hand	5E	—	EMG	—
Vanderbilt hand	E	—	EMG	—
Intrinsic hand	15H/3P/3TM	2FSR	EMG+USEA	USEA
Extrinsic hand	11H	3FSR	EMG+USEA	USEA
EA hand	5E	—	EMG	—
Smart hand	15H/4E	5TFS/4OTP/4C	EMG	—
HITAPH Ⅳ	5H/5E	5T	EMG	FES
VIA hand	TM/76E	15T	EMG	TAC

表 1.3 中,E 代表编码器;H 代表霍尔位置传感器;TF 代表三维力矩传感器;HF 代表霍尔效应力传感器;PS 代表基于应变测量原理的位置传感器;TFS 代表腱张力传感器;C 代表电流传感器;OTP 代表光学触觉或压力传感器;TM 代表温度传感器;P 代表应变阵列触觉传感器;FCS 代表柔性接触传感器;T 代表关节力矩传感器;FSR 代表柔性力敏电阻传感器;EMG 对应 EMG 电极;FES 代表电刺激器;TAC 代表触觉反馈器;USEA(Utah Slanted Electrode Arrays)代表犹他电极阵列。各英文符号前的数字代表数量。

采用电机驱动的假手一般直接利用其自带的磁编码器检测相对位置,其精度较高。然而,由于转子的运动需要经过减速机构传递到关节空间,机构的间隙及形变均会产生误差,造成关节位置误差。为了提高关节位置的测量精度,假手通常采用绝对式关节位置传感器,较为常用的有霍尔位置传感器、电位计和光学传感器等。

假手在与环境交互的过程中需要感知相互之间的作用力,实现这一过程的途径可以有 3 种,即指尖力传感器、关节力矩传感器及触觉传感器。指尖力传感器通常采用力敏电阻(Force Sensing Resistor,FSR)[50] 或 Flexiforce[51] 等柔性传感器。这两种传感器基于压阻原理,随着外力增大,阻值减小。其优点在于可以直接测量接触力,尺寸小,厚度薄;其缺点在于线性度、重复精度不高,滞回大,通常只用作开关量。力矩传感器通常基于应变测量原理,通过在弹性体上粘贴应变片,以惠斯通电桥测量外力引起的电压变化,灵敏度、线性度高,滞回小,但在使用中需要通过静力学换算得到期望的接触力。触觉传感器相比其他两种传感器能够提供更为丰富的感觉信息[52]。Cyber hand 的柔性接触传感器如图 1.3(a)所示,使用时将传感器包裹在手指的外表面,但其检测精度不高,量程范围较小,仅用于检测不大于 15 mN/mm² 的接触压力。德国宇航中心研制的交叉丝结构柔性触觉传感器[53] 如图 1.3(b)所示,基于柔性压阻材料构建,采用交叉丝结构,具有较高的精度,空间分辨率达 0.8 mm。Wettels 等研制的一种名为 BioTac 的仿生触觉传感器[54] 如图 1.3(c)所示。该传感器在指尖骨骼结构上集成一些电极,用橡胶将导电液体包裹在指尖骨骼结构的外部。当接触环境时,柔性的橡胶表皮发生形变,引起导电液体受压变化导致阻抗改变,通过各个电极检测阻抗值进而进行三维力信息的检测。此种结构由于力的敏感体是随机分布于柔性硅胶材料之中的,因此传统的多维力传感器的力与输出之间的线性关系不再适用,需要采用较复杂的数据处理方法,从测量信号中提取有用的信息。BioTac 已经商业化,并且成功地应用于 Shadow hand 和 Barrett hand。

(a) 柔性接触传感器　(b) 交叉丝结构柔性触觉传感器　(c) BioTac 仿生触觉传感器　(d) 振动反馈器

图 1.3　触觉及反馈传感器

除了假手本体的传感器外,众多学者围绕肌电信号提取及感知反馈的需求也研制了相应的传感器。肌电信号的采集主要有侵入式及非侵入式两种方法[55]。侵入式方法虽然能够获得高品质的信号,但患者操作复杂,安全性及可用性较低。非侵入式方法采集皮肤表面的肌电信号,具有安全、方便的特点,是目前普遍采用的一种肌电信号采集方法。根据电极原理不同可以分为表贴式电极及独立式干电极。表贴式方法需要外接放大器及信号调理器,设备体积较大,且多为一次性使用电极。独立式干电极一般具有内置信号放大、滤波及降噪功能,且可以重复使用,方便可靠。常用的独立式干电极主要为双差分式电极,如图1.4所示。

(a) 13E200—50　　(b) DE—3.1　　(c) BL—AE　　(d) Tsinghua　　(e) Danyang

图 1.4　双差分式电极

感知反馈通常为电刺激方式(FES)或是压力方式。FES 方式最初用于截肢后的肌肉功能恢复,文献[56]将其应用于辅助力跟踪,提高了力跟踪的精度。文献[57]研制了一种感知反馈模块,该模块以伺服电机为驱动器,其输出带动一根摆杆,摆杆的一端按压皮肤以实现力觉反馈。Kinea 公司设计了一种更为小巧、复杂的振动反馈器,如图 1.3(d) 所示。该传感器用微型电机驱动,采用 6 连杆执行机构,可以在上下、左右两个方向提供振动反馈。该传感器仅有 5 mm 大小,却能提供一系列的感觉信息,包括温度、三维力、3 轴加速度及 4 个可以分辨的接触点位置。

1.5 仿人型假手的生机交互

无论研究型还是商业型仿生假手,它们共同的发展趋势是外观、结构的仿人化,多指、多关节、多自由度的灵巧化,驱动器、传感器、控制系统的集成化,这使得假手从硬件设计上保证了仿生特性的实现。然而这种硬件上的能力要想充分地发挥出来,还需解决如何形成人体与假手之间流畅的信息交互,如何让用户能够按自己的意愿控制假手动作,并能感知假手的操作情况(如手指位置、抓取力大小)和环境信息等关键问题。

目前的几种新型商业型仿生假手在双向信息交互方面仍有较大欠缺,如英国 Touch Bionics公司的 i-limb,日本高崎义肢的原田手及英国 RSLSteeper 公司的 BeBionic hand 仍沿用传统的肌电控制方式,采用单/双肌电电极进行假手开/合控制,其多动作模式的实现要靠调整肌肉的收缩次数或手动调节来进行切换,动作控制显得笨拙且不自然。另外,在抓取物体时,用户必须依赖眼睛(生物视觉)观察来判断是否抓到物体,而对抓取力度则无从感知,这使得视觉受到阻隔时将无法进行抓取,并且抓取过程既消耗精力又不易成功,从而直接影响到假手的实际应用效果。表1.4 给出了目前研究型及商业型假手所采用的动作控制及感知反馈方式。

表1.4 主要假手的控制及反馈方式

假手类别	名称	动作控制方式	感知反馈方式
研究型假手	Cyber hand	I-ENG	I-ENG,VS
	Manus hand	sEMG	VS
	Fluid hand	sEMG	VS
	Tokyo hand	sEMG	FES
	HITAPH Ⅲ	sEMG	BV
	SJT2 hand	sEMG	BV
	Vanderbilt hand	sEMG	BV
	Smart hand	sEMG	VS
	Revolutionizing Prosthesis	I-ENG,ECoG	I-ENG
商业型假手	i-limb hand	EMG	BV
	原田手	EMG	BV
	Vincent hand	EMG	BV
	Bebionic hand	EMG	BV

表1.4 中,sEMG 代表表面肌电信号;I-ENG 代表植入式神经接口;VS 代表振动刺激;FES 代表电刺激;ECoG 代表脑皮层电位;BV 代表生物视觉。

从人体外周神经系统(如肌电、近红外、肌压、超声等)或脑电信号中直接获取假手控制信息,并通过引入适宜的神经反馈机制(如压力反馈、振动刺激、电刺激等)形成控制与感知的闭环,是仿人型假手研究的一大科学任务。下面分别从构成仿人型假手生机交互系统的两大组成部分——前向神经控制和反向感知反馈,进行详细综述。

1.5.1　神经控制

1. 肌电控制

中枢神经系统通过运动单位(Motor Units,MUs)的募集(运动单位由小到大渐次兴奋的过程)和发放率(单位时间内运动单位的兴奋次数)等控制肌肉收缩力的大小和变化速度,它们反映了神经、肌肉的功能状态。而肌电信号作为一维时间序列信号,发源于中枢神经脊髓中的运动神经元,是电极所接触到的许多运动单元发放的动作电位(Action Potentials,APs)的总和[58]。因此,肌电信号中包含了肌肉收缩模式及强度信息,可以作为一种简单可靠的假手控制信息源。因为在此利用了人神经肌肉电传导的特性并将其输出至外界环境,这种基于人体生物电信号的假手控制方式,对于残疾人的神经康复是相当有益的。

早在 1948 年,德国 Reiter 就已经开始考虑使用肌电信号控制假肢[59]。1953～1962 年,苏联实用型肌电假手研制成功。随后,假肢的肌电控制经历了使用人工神经网络[60]、暂态肌电[61]、小波分解[62]、在线学习[63,64]等关键阶段。目前,仿人型假手的控制逐渐由离散姿态切换模式向多自由度同步比例控制模式转变,并着眼于提高控制的鲁棒性及时效性。

1960～1970 年,由于受到当时电子技术水平的限制,肌电假肢的控制多采用肌电信号的双态幅值调制及包络解调方法。肌电信号经过校正、滤波及调制后,对于肌肉的一次收缩活动,对应产生一个信号峰值,通过峰值与阈值大小的比较,输出假手抓握或者伸展的动作。根据需要,可以将单通道内的肌电幅值配置成双态(on/off)和三态模式(close/open/off)[65]。由于这种阈值决策可靠性高,实现方法简单,因此一直是单自由度商业型假手(如 Ottobock,Hugh Steeper,Hosmer,Fidelity Electronics 等)所采用的控制方法。

针对其多功能假手控制,德国的 Reischl 等人[66]采用一种基于转换信号及控制信号相结合的方法,通过处理转换信号得到假手抓取模式信息,再通过处理控制信号得到各手指控制信息(速度/力的比例控制),如图 1.5 所示。这种方法现已被大部分商业假手(如 i-limb,Bebionic 等)所采用。

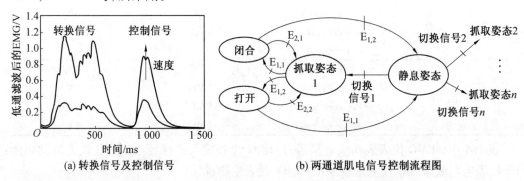

　　(a) 转换信号及控制信号　　　　　　　　(b) 两通道肌电信号控制流程图

图 1.5　FZK(Forschungszentrum Karlsrube)假手肌电控制策略[66]

$E_{1,1}$—收缩屈肌群;$E_{2,1}$—放松屈肌群;$E_{1,2}$—收缩伸肌群;$E_{2,2}$—放松伸肌群

除人工切换假手运动模式外,还可以借助于编码的方法(类似于 Morse Code)将肌电信号的三态模式按照时序进行编码输出,对应于不同的抓取模式和抓取强度,如西班牙 MANUS 假手肌电控制[67]。编码控制异于正常人体神经肌肉控制策略,是一种非直观性的控制方法,因此需要大量的训练,实时性较低,假手控制不灵活。

从残肢端肌电信号中识别出抓取模式,由假手底层控制器实现对物体的稳定抓取,是一种分层次的肌电控制方法。英国南安普顿大学的"适应性操作流程"(Southampton Adaptive Manipulation Scheme, SAMS)将假手抓取操作分成预置(Position)、接触(Touch)、保持(Hold)、挤压(Squeeze)及放松(Release)5个状态,各状态之间的转换依靠单一肌肉的收缩及伸展来实现,如图1.6所示。在抓取实施过程中(接触、保持及挤压),使用力觉传感器获取与抓取有关的反馈信息,实现假手抓取的自律及抓取力的分配。

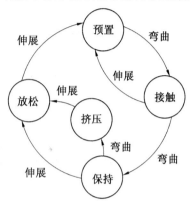

图1.6 SAMS 抓取状态流程[68]

除了使用特征肌电信号切换假手抓取模式外,还可从多通道肌电信号中直接实时判断抓取模式。加拿大的 Hudgins 等人[61]研制了一种肌电控制器(UNB Myocontroller),利用肌电信号的5种时域特征,结合多层感知器能够识别4种人手运动模式。研究者后来将 UNB Myocontroller 同 SAMS 相结合,使用 UNB Myocontroller 替换了 SAMS 中抓取模式判断环节,使假手抓取性能得到了巨大的改善。在以上分层次控制中,假手抓取成功率取决于运动模式判断的准确性、传感器反馈信息的准确性及假手局部自主的智能化程度。另外,在控制过程中用户不能实时进行抓取模式的调整,引入局部自主还可降低假手操作的本体感,从而影响身体图式(Body Schema)和身体意象(Body Image)。

因此,高效的肌电控制需要从信号本身实时地提取更多的运动模式及强度信息,先进信号处理及模式识别方法在肌电控制中得到了迅速应用[69,70]。典型的模式识别系统主要包括特征提取及特征分类两方面,人手运动肌电模式的识别也不例外。假手肌电控制的典型流程是通过提取有效肌电信号的模式特征向量,输入至识别器,从而判断出各种动作模式(如屈指、屈腕、屈肘等),然后将结果(动作模式及速度等)输入至假手底层控制器,由底层控制器实现假手的具体操作。基于模式识别算法的假手肌电控制流程如图1.7所示。

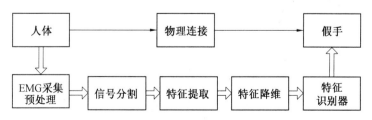

图1.7 基于模式识别算法的假手肌电控制流程

图1.7中,EMG 信号的采集通常可以采用侵入式(针式电极)或非侵入式(表面肌肤干

电极)两种方式[71],EMG 信号可以采用暂态(Transient)及稳态(Steady-state)两个阶段[72];预处理主要包括原始肌电信号的放大、滤波[73]及肌肉活动发起的实时检测[74]等;信号分割一般采用重叠式移动窗口的方法来获取一定长度的 EMG 信号用于后续分析;特征提取是从原始 EMG 信号中提取与人体运动模式及强度相关的各类时域、频域、时频域特征;特征降维是指采用特征选择或者特征映射的方法剔除特征之间的冗余信息;特征识别器用于将 EMG 特征映射为特定的动作模式(分类器)或者幅度(回归器)。表 1.5 给出了至今为止采用模式识别算法进行肌电模式识别的一些代表性研究。

表 1.5　基于模式识别算法的肌电控制

主要作者	年份	方法		受试数目	窗口/ms	电极数	模式数	成功率/%
		特征	分类器					
Hudgins[75]	1993	TD-4	ANN	TR(4),TH(2)	200	1	4	86
Kuruganti[76]	1995	MAV+MAVS+ZC+WL	ANN	HS(9)	240	2	4	90
Itakura[77]	1996	AMP	ANN	HS(3)	200	4	5	94
Eriksson[78]	1998	—	ANN	TR(1)	—	8	5	
Karlik[79]	1999	AR4	MLP	HS(1)	80	2	6	96
Englehart[80]	1999	WL+PCA	LDA	HS(16)	256	2	4	94
Englehart[72]	2001	WPT	LDA	HS(11)	256	4	6	97
Light[81]	2002	TD-4	MLP	Patients	240	2	4	>90
Englehart[82]	2003	TD-4	LDA	HS(12)	256	4	4	95
Karlik[83]	2003	AR4	FCNN	HS(1)	80	2	6	98
Koçyigit[84]	2003	WT	FKNN	—	256	2	4	96
Soares[85]	2003	AR4	MLP	HS(1)	200	5	4	
Ajiboye[86]	2005	RMS	FLS	HS(3),TTH(2)	45.7	4	4	97
Chan[87]	2005	AR6	HMM	HS(11)	256	4	6	95
Farrell[88]	2005	RMS+AR3	LDA	HS(4)	50	6	6	90
Huang[89]	2005	RMS+AR6+TD-4	GMM	HS(12)	256	4	6	97
Sebelius[90]	2005	—	ANN	TR(6)	—	8	10	—
Sebelius[91]	2005	AMPRMS	LLA	HS(6)	50	8	10	>93
Bitzer[92]	2006	AMP	SVM	HS(1)	—	10	6	95
Al-Assaf[93]	2006	AR5	PC	HS(5)	256	2	5	95
Chu[94]	2006	WPT	MLP	HS(10)	250	9	4	97
León[95]	2006	DFT	ANN	HS(2)	250	2	7	85
Arvetti[96]	2007	TD-5+AC+STFT+WT	ANN	HS(2)	200	2	5	97
Hargrove[97]	2007	RMS+AR6+TD-4	LDAMLP	HS(6)	256	15	10	95~99
Hargrove[98]	2007	TD-4	LDA	HS(6)	125	8	7	93~99
Zhao[99]	2007	WL+SE	ANN	HS(1)	—	3	6	96

续表 1.5

主要作者	年份	方法		受试数目	窗口/ms	结果		
		特征	分类器			电极数	模式数	成功率/%
Khezri[100]	2007	MAV+SSC+AR+WT	ANFIS	HS(4)	200	2	6	97
Khushaba[101]	2007	PSO	MLP	HS(6)	—	3	10	97
Oskoei[102]	2008	MAV	SVM	HS(11)	200	4	6	95
Liu[103]	2008	WPT entropy	LVQ NN	HS(1)	—	2	4	98
Shenoy[104]	2008	RMS	SVM	HS(3)	64	7	8	92
Yang[105]	2012	AMP	SVM	HS(5)	—	6	8	97
Karlik[106]	2009	WT	FCNN	HS(1)	150	2	4	98
Sensinger[107]	2009	TD-4	LDA	HS(7)	—	12	11	—
Tenore[108]	2009	MAV+VAR+WL+WA	MLP	HS(5), TR(1)	200	19	12	>90
Kuruganti[109]	2010	—	LDA	HS(8) TR(4)	—	64	12	80 66
Zhou[110]	2010	AR6+RMS+ZC+MAV+WA	LDA	TR(5)	—	12	11	81
You[111]	2010	PDF	MLE	HS(2)	—	4	8	97
Jin Zhong[112]	2011	CSE	SVM	HS(6)	1 000	4	6	95
Phinyomark[113]	2012	MAV+WL+WAMP+AR	LDA	HS(20)	—	5	6	97
Phinyomark[114]	2013	SE CC+RMS+WL	LDA	HS(1)	500	4	10	93 98
Ju[115]	2014	MAV	FGMMs	HS(8)	300	5	10	93

表 1.5 中，AC：自相关系数；ANFIS：Adaptive Neurofuzzy Inference System；ANN：人工神经网络；AR#：#阶自回归模型系数；AMP：信号幅值；ARMA#：#阶自回归移动平均模型系数；CC：倒谱系数；CSE：粗糙集熵；DFT：离散傅里叶变换；FLS：模糊逻辑器；FCNN：模糊聚类神经网络；FKNN：模糊 k 近邻分类器；FLS：模糊逻辑系统；GMM：高斯混合模型；HMM：隐马尔科夫模型；HS：健康受试；LDA：线性判别式分析；LLA：懒惰学习算法；LVQ NN：学习矢量量化神经网络；MF：平均频率；MLE：极大似然估计；MAV：绝对均值；MAVS：绝对均值斜率；MLP：多层感知器；NN：神经网络；NNC：最近邻分类器；PDF：概率密度估计；PC：多项式分类器；PCA：主从分量分析；PSO：粒子群算法；RMS：均方根；SSC：斜率符号变换；SE：样本熵；STFT：短时傅里叶变换；SVM：支持向量机；TD-4：时域特征集（绝对均值、过零点数、斜率符号变换及波形长度）；TD-5：TD-4 和绝对均值斜率；TH：经股截肢；TR：经桡截肢；VAR：方差；WAMP：Willison 幅值；WL：波形长度；WPT：小波包变换；WT：小波变换；ZC：过零点数；FGMMs：模糊高斯混合模型。

针对患者控制信号有限的弊端，美国"革命性假肢"项目使用神经移植手术（TMR）方法[116]，将控制人手运动的神经残端移植至胸部肌肉，通过采集胸部肌电实现了模块化假肢的 7 自由度控制。针对不同信号阶段，研究者倡议使用两种 EMG 信号（Transient EMG 及

Steady-state EMG)同时训练分类器[117],以期在动作转换阶段减少错误动作分类,提高系统的反应速度。针对非意愿活动的错误分类引起的控制性能下降,研究者提出使用"置信度"的概念,严格控制每个控制输出的可靠性[118]。针对残端运动所引入的肌电时空特性变化,研究者倡议在假肢上集成本体感受器及在不同肢体位置进行分类器训练的方法[119]。由于科研与临床条件的不同,研究者还发现传统上定义的分类成功率并不能真实地反映假肢的控制性能,因此提出虚拟现实任务及 Fitss' Law 参数体系等分类成功率评估方法[120],目的是客观地评估假肢的控制性能。注意到基于模式识别建立的肌电控制方法只能给出离散的运动模式信息,研究者提出使用回归算法对多个自由度进行同步连续的比例式操控[121],以实现自然、直观的假肢控制。另外,注意到 EMG 在长期使用过程中具有一定的时变特性(如肌肤阻抗、电极位置、肌肉疲劳、出汗等),研究者提出通过分类器在线学习[122]及综合假手本体感信息进行增强学习等方法[123],有效地减少了识别成功率的衰退,从而保持 EMG 控制的性能。生机接口的双向适应性(人体通过主动学习适应控制系统和控制算法自适应调节机制适应环境)逐渐成为智能假肢控制的一大热点[124]。

2. 神经电控制

研究型假手在双向信息交互接口的实现方法上有植入式和非植入式两条技术路线。其中植入式交互接口通过将电极直接植入人体的运动神经(传出神经)和感觉神经(传入神经)所在位置,直接采集运动神经的生物电信号或使用电流刺激感觉神经来实现信息的双向传递。例如,Cyber hand 采用神经束内电极(Longitudinal Intrafascicular Electrodes, LIFEs)进行神经信号采集与感知反馈[125,126],如图 1.8 所示。

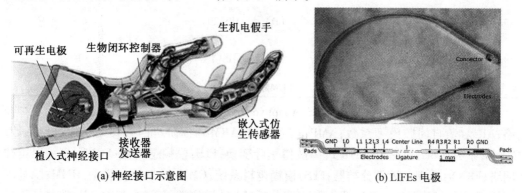

(a) 神经接口示意图　　　　　　　　　(b) LIFEs 电极

图 1.8　Cyber hand 植入式神经接口[125]

这种方式可以使假手获得多路具有良好时间和空间分辨率的人体神经生物电信号,并可直接通过人体神经系统将假手传感器感知的信息传递给人体,更符合人体神经系统的工作方式,易于使假手与人脑间建立直接联系,使人脑对假手产生"幻肢感"[127]。

另外,美国国防高级研究计划署"革命性假肢"项目对现有植入式神经接口进行了深入的研究[128],包括植入式肌电传感器(Implantable Myoelectric Sensors, IMES)、周围神经接口设备(Peripheral Nerve Interface Device, PID)、目标肌肉神经移植术(Targeted Muscle Rein-nervation, TMR)及犹他电极阵列(Utah Electrode Array, UEA)等,如图 1.9 所示,以寻求最适合的植入式接口方案。通过比较,最终该计划很可能将以犹他电极阵列为基础研制植入式无线神经接口。采用该神经接口将有利于降低感染风险,减少电噪声,避免信号线破损,从而提高接口的使用寿命、生物相容性和美观性。

尽管植入式神经接口有诸多优点,但其缺点也很明显,首先,需要复杂的外科手术,术后愈合时间长,患者需要忍受一定的痛苦;其次,对人体造成破坏,可能产生感染、身体排异等病征。目前该技术还处于发展阶段,使用风险和成本较高。

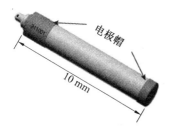

(a) 植入式肌电传感器

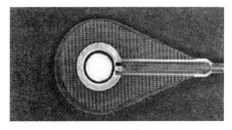

(b) 周围神经接口设备

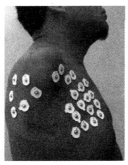

(c) 目标肌肉神经移植术

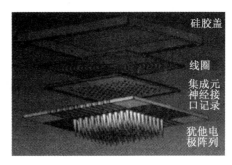

(d) 犹他电极阵列

图 1.9　多种植入式神经接口方案[45]

3. 脑电控制

脑电信号是脑部组织电活动的综合反映,人的主动意识和外部的感官刺激都可引发脑部产生电位变化。通过在头皮上布置脑电电极,即可捕捉到脑电信号。德国精神科医师 Berger 博士于 1924 年首次记录并绘制了人类的脑电活动,并命名为“脑电图”(Electroencephalogram,EEG)[129]。

由人脑的自发活动或主动意识产生的脑电信号称为自发脑电信号,而由外部感官刺激产生的脑电活动称为诱发脑电信号。经头皮记录的诱发脑电信号通常仅有 $0.3 \sim 20\ \mu V$,而自发脑电活动却高达 $30 \sim 100\ \mu V$。这有利于利用自发脑电信号对人的主动意识(如运动、思考、认知活动等)进行识别,以实现控制的目的。

文献[130]显示,人脑控制肢体运动时,脑部神经元的活动会产生各向异性,进而引起脑电信号产生细微的变化。进一步研究表明,大脑皮层运动区域的相关电位的频谱与人体的自主运动之间存在着一定的相关性。通过对这种相关性加以解释,建立脑电信号与自主运动模式之间的对应关系,就可以实现对人脑动作意图的解读。将其应用于假肢的控制领域便形成了假肢的脑-机接口(Brain-Computer Interface,BCI)。BCI 按电极布置位置可分为植入式和非植入式两种。由于无须手术,没有痛苦,目前大多数的 BCI 采用非植入方式,即利用布置在头皮上的多个电极构成的电极组或电极帽检测脑电活动,如图 1.10 所示,然后经放大器将信号放大后再进行模/数转换,并通过计算机完成采集和识别处理,最后根据识别结果对假肢等设备进行控制。

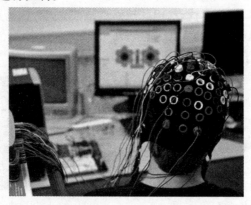

图 1.10　非植入式脑-机接口[129]

由于脑电控制方式无须借助周围神经系统和肌肉系统,可适应不同程度截瘫患者的需要,因此受到了国内外众多研究机构的关注。早期,研究者使用两枚头皮电极对 3 名健康受试者用食指按压开关时的脑电信号进行采集,并利用 Hilbert 变换从脑电信号中提取包络特征和频率特征,然后采用矢量量化(Learning Vector Quantizer, LVQ)技术对该动作实现了91%的识别正确率[131]。实时脑机接口构建方法[132]采用单通道差分电极采集脑电信号,使用 8 阶 AR 模型作为识别特征并通过贝叶斯分类器进行识别,可根据使用者想象的运动来控制光标上下运动,准确率达 86.5%±6.9%。在假手控制方面,研究者通过对单通道脑电信号的绝对均值特征采用 BP-MLP(Back-Propagation Multilayer Perceptron)分类器进行识别,对残疾人握紧、松开及放松 3 种想象的手部动作实现了 83%的识别成功率[133]。另外,采用小波变换可以提取 16 通道脑电信号的功率谱和小波系数,通过 BPNN(Back-Propagation Neural Network)分类器,对手臂运动、手臂等待、五指伸展及五指握紧 4 种动作进行识别,离线识别成功率达 90%,在线识别成功率达 75%[134]。

综上,通过非植入式脑电方式可以完成一些简单动作的识别,但由于脑电信号极易受到人体自身或外界信号干扰,进行脑电控制时需要注意力高度集中,目前其识别成功率和识别的动作数量都比较少,对于人手各手指灵活动作的识别更是难以实现。通过在人脑皮层布置微电极阵列,采集脑皮层电位(Electrocorticogram, ECoG)进行人体动作模式的解码,是多自由度假肢实现神经控制的发展方向。如研究者通过在猕猴大脑植入电极阵列实现了机械臂控制[135],对每根手指伸展/弯曲动作及手腕旋转动作的实时识别[136],以及在瘫痪患者大脑植入电极阵列,进行多自由度机械臂 7D[137] 及 10D(3 维位置,3 维旋转,4 维抓取模式)的控制[138]等。但由于脑部植入手术风险大,技术难度高,费用也高,植入式脑电技术尚不成熟,因此目前难以进行实际应用。

4. 肌压控制

人体在运动时,肌肉的收缩或膨胀会引起肢体表面形态的变化,而不同的肢体动作或动作幅度引起的肌肉收缩或膨胀的形态又有所不同。因此,可以利用传感器来记录不同部位肌肉的收缩形态用于人体的动作识别,主要有力敏电阻 FSR 传感器[139]、张力传感器[140]、气流传感器[141]等。将这些传感器固定于臂部,当手臂动作时,肌肉膨胀挤压传感器将引起压力值的变化,通过记录和分辨不同部位传感器上的压力变化形式即可识别出不同的肢体运动。

　　研究者将 4 枚气流传感器布置于残肢的拇短伸肌、指浅屈肌、尺侧腕屈肌及尺骨与桡骨间的皮肤表面,通过假肢接收腔固定,用于检测拇指、食指、小指弯曲和腕部旋转动作[142,143]。实验结果显示,该方法获得各肌肉动作时的信号信噪比高,区分度大,可以清晰地辨别残疾人各个手指的单独动作和组合抓取动作模式。

　　由于气流传感器位置精度要求高,传感器位置的变动将对测量结果产生显著影响。作为改进,研究者使用 8 枚气流传感器以阵列方式布置于截肢患者前臂残肢上[144],准确地识别出残疾人控制拇指、中指、小指独立弯曲的动作模式。为了进一步降低传感器对布置位置的依赖程度,研究者将传感器阵列扩大到 32 枚[145]。如图 1.11(a)所示,通过检测残端表面大面积的压力分布获得了残端运动影像(Residual Kinetic Imaging,RKI)。图 1.11(b)~(d)显示出残疾人在有意愿控制拇指、中指、小指弯曲时,残肢表面肌肉收缩引起的压力分布变化。

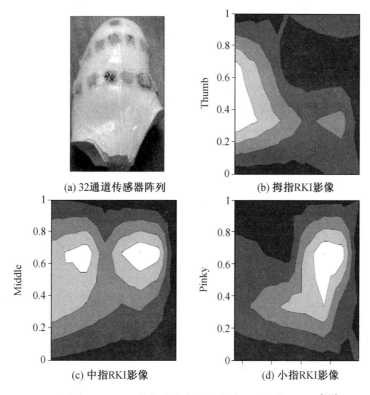

(a) 32通道传感器阵列　　　　　(b) 拇指RKI影像

(c) 中指RKI影像　　　　　(d) 小指RKI影像

图 1.11　32 通道传感器阵列及残端运动影像(RKI)[145]

　　随后,研究者使用 FSR 传感器[146]替代气流传感器进行压力分布检测。实验表明,截肢患者佩戴 FSR 传感器能够实现手腕转动、中指弯曲、五指抓取等操作,如图 1.12 所示。此后,研究者采用 14 通道 FSR 传感器阵列采集压力信号,不但能够识别人手抓握水杯、门把手、钥匙、鼠标及短棒的姿态[147],而且能够识别抓取力[148],如图 1.13 所示。

　　FSR 传感器具有体积小、性能可靠、价格低廉、外围电路简单等优点,适合构建大规模的传感器阵列。与 sEMG 信号相比,压力信号具有幅值大(可达 3 V)、平稳、对电磁干扰和皮肤湿度不敏感等特点,从而简化了外部电路和信号处理过程,模式特征更易于识别与获取[151]。

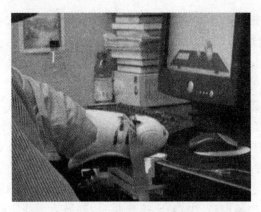

图 1.12　虚拟假手操作[149]

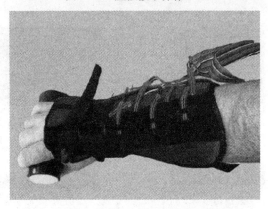

图 1.13　14 通道 FSR 采集阵列[150]

1.5.2　感知反馈

1. 振动反馈

基于机械振动的感知反馈是使用振动体直接与皮肤接触，激发皮肤内的机械刺激感受器（Mechanoreceptor）而产生神经冲动的感知反馈方法。机械刺激感受器的激发、响应与振动频率、振动强度、持续时间及刺激部位有关[152]，因此可以通过调整这些参数来改变人体的振动感受。由于其原理简单、使用安全，因而成为一种应用广泛的感知反馈方式，如手机、游戏手柄等。

在假肢的感知反馈方面，机械振动方式的应用也较多，如使用电子角度计测量残疾人肘部的弯曲角度，然后通过两枚布置于上臂的振动器向人体反馈角度信息[153]。两枚振动器采用等幅振动的方式，在振动器之间的皮肤区域形成交汇点，产生合成振动感。振动器的振幅按正弦函数方式调整，与肘部弯曲角度值对应，而振动频率采用固定频率。另外，Manus hand，Fluid hand，Smart hand 以及 Cyberhand 的早期反馈方式也在设计中采用了振动式感知反馈。其中，在 Cyberhand 抓取实验中[154]，使用振动电机（RE-380）作为振动器向人体反馈抓取力信息。振动电机固定在上臂外侧，如图 1.14 所示，振动频率与抓取力成正比。实验表明，增加感知反馈后有效地减少了抓握时物体滑落的发生。

对振动波形进行调整，还可以采用载波和调制波的方式产生振动刺激[155]。其中载波频率 1 Hz,2 Hz,3 Hz 对应假手抓取力的 3 个等级,频率越高,抓取力越大,调制波采用 200 Hz固定频率,而振幅保持不变。然而经过测试,该方法的力反馈效果并不明显。而采用同时调幅和调频的方式[156],则可以获得较好的反馈效果。通过在截肢患者的残肢上布置振动电机(1E120),在假手掌部安装力敏电阻传感器(FSR-149)测量抓取力,截肢患者操作假手抓取物体时,可以对抓握力进行调整,从而有效地减少了假手抓取物体时抓握力过大的现象。通过对调幅和调频两种振动波形的感知反馈效果进行比较[157],调幅方式效果要明显好于调频方式。另外,对振动感知反馈的刺激位置的研究表明[158],使用多个振动器具有提高反馈信息量的潜力,如图 1.15 所示。当两个刺激位置分别相距 1.5 cm,3 cm,6 cm 时,对于两个不同刺激的分辨成功率分别可达 75%,88%±1% 和 95%±1%。

图 1.14 带振动感知反馈的 Cyberhand 抓取测试[154]

 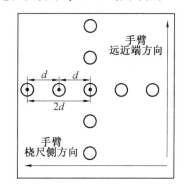

图 1.15 机械振动感知反馈刺激位置辨别测试[158]

2. 电刺激反馈

电刺激信号之所以可以与人体神经系统关联实现感知反馈,其最主要的原因是存在着生物电现象。在利用适当的电流对神经纤维施加电刺激时,刺激强度达到某一阈值便会使刺激部位处的细胞膜电位发生变化,从而引起离子通透性发生变化,并随之产生神经冲动,通过神经纤维传递到高级中枢,从而使大脑获得刺激感受。因此,使用电刺激信号可以实现与人体神经系统关联,从而达到感知反馈的目的。

非植入式电刺激无须手术,通过流经电极间人体组织的电流引起传入神经兴奋来产生刺激感,风险小而易被人们接受。通过调整刺激电流强度、刺激时间、波形、电极大小等参数可以产生不同的刺激感,包括振动、触动、麻木、压力感、痛、痒等。

早在 19 世纪中期,研究者就观察到在电刺激状态下肌肉收缩的情况。现在电刺激技术已经广泛地应用于神经传导诊断、瘫痪病人的恢复、功能重建及镇痛等。在感知反馈方面,电刺激常用于视觉替代[159]、听觉替代[160]及假肢的触觉、力觉反馈。在早期,就有研究者以 Otto Bock 肌电假手为对象,使用分立电子器件设计了用于反馈捏力的电刺激感知反馈系统[161]。该系统在假手的食指上加装应变式力矩传感器来测量捏力,通过调制电刺激脉冲频率的方式使捏力的大小与刺激频率呈正比例对应。同时,早期的大量文献表明[162-165],反馈方式可以有效地向人体反馈接触力、关节角度等信息,提高假手使用者的抓取成功率及假腿使用者的行走稳定性(上下楼梯、黑暗环境)。然而由于对电刺激感知反馈机理及其影响因素等方面的研究尚不充分,在电刺激电路设计方面也不成熟,常常引起使用者的不适感,因此其发展和应用受到一定延缓。

随着现代电子技术的进步和康复医疗技术的发展,电刺激感知反馈技术再次成为热点。其中,干扰电流法的应用可以通过调频方式传递信息[166]。该方法使用两路不同频率的正弦交流信号作为刺激波形。当两路输出信号相交时,不同的频率将使两路信号的幅值在相交点处叠加形成新的包络波形,频率范围为 0 ~ 300 Hz。电刺激波形的设置如图 1.16 所示。根据人体电生理学特性,新包络波形的每次"跳动"将对人体产生刺激,通过调节两路正弦信号的相位差和频率差所构造的包络波形,会使人体产生不同强度、不同位置的刺激感[167]。

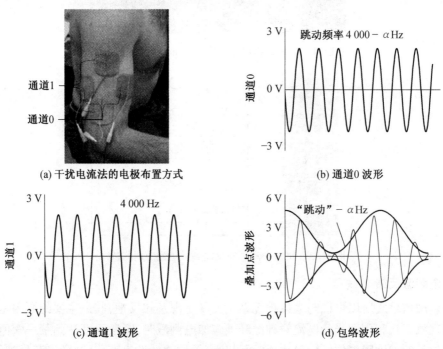

图 1.16 电刺激波形的设置[166]

此外,也可以使用功能性电刺激方式为肌电假手提供感知反馈[168]。研究中采用两片自贴式凝胶电极构成一条刺激通道贴于上臂,如图 1.17 所示。波形为双极性方波,如图 1.18 所示。采用调频方式调节刺激强度,分为 100 Hz,1 000 Hz,2 000 Hz,4 000 Hz 4 个等级。参与实验的 6 名正常受试者对 4 个刺激等级的识别率达到 82.41% ±0.14%。

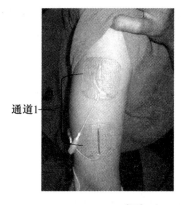

图 1.17 电极位置[168]

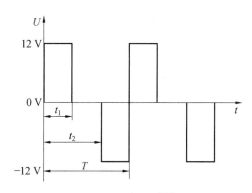

图 1.18 刺激波形[168]

扩展电刺激通道数可以实现更加丰富的反馈信息。在一种两通道电刺激系统[169]中，研究者将金属同心圆电极布置于左侧上臂，如图 1.19 所示，载波为 350 Hz 的双极性脉冲，6 个脉冲组成一个波簇。为了向人体传递假手手指接触物体的位置状态和手指角度状态信息，分别设计了电刺激模式。每种刺激模式由多个波簇组成，如图 1.20 所示，通过调整波簇电压、刺激周期及两刺激通道间的刺激相位来进行模式切换。10 名健康受试者的测试结果显示，对 5 种刺激信息的识别率高达 94% ±3.9% 。

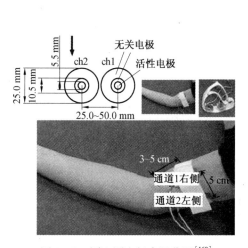

图 1.19 同心圆电极布置位置[169]

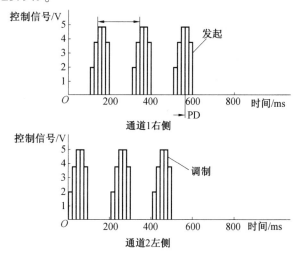

图 1.20 刺激波形设置[169]

另外，研究者还在多通道电刺激方面进行了多方面的研究[170,171]，探讨了电极位置变化、刺激通道数量、刺激脉冲数及两个相邻通道间的刺激时间间隔对刺激感受的影响，从而进一步推进了电刺激在假手感知反馈领域的应用。

1.5.3 小结

无论是假手控制还是感知反馈，各个方法都有自身的优势和不足。在假手动作控制方面，脑电方法可直接通过识别人脑控制信息的源头控制假手，无须借助人体周围神经和肌肉系统，并能适应不同程度截肢或瘫痪患者的需要；但是，脑电信号极其微弱和复杂，信号极易受到人体自身生理状态、自发与诱发意识、电极位置、电极与头皮的接触情况等方面的干扰，从而使信号形态具有很强的随机性，其提取、处理和识别过程十分困难。另外，脑电采集处理设备的体积一般比较庞大，且价格昂贵，仍无法随身使用。肌电方式则是目前应用最广泛的假手控制方式。经过长期的发展与技术积累，其特征提取与识别方法较多，操作方式也较直观。但传统的"编码式"肌电控制方法的功能性极其有限，难以满足目前多指多自由度假手灵巧操控的需要；而基于肌电信号的多动作模式的识别技术目前仍不成熟，受到自身一些先天特点的影响（如信号微弱、复杂，易受干扰，具有一定的随机性，对布置位置、皮肤湿度、电磁干扰、负载压力以及其他肢体活动扰动敏感等），使其对多自由度假手的控制方法仍停留在实验室阶段。压力分布信号由于直接由肌肉形变的挤压力产生，因此具有信号幅值高、平稳、直观、易于提取和处理等优势[70]。由于压力分布方式多采用传感器阵列采集大面积内的肌肉表面挤压力分布形态，因此可提供较多的识别细节，有利于多动作模式的识别。另外，采集压力的压力传感器价格便宜，种类繁多，稳定可靠，不会受到汗水、电磁或电流的干扰。该方式的不足之处在于容易受到外界干扰力的影响，对安装与固定方式要求较高。相比较而言，基于压力分布方式的多动作模式识别具有较多优点，且更容易实现。

对于感知反馈形式，机械振动方式具有安全舒适、受布置位置和皮肤表面影响小的特点，但该方式也存在着体积大、耗电量高、噪声大、传输信息少、反馈感受单一等弱点[95]。相比较而言，电刺激方式具有耗电小、无噪声、电极结构简单、刺激感丰富且直接、传输信息量大等优点，其不足之处在于刺激位置的变化或接触不良可能引起疼痛感[95]。然而得益于经皮神经电刺激[96]在阵痛、按摩、组织恢复治疗等方面的研究进展，使得电刺激也可以安全、舒适、可靠地应用于假手感知反馈。

另外，从联合动作模式识别和感知反馈两条信息通道形成生机交互系统来看，若采用表面肌电信号（sEMG）与经皮电刺激（TENS）相结合的方式，一个不可回避的问题就是电刺激对 sEMG 信号采集的干扰作用[97]。sEMG 信号是生物电信号，电刺激的干扰将降低通过sEMG 信号识别动作的成功率。类似地，振动反馈同样会对表面压力信号有所干扰，从而影响动作模式的识别成功率。另外，振动器的信息回馈能力有限，难以给人细致的感知区别；并且振动往往带有噪声，多通道同时使用时，过大的噪声会使人感到不适。

知识拓展

哈尔滨工业大学仿人型假手发展概况

哈尔滨工业大学中德空间机器人实验室于 2002 年开始研制假手，截至 2014 年，成功研制了五型仿人型假手样机（HIT–DLR Anthropomorphic Prosthetic Hand, HITAPH），如图 1.21所示。HITAPH Ⅰ ~ Ⅲ充分借鉴了 HIT/DLR 灵巧手[172,173]手指的结构，具有 5 个手指，每个手指 3 个指节（Ⅰ, Ⅱ型假手拇指具有 2 个指节）。假手采用 3 枚直流电机进行驱动，分别安置在拇指、食指及中指基关节处（中指、无名指及小指联合驱动）。基于欠驱动[174]及耦合连杆驱动原理设计手指关节间的传动，使假手具有自适应抓取的能力。

2009 年，实验室进行了 5 指独立驱动的 HITAPH Ⅳ 的研究，电机及其驱动、控制电路全部集成在掌心处,体积却只有Ⅲ型假手的85%。指尖输出力可达10 N,并具有力/位感知功能,总质量为450 g左右(不含腕部)。假手样机在外形上逐渐接近真实人手,不仅考虑各手指基关节位置上的拟人性,而且采用模块化设计理念,尽量减少不同零件及传感器的总个数。同时,还考虑了假手的外观设计,将其同假手的驱动能力、发热及可靠性等特性进行联合设计。

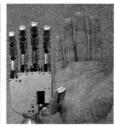

　(a) HITAPH Ⅰ　　(b) HITAPH Ⅱ　　(c) HITAPH Ⅲ　　(d) HITAPH Ⅳ　　(e) HITAPH Ⅴ

图 1.21　HIT 仿人型假手

HITAPH Ⅴ是面向商业化应用而研制的新一代仿人型假手,采用了蜗轮蜗杆及腱传动方式,每个手指包含两个指节,分别采用模块化设计,拇指基关节添加主动对掌运动自由度,采用6枚直流电机驱动。仿人型假手Ⅴ采用了新型的分布式控制结构(DSP+FPGA),指尖集成了三维触觉力传感器。哈尔滨工业大学仿人型假手参数表见表1.6。

表 1.6　哈尔滨工业大学仿人型假手参数表

名称	年份	手指数/关节数/电机数	驱动-传动	传感器	质量及大小	指尖力及速度
HITAPH Ⅰ [175]	2003	5/14/3	欠驱动连杆同步带 1-1-2	位置、力矩	500 g 130%	10 N —
HITAPH Ⅱ [176]	2005	5/14/3	欠驱动连杆同步带 1-1-3	位置、力矩	500 g 110%	10 N —
HITAPH Ⅲ [177]	2007	5/15/3	欠驱动耦合连杆 1-1-3	位置、力矩	500 g 120%	10 N 72(°)/s
HITAPH Ⅳ [178]	2009	5/15/5	耦合连杆 1-1-1-1-1	位置、力矩	450 g 85%	10 N 89(°)/s
HITAPH Ⅴ	2013	5/10/6	蜗轮蜗杆,腱 2-1-1-1-1	位置、力矩、触觉	475 g 90%	12 N 45(°)/s

本章小结

假手是一种面向截肢患者手部运动功能康复的机器人系统,不仅如此,它还涉及神经生物学、信息科学、计算机科学、人体工程学等多学科的知识。本章从典型机器人假手系统入手,详细介绍了假手的驱动技术、传感技术、控制方法、感知反馈技术及交互控制。通过本章的学习,读者能够掌握目前假手的发展现状及未来的发展方向。

参考文献

[1]LUNDBORG G. The hand and the brain, from lucy's thumb to the thought-controlled robotic hand[M]. London: Springer, 2014:49-65.

[2]LYNETTE A J, SUSAN J L. Human hand function[M]. New York: Oxford University Press, 2006:10-24, 251-263.

[3]BANERJEE S N. Rehabilitation management of amputees[M]. Baltimore: Lippincott Williams and Wilkins,1982:99-149.

[4]CHILDRESS D S. Artificial hand mechanisms[C]. San Fransicso: Mechanisms Conference and International Symposium on Gearing and Transmissions, 1972:238-262.

[5]TOMOVIC R, BONI G M. An adaptive artificial hand[J]. IRE Transactions on Automatic Control,1962, 7(3):3-10.

[6]KOSTUIK J P, GILLESPIE R. Amputation surgery and rehabilitation: toronto experience [M]. New York: Churchill Livingstone, 1981:107-126.

[7]MASON M T, SALISBURY J K. Robot hands and the mechanics of manipulation(artificial intelligence)[M]. Cambridge: The MIT Press, 1985:3-93.

[8]JACOBSEN S, IVERSE N, KNUTTI E D, et al. Design of the Utah/M.I.T. dextrous hand [C]//Proceedings of the 1986 IEEE International Conference on Robotics and Automation [S.l.]. IEEE,1986(3):1520-1532.

[9]BIAGIOTTI L, LOTTI F, MELCHIORRI C,et al. How far is the human hand? A review on anthropomorphic robotic end-effectors[EB/OL]. [2009-04-05]. http://www-lar. deis. uni-bo. it/woda/data/deis-lar-publications/3cbd. Document. pdf.

[10]BICCHI A. Hand for dexterous manipulation and robust grasping: a difficult road toward simplicity[J]. IEEE Trans. Robot. Autom., 2000,16(6):652-662.

[11]KYBERD P J, CHAPPELL P H. The southampton hand: an intelligent myoelectric prosthesis[J]. Journal of Rehabilitation Research and Development, 1994,31(4):326-334.

[12]KYBERD P J, EVANS M J, WINKEL S. An intelligent anthropomorphic hand with automatic grasp[J]. Robotica, 1998(16):531-536.

[13]DASHY R, YEN C, LEBLANC M. The design and development of a gloveless endoskeleton prosthetic hand[J]. Journal of Rehabilitation Research and Development, 1998,35(4): 388-395.

[14]HUANG H P, CHEN C Y. Development of a myoelectric discrimination system for a multi-degree prosthetic hand[C]. Detroit: Proceedings of the 1999 IEEE International Conference on Robotics and Automation, 1999:2392-2397.

[15]ATKINS D J, HEARD D C Y, DONOVAN W H. Epidemiologic overview of individuals with upper limb loss and their reported research priorities[J]. Journal of Prosthetic and Orthotics, 1996,8(1):2-11.

[16]DECHEV N, CLEGHORN W L, NAUMANN S. Multiple finger, passive adaptive grasp

prosthetic hand[J]. Mechanism and Machine Theory, 2001,36(10):1157-1173.

[17]CARROZZA M C, CAPPIELLO G, MICERA S, et al. Design of a cybernetic hand for perception and action[J]. Biological Cybernetics, 2006,95:629-644.

[18]ZOLLO L, ROCCELLA S, GUGLIELMELLI E, et al. Biomechatronic design and control of an anthropomorphic artificial hand for prosthetic and robotic applications[J]. IEEE/ASME Transactions on Mechatronics, 2007,12(4):418-429.

[19]PONS J L, ROCON E, CERES R. The MANUS-HAND dextrous robotics upper limb prosthesis: mechanical and manipulation aspects[J]. Autonomous Robots, 2004,16:143-163.

[20]YANG J Z, PITARCH E P, KARIM A M, et al. A multifingered hand prosthesis[J]. Mechanism and Machine Theory, 2004,39:555-581.

[21]PYLATIUK C, MOUNIER S, KARGOV A, et al. Progress in the development of a multifunctional hand prosthesis[C]. San Francisco:The 26th IEEE Annual International Conference on Engineering in Medicine and Biology Society, 2004:4260-4263.

[22]KARGOV A, WERNER T, PYLATIUK C, et al. Development of a miniaturised hydraulic actuation system for artificial hands[J]. Sensors and Actuators,2008,141:548-557.

[23]ARIETA A H, KATOH R, YOKOI H, et al. Development of a Multi-DOF electromyography prosthetic system using the adaptive joint mechanism[J]. Applied Bionics and Biomechanics, 2006, 3(2):1-10.

[24]ISHIKAWA Y, YU W, YOKOI H, et al. Development of robot hands with an adjustable power transmitting mechanism[J]. Intelligent Engineering Systems Through Neural Networks, 2000,18:71-72.

[25]LOTTI F, TIEZZI P, VASSURA G, et al. Development of UB hand 3: early results[C]. Barcelona:Proceedings of the 2005 IEEE International Conference on Robotics and Automation, 2005:4499-4503.

[26]余昌东. 仿人型残疾人假手机构和传感器系统的研究[D]. 哈尔滨:哈尔滨工业大学, 2007.

[27]KONSTANTINOS A, ANTHONY T. Design of an anthropomorphic prosthetic hand driven by shape memory alloy actuators[C]. Scottsdale: Proceedings of the 2nd Biennial IEEE/RAS-EMBS International Conference on Biomedical Robotics and Biomechatronics, 2008:517-522.

[28]茅一春, 朱向阳, 李顺冲,等. 一种新型欠驱动拟人机械手的设计[J]. 机械设计与研究, 2008, 24(3):33-38.

[29]JUNG S Y, MOON I. Grip gorce modeling of a tendon-driven prosthetic hand[C]. Seoul: 2008 International Conference on Control, Automation and Systems, 2008: 2006-2009.

[30]FITE K B, WITHROW T J, SHEN X, et al. A gas-actuated anthropomorphic prosthesis for transhumeral amputees[J]. IEEE Transactions on Robotics, 2008,24:159-169.

[31]WEIR R, MITCHELL M, CLARK S, et al. The intrinsic hand-A 22 degree-of-freedom artificial hand-wrist replacement[C]. New Brunswick:Proceedings of Myoelectric Controls/Powered Prosthetics Symposium,2008: 233-237.

[32] MITCHELL M, WEIR R F. Development of a clinically viable multifunctional hand prosthesis[C]. Fredericton:Proceedings of the 2008 Myoelectric Controls/Powered Prosthetics Symposium,2008: 45-49.

[33] DALLEY S A, WISTE T E,WITHROW T J, et al. Design of a multifunctional anthropomorphic prosthetic hand with extrinsic actuation[J]. IEEE/ASME Transactions on Mechatronics, 2009,14(6):699-706.

[34] DOLLAR A M, HOWE R D. The highly adaptive SDM hand: design and performance evaluation[C]. Thousand Oaks: The International Journal of Robotics Research, 2010,29:585-597.

[35] SCHMITZ A, PATTACINI U, NORI F, et al. Design, realization and sensorization of the dexterous iCub hand[C]. Nashville:IEEE-RAS International Conference on Humanoid Robots,2010:186-191.

[36] GREBENSTEIN M, ALBU−SCHÄFFER A, BAHLS T, et al. The DLR hand arm system [C]. Shanghai:Proceedings of the 2011 IEEE International Conference on Robotics and Automation,2011:3175-3182.

[37] PEERDEMAN B,VALORI M, BROUWER D, et al. UT hand I: a lock-based underactuated hand prosthesis[J]. Mechanism and Machine Theory, 2014,78:307-323.

[38] CATALANO M G, GRIOLI G, FARNIOLI E, et al. Adaptive synergies for the design and control of the Pisa/IIT Soft Hand[J]. The International Journal of Robotics Research,2014, 33:768-782.

[39] QUIGLEY M,SALISBURY C,SALISBURY J K. Mechatronic design of an integrated robotic hand[J]. The International Journal of Robotics Research, 2014, 33:706-720.

[40] 江苏省丹阳假肢厂有限公司. 丹阳假手[EB/OL]. [2014−06−20]. http://www. jsdyqf. com/.

[41] CHRISTINI C. Prosthetic hands from touch bionics[J]. Industrial Robot, 2008,35(4): 290-293.

[42] Vincent Systems. Vincent Hand[EB/OL]. [2013−05−18]. http://handprothese. de/vincent−hand/.

[43] RSL Steeper. Bebionichand product brochure[EB/OL]. [2012−02−10]. http://www. bebionic. com/uploads/files/Product−Brochure−Final. pdf.

[44] CARL A M, PESHKIN M A, COLGATE J E. Design of a 3R cobot using continuously variable transmissions[C]. Detroit:Proceedings of International Conference on Robotics and Automation,1999:3249-3254.

[45] FAULRING E F, COLGATE J E, PESHKIN M A. Power efficiency of the rotational-to-linear infinitely variable cobotic transmision[J]. Journal of Mechanical Design, 2007,129: 1285-1293.

[46] WOLF S, HIRZINGER G. A new variable stiffness design: matching requirements of the next robot generation[C]. Pasadena:Proceedings of IEEE International Conference on Robotics and Automation, 2008:1741-1746.

[47]TONIETTI G. Variable impedance actuation[D]. Pisa: University of Pisa, 2005.

[48]PONS J L, RODRIGUEZ H, CERES R, et al. Study of SMA sctuation to develop a modular, user-adaptable hand prosthesis[C]. Bermen:Proceedings of the 6th International Conference on New Actuatars,1998:95-104.

[49]SADEGHIAN R B, LSLAM M S. Ultralow-voltage field-ionization discharge on whiskered silicon nanowires for gas-sensing application[J]. Nature Materials, 2011(10):135-140.

[50]Force Sensing Resistor Integration Guide and Evaluation Parts Catalog. Interlink electronics [EB/OL]. [2011-04-23]. http://www. interlinkelect-ronics. com.

[51]VECCHI F, FRESCHI C, MICERA S, et al. Experimental evaluation of two commercial force sensors for application in biomechanics and motor control[C]. Aalborg:Proceedings of the 5th Annual Conference of the International Functional Electrical Stimulation Society, 2000:44-48.

[52]DAHIYA R S, METTA G, VALLE M, et al. Tactile sensing-from humans to humanoids [J]. IEEE Transaction on Robotics, 2010,26(1):1-20.

[53]STROHMAYR M W, SAAL H P, POTDAR AH, et al. The DLR touch sensor I: a flexible tactile sensor for robotic hands based on a crossed-wire approach [C]. Taipei:The 2010 IEEE/RSJ International Conference on Intelligent Robotics and Systems,2010:897-903.

[54]WETTELS N, SANTOS V J, JOHANSSONR S,et al. Biomimetic tactile sensor array[J]. Advanced Robotics, 2008, 22(7):829-849.

[55]HARGOVE J L, ENGLEHART K, HUDGNIS B. A Comparison of surface and intramuscular myoelectric signal classification [J]. IEEE Transactions on Biomedical Engineering, 2007, 54(5):847-853.

[56]THORSEN R, SPADONE R, FERRARIN M. A pilot study of myoelectrically controller FES of uppre extremity[J]. IEEE Transaction on Neural Systems and Rehabilitation Engineering, 2001, 9(2):161-168.

[57]ANTFOLK C, BALKENIUS C, LUNDBORG G, et al. Design and technical construction of a tactile display for sensory feedback in a hand prosthesis system[J]. Biomedical Engineering Online, 2010, 9:50-57.

[58]ZECCA M, MICERA S, CARROZZA M C, et al. Control of multifunctional prosthetic hands by processing the electromyographic signal[J]. Critical Reviews in Biomedical Engineering, 2002, 30(4-6):459-485.

[59]REITER R. Eine neu elecktrokunstand[J]. Grenzgeb Med. ,1948,1(4):133-135.

[60]KELLY M F,PARKER P A, SCOTT R N. The application of neural networks to myoelectric signal analysis: a preliminary study [J]. IEEE Transaction on Biomedical Engineering, 1990, 37:221-230.

[61]HUDGINS B, PARKER P,SCOTT R N. A new strategy for multifunction myoelectric control [J]. IEEE Transaction on Biomedical Engineering, 1993, 40(1):82-94.

[62]PARK S H,LEE S P. EMG pattern recognition based on artificial intelligence techniques [J]. IEEE Transaction on Rehabilitation Engineering, 1998, 6:400-405.

[63]FUKUDA O,TSUJI T,OHTSUKA A,et al. EMG-based human-robot interface for rehabilitation aid[C]. Leuven: Proceedings of the IEEE International Conference on Robotics and Automation, 1998:3492-3497.

[64]NISHIKAWA D,ISHIKAWA Y,YU W, et al. Online learning based EMG prosthetic hand [J]. International Society of Electrophysiology and Kinesiology, 2000, 575-580.

[65]PARKER P,ENGLEHART K, HUDGINS B. Myoelectric signal processing for control of powered limb prostheses[J]. Journal of Electromyography and Kinesiology, 2006, 16:541-548.

[66]REISCHL M, MIKUT R, PYLATIUK C,et al. Control and signal processing voncepts for a multifunctional hand prosthesis[C]. Fredericton:Proceeding of Myoelectric Controls Symposium,2002:116-119.

[67]PONS J L,CERES R, ROCON E, et al. Virtual reality training and EMG control of the MANUS hand prosthesis[J]. Robotica, 2005, 23:311-317.

[68]LIGHT C M, CHAPPELL P H,HUDGINS B, et al. Intelligent multifunction myoelectric control of hand prosthesis[J]. Journal of Medical Engineering & Tecnology, 2002, 26(4): 139-146.

[69]OSKOEI M A, HU H. Myoelectric control systems—A survey[J]. Biomedical Signal Processing and Control,2007, 2(4):275-294.

[70]RAEZ M B I, HUSSAIN M S, MOHD Y F. Techniques of EMG signal analysis: detection, processing, classification and applications[J]. Biological Procedures Online, 2006, 8:11-35.

[71]SMITH L H, HARGROVE L J. Comparison of surface and intramuscular EMG pattern recognition for simultaneous wrist/hand motion classification[C]//Engineering in Medicine and Biology Society. Osaka:2013 35th Annual International Conference of the IEEE, 2013: 4223-4226.

[72]ENGLEHART K,HUDGINS B, PARKER P A. A wavelet-based continuous classification scheme for multifunction myoelectric control[J]. IEEE Transactions on Biomedical Engineering, 2001,48: 302-311.

[73]LI G,LI Y, YU L,et al. Conditioning and sampling issues of EMG signals in motion recognition of multifunctional myoelectric prostheses [J]. Annals of Biomedical Engineering, 2011,39(6):1779-1787.

[74]LI G,LI Y, YU L,et al. Conditioning and sampling issues of EMG signals in motion recognition of multifunctional myoelectric prostheses [J]. Annals of Biomedical Engineering, 2011,39(6):1751-1758.

[75]HUDGINS B, PARKER P ,SCOTT R N. A new strategy for multifunction myoelectric control[J]. IEEE Transactions on Biomedical Engineering, 1993,40: 82-94.

[76]KURUGANTI U, HUDGINS B, SCOTTR N. Two-channel enhancement of a multifunction control system[J]. IEEE Transactions on Biomedical Engineering, 1995,42(1):109-111.

[77]ITAKURA N, KINBARA Y, FUWA T, et al. Discrimination of forearm's motions by sur-

face EMG signals using neural network[J]. Appl. Human Sci. ,1996, 15(6):287-94.

[78]ERIKSSON L, SEBELIUS F, BALKENIUS C. Neural control of a virtual prosthesis[C]. Skövde:Proceedings of the International Conference on Artificial Neural Networks,1998: 905-910.

[79]KARLIK B. Differentiating type of muscle movement via AR modeling and neural network classification[J]. Turk. J. Elec. Eng. ,1999,7(1):45-52.

[80]ENGLEHART K,HUDGINS B,PARKER P A. Classification of the myoelectric Signal using time-frequency based representations[J]. Med. Eng. Phys. ,1999: 431-438.

[81]LIGHT C M, CHAPPELL P H, HUDGINS B, et al. Intelligent multifunction myoelectric control of hand prosthesis[J]. J. Med. Eng. Technol. , 2002, 26(4):139-46.

[82]ENGLEHART K,HUDGINS B. A robust, real-time control scheme for multifunction myoelectric control[J]. IEEE Transaction on Biomedical Engineering, 2003, 50: 848-854.

[83]KARLIK B, TOKHI M O, ALCI M. A fuzzy clustering neural network architecture for multifunction upper-limb prosthesis[J]. IEEE Trans. Biomed. Eng. , 2003,50(11):1255-1261.

[84]KOÇ YIGIT Y, KORÜREK M. EMG signal classification using wavelet transform and fuzzy clustering algorithms[C]. Bursa:Proceedings of the International Conference on Electrical and Electronics Engineering,2003: 381-383.

[85]SOARES A, ANDRADE A, LAMOUNIER E, et al. The development of a virtual myoelectric prosthesis controlled by an EMG pattern recognition system based on neural networks [J]. J. Intelligent Inform. Syst. ,2003, 21(2):127-141.

[86]AJIBOYE A B, WEIR R F. A heuristic fuzzy logic approach to EMG pattern recognition for multifunctional prosthesis control[J].IEEE Transactions on Neural Systems and Rehabilitation Engineering,2005, 13:280-291.

[87]CHAN A D, ENGLEHART K B. Continuous myoelectric control for powered prostheses using hidden markov models[J]. IEEE Transactionson Biomedical Engineering, 2005, 52: 121-124.

[88]FARRELL T R, WEIR R F. Pilot comparison of surface vs. implanted EMG for multifunctional prosthesis control[C]. Los Alamitos:Proceedings of the IEEE 9th International Conference on Rehabilitation Robotics (ICORR),2005:277-280.

[89]HUANG Y,ENGLEHART K,HUDGINS B,et al. A gaussian mixture model based classification scheme for myoelectric control of powered upper limb prostheses[J].IEEE Transactions on Biomedical Engineering, 2005, 52:1801-1811.

[90]SEBELIUS F C, ROSÉN B N, LUNDBORG G N. Refined myoelectric control in below-elbow amputees using artificial neural networks and a data glove[J]. Journal of Hand Surgery,2005,30(4):780-789.

[91]SEBELIUS F, AXELSSON M, DANIELSEN N, et al. Real-time control of a virtual hand [J]. Technol Disabil, 2005,17(3):131-141.

[92]BITZER S,Van Der SMAGT P. Learning EMG control of a robotic hand: towards active

prostheses[C]. Orlando: Proceedings of the IEEE International Conference on Robotics and Automation,2006: 2819-2823.

[93]AL-ASSAF Y. Surface myoelectric signal analysis: dynamic approaches for change detection and classification[J]. IEEE Trans. Biomed. Eng. ,2006,53(11):2248-2256.

[94]CHU J U, MOON I, MUN M S. A real-time EMG pattern recognition system based on linear-nonlinear feature projection for a multifunction myoelectric hand[J]. IEEE Trans. Biomed Eng. ,2006,53(11):2232-2239.

[95]LEÓN M, LEIJA L, MUNOZ R. System for the identification of multiple movements of the hand[C]. Los Alamitos:Proceedings of the 3rd International Conference on Electrical and Electronics Engineering,2006,62(3): 1-3.

[96]ARVETTI M , GINI G,FOLGHERAITER M. Classification of EMG signals through wavelet analysis and neural networks for controlling an active hand prosthesis[C]. Noordwijk:2007 IEEE 10th International Conference on Rehabilitation Robotics, 2007: 531-536.

[97]HARGROVE L J, ENGLEHART K, HUDGINS B. A comparison of surface and intramuscular myoelectric signal classification[J]. IEEE Trans. Biomed. Eng. ,2007,54(5):847-853.

[98]HARGROVE L J, LOSIER Y, LOCKB, et al. A real-time pattern recognition based myoelectric control usability study implemented in a virtual environment[C]. Conf. Proc. IEEE Eng. Med. Biol. Soc. ,2007:4842-4845.

[99]ZHAO J D, XU Z W, LI J,et al. EMG control for a five-fingered underactuated prosthetic hand based on wavelet transform and sample entropy[C]. Beijing:2006 IEEE/RSJ International Conference on Intelligent Robots and Systems, 2006: 3215-3220.

[100]KHEZRI M, JAHED M. Real-time intelligent pattern recognition algorithm for surface EMG signals[J]. Biomed. Eng. Online, 2007,6:45.

[101]KHUSHABA R N, AL-JUMAILY A. Channel and feature selection in multifunction myoelectric control[J]. Conf . Proc. IEEE Eng. Med. Biol. Soc. ,2007:5182-5125.

[102]OSKOEI M A, HU H. Support vector machine-based classification scheme for myoelectric control applied to upper limb[J]. IEEE Transactions on Biomedical Engineering, 2008, 55:1956-1965.

[103]LIU Z, LUO Z. Hand motion pattern classifier based on EMG using wavelet packet transform and LVQ neural networks[C]. Xiamen:Proceedings of IEEE International Symposium on IT in Medicine and Education,2008:28-32.

[104]SHENOY P,MILLER K J,CRAWFORD B, et al. Online electromyographic control of a robotic prosthesis[J]. IEEE Transaction on Biomedical Engineering, 2008,55:1128-1135.

[105]YANG D,ZHAO J, JIANG L, et al. Dynamic hand motion recognition based on transient and steady-state EMG signals[J]. International Journal of Humanoid Robotics, 2012, 9: 11250007.

[106]KARLIK B, KOÇYIGIT Y, KORÜREK M. Differentiating types of muscle movements using a wavelet based fuzzy clustering neural network[J]. Expert Systems, 2009,26(1):

49-59.

[107] SENSINGER J W, LOCK B A, KUIKENT A. Adaptive pattern recognition of myoelectric signals: exploration of conceptual framework and practical algorithms[J]. IEEE Trans. Neural Syst. Rehabil Eng. ,2009,17(3):270-278.

[108] TENORE F V G,RAMOS A, FAHMY A, et al. Decoding of individuated finger movements using surface electromyography[J]. IEEE Transactions on Biomedical Engineering,2009, 56:1427-1434.

[109] KURUGANTI U, DALEY H, ENGLEHART K B. High density EMG data of normally limbed and transradial amputees[J]. Proceedings of the Congress of the International Society of Electrophysiology and Kinesiology,2010 (8):16-20.

[110] ZHOU R, LIU X, LI G. Myoelectric signal feature performance in classifying motion classes in transradial amputees[J]. Proceedings of the Congress of the International Society of Electrophysiology and Kinesiology,2010(6):16-19.

[111] YOU K J,KI-WON R,HYUN-CHOOL. Finger motion decoding using EMG signals corresponding various arm postures[J]. Experimental Neurobiology, 2010 ,19:54-61.

[112] ZHONG J,SHI J, CAI Y,et al. Recognition of hand motions via surface EMG signal with rough entropy[J]. Conf. Proc. Med. Biol. Soc. ,2011(4): 4100-4103.

[113] PHINYOMARK A,PHUKPATTARANONT P, LIMSAKUL C. Feature reduction and selection for EMG signal classification[J]. Expert Systems with Applications, 2012,39: 7420-7431.

[114] PHINYOMARK A,QUAINE F,CHARBONNIER S, et al. EMG feature evaluation for improving myoelectric pattern recognition robustness[J]. Expert Systems with Applications, 2013,40:4832-4840.

[115] JU Z,LIU H. Human hand motion snalysis with multisensory information[J]. IEEE/Asme Transactions on Mechatronics,2014,19: 456-466.

[116] KUIKEN T A ,LI G,LOCK B A, et al. Targeted muscle reinnervation for real-time myoelectric control of multifunction artificial arms[J]. Journal of the American Medical Association,2009, 301(6):619-628.

[117] LORRAIN T, JIANG N ,FARINA D. Influence of the training set on the accuracy of surface EMG classification in dynamic contractions for the control of multifunction prostheses [J]. Neuroeng Rehabil, 2011, 8(25)1:8.

[118] SCHEME E, HUDGINS B,ENGLEHART K. Confidence based rejection for improved pattern recognition myoelectric control [J]. Biomedical Engineering IEEE Transactions, 2013, 60(6): 1563-1570.

[119] FOUGNER A, SCHEME E, CHAN A D, et al. Stavdahl, resolving the limb position effect in myoelectric pattern recognition[J]. IEEE Trans. Neural Syst. Rehabil Eng. , 2011, 19:644-651.

[120] AMERI A, SCHEME E J,KAMAVUAKO E N, et al. Real-time, simultaneous myoelectric control using force and position-based training paradigms[J]. IEEE Trans. Biomed Eng. ,

2014，61：279-287.

[121]AMERI A，KAMAVUAKO E，SCHEME E，et al. Support vector regression for improved real-time，simultaneous myoelectric control[J]. IEEE Trans. Neural Syst. Rehabil Eng.，2014，22(6)：1198-1209.

[122]KAWANOB S，OKUMURA D，TAMURA H，et al. Online learning method using support vector machine for surface-electromyogram recognition[J]. Artif Life Robotics，2009，13：483-487.

[123]PILARSKI P M，DAWSON M R，DEGRIS T，et al. Adaptive artificial limbs：a real-time approach to prediction and anticipation[J]. IEEE Robotics & Automation Magazine，2013，20：53-64.

[124]CASTELLINI C，ARTEMIADIS P，WININGER M，et al. Proceedings of the first workshop on peripheral machine interfaces：going beyond traditional surface electromyography[J]. Frontiers in Neurorobotics，2014，8：1-17.

[125]DI-PINO G，GUGLIELMELLI E，ROSSINI P M. Neuroplasticity in amputees：main implications on bidirectional interfacing of cybernetic hand prostheses[J]. Progress in Neurobiology，2009，88：114-126.

[126]CITI L，CARPANETO J，YOSHIDA K，et al. Characterization of tfLIFE neural response for the control of a cybernetic hand[C]. Pisa：IEEE/RAS-EMBS International Conference on Biomedical Robotics and Biomechatronics，2006：477-482.

[127]HUNTER J P，KATZ J，DAVIS K D. The effect of tactile and visual sensory inputs on phantom limb awareness[J]. Brain，2003，126：579-589.

[128]TENORE F V，VOGELSTEIN R J. Revolutionizing prosthetics：devices for neural integration[J]. Johns Hopkins APL Technical Digest，2011，30(3)：230-239.

[129]MCFARLAND D J，WOLPAW J R. Brain-computer interfaces for communication and control[J]. Communications of the ACM，2011，54(5)：60-66.

[130]DUJARDIN K，DERAMBUREA P，DEFEBVREA L，et al. Evaluation of event-related desynchronization during a recognition task：effect of attention[J]. Electroencephalography and Clinical Neurophysiology，1993，86(5)：353-356.

[131]MEDL A. Hilbert-transform based predictions of hand movements from EEG measurements [C]. Engineering in Medicine and Biology Society：Annual International Conference of the IEEE，1992，6：2539-2540.

[132]ROBERTSS J. Real-time brain-computer interface：a preliminary study using bayesian learning[J]. Medical & Biological Engineering & Computing，2000，38：56-61.

[133]MAHMOUDI B，ERFANIAN A. Single channel EEG-based prosthetic hand grasp control for amputee subjects[C]. Howston：Proceedings of the Second Joint EMBS-BMES Conference，2002：2406-2407.

[134]ZHANG X D，WANG Y X，CHENG Z Q. An EEG based approach for pattern recognition of precise hand activitis with data fusion technology[C]. Taipei：Annual Conference of the IEEE in Industrial Electronics Society，2007：2423-2428.

[135] VELLISTE M, PEREL S, SPALDINGM C, et al. Cortical control of a prosthetic arm for self-feeding[J]. Nature, 2008, 63(2): 1098-1101.

[136] ACHARYA S, AGGARWAL V, TENORE F, et al. Towards a brain-computer interface for dexterous control of a multi-fingered prosthetic[C]. International IEEE/EMBS Conference on Neural Engineering, 2007:200-203.

[137] COLLINGER J L, WODLINGER B, DOWNEY J E, et al. High-performance neuroprosthetic control by an individual with tetraplegia[J]. Lancet, 2013, 381(9688):557-564.

[138] WODLINGER B, DOWNEY J E, TYLER-KABARA E C, et al. Ten-dimensional anthropomorphic arm control in a human brain-machine interface: difficulties, solutions, and limitations[J]. J. of Neural Eng., 2014;12(1): 6001-6011.

[139] HONDA Y, WEBER S, LUETH T C. Intelligent recognition system for hand gestures[C]. International IEEE/EMBS Conference on Neural Engineering, 2007;611-614.

[140] ABBOUDI R, GLASS C, CRAELIUS W. Phantom finger detection with tendon activated pneumatic sensors[C]. International Society of Prosthetists & Orthotists, 1998;637-638.

[141] HAN H, KIM J. Novel muscle activation sensors for estimating of upper limb motion intention[C]. Annual International Conference of the IEEE Engineering In Medicine and Biology Society, 2009;3767-3770.

[142] ABBOUDI R, GLASS C, CRAELIUS W. Phantom finger detection with tendon activated pneumatic sensors[C]. International Society of Prosthetists & Orthotists, 1998;637-638.

[143] ABBOUDI R L, GLASS C A, NEWBY N A, et al. A biomimetic controller for a multifinger prosthesis[J]. IEEE Transactions on Rehabilitation Engineering, 1999, 7:121-129.

[144] CURCIE D J, FLINT J A, CRAELIUS W. Biomimetic finger control by filtering of distributed forelimb pressures[J]. IEEE Transactions on Neural Systems and Rehabilitation Engineering, 2001, 9:69-75.

[145] PHILLIPS S L, CRAELIUS W. Residual kinetic imaging a versatile interface for prosthetic control[J]. Robotica, 2005, 23:277-282.

[146] KUTTUVA M, BURDEA G, FLINT J, et al. Manipulation practice for upper-limb amputees using virtual reality[J]. Presence-Teleoperators and Virtual Environments, 2005, 14:175-182.

[147] YUNGHER D, CRAELIUS W. Discriminating 6 grasps using force myography[C]. Mary Land:Proceedings of the American Society of Biomechanics Northeast Conference, 2007.

[148] WININGER M, KIM N H, CRAELIUS W. Pressure signature of forearm as predictor of grip force[J]. Journal of Rehabilitation Research and Development, 2008, 45:883-892.

[149] KUTTUVA M, BURDEA G, FLINT J, et al. Manipulation practice for upper-limb amputees using virtual reality[J]. Presence-Teleoperators and Virtual Environments, 2005, 14:175-182.

[150] WININGER M, KIM N H, CRAELIUS W. Pressure signature of forearm as predictor of grip force[J]. Journal of Rehabilitation Research and Development, 2008, 45:883-892.

[151] BLUM J E. Using force sensors to effectively control a below-elbow intelligent prosthetic

device[EB/OL].[2012-03-31]. http://jeremyblum. com/wp-content/uploads/2008/11/CONTROLLING-AN-INTELLIGENT-PROSTHETIC-DEVICE. pdf.

[152]GESCHEIDER G A,BOLANOWSKI S J,VERRILLO R T. Some characteristics of tactile channels[J]. Behavioural Brain Research,2004,148:35-40.

[153]ALLES D S. Information transmission by phantom sensations[C]. IEEE Transactions on Man-Machine Systems,1970,11:85-91.

[154]CIPRIANI C,ZACCONE F,MICERA S,et al. On the shared control of an EMG-controlled prosthetic hand analysis of user-prosthesis interaction[J]. IEEE Transactions on Robotics, 2008,24:170-184.

[155]CHATTERJEE A,CHAUBEY P,MARTIN J,et al. Quantifying prosthesis control improvements using a vibrotactile representation of grip force[C]. Kansas:2008 IEEE Region 5 Conference,2008:75-79.

[156]CHRISTIAN P,ARTEM K,STEFAN S. Design and evaluation of a low-cost force feedback system for myoelectric prosthetic hands[J]. American Academy of Orthotists & Prosthetists,2006,18(2):57-61.

[157]STEPP C E,MATSUOKA Y. Vibrotactile sensory substitution for object manipulation amplitude versus pulse train frequency modulation[J]. IEEE Transactions on Neural Systems and Rehabilitation Engineering,2012,20:31-37.

[158]D'ALONZO M,CIPRIANI C,CARROZZA M C. Vibrotactile sensory substitution in multi-fingered hand prostheses evaluation studies[C]. IEEE International Conference on Rehabilitation Robotics,2011.

[159]张竹茂,刘捷,赵瑛,等. 基于手指的触觉替代视觉系统的设计与实现[J]. 中国医学物理学杂志,2009,26(4):1293-1298.

[160]OKADA K,KIM G,PAK P S. Sound information notification system by two-channel electrotactile stimulation for hearing impaired persons[C]. Lyon:Annual International Conference of the IEEE Engineering in Medicine and Biology Society,2007:3826-3829.

[161]SCOTT R N,BRITTAIN R H,CALDWELL R R,et al. Sensory-feedback system compatible with myoelectric control[J]. Medical and Biological Engineering and Computing,1980, 18:65-69.

[162]SHANNONG F. A comparison of alternative means of providing sensory feedback on uppel limb prostheses[J]. Medical and Biological Engineering and Computing,1980,14:289-294.

[163]ANANI A B,IKEDA K,KÖRNER L M. Human ability to discriminate various parameters in afferent electrical nerve stimulation with particular reference to prostheses sensory feedback[J]. Medical and Biological Engineering and Computing,1977,15:363-373.

[164]BUTIKOFER R,LAWRENCE P D. Electrocutaneous nerve stimulation[J]. IEEE Transactions on Biomedical Engineering,1978,6(25):526-531.

[165]KATO I,YAMAKAWA S,ICHIKAWA K,et al. Multifunction myoelectric hand prosthesis with pressure sensory feedback[J]. Advances in External Control of Human Extremitie,

1979: 155-170.

[166]YOSHIDA M,SASAKI Y. Sensory feedback system for prosthetic hand by using interferental current[J]. Engineering in Medicine and Biology Society,2001,2:1431-1432.

[167]SASAKI Y,YADA K,YOSHIDA M. New stimulation method for stimulus point movement [J]. Proceedings of the 25th Annual International Conference of the IEEE Engineering in Medicine and Biology Society,2003,25:1655-1657.

[168]ARIETA A H,YOKOI H,ARAI T,et al. FES as biofeedback for an EMG controlled prosthetic hand[C]. TENCON 2005 IEEE Region 10,2005,21:1-6.

[169]KIM G,ASAKURA Y,OKUNO R,et al. Tactile substitution system for transmitting a few words to a prosthetic hand user[C]. Shanghai:Annual International Conference of the Engineering in Medicine and Biology Society,2006:6908-6911.

[170]MARCUS P L,FUGLEVAND A J. Perception of electrical and mechanical stimulation of the skin implications for electrotactile[J]. Journal of Neural Engineering,2009,6(6): 643-669.

[171]GENG B,YOSHIDA K, JENSEN W. Impacts of selected stimulation patterns on the perception threshold in electrocutaneous stimulation[J]. Journal of Neuroengineering and Rehabilitation,2011,8(3):417-423.

[172]GAO X H,JIN M H,LI J, et al. The HIT/DLR dexterous hand: work in progress[C]. Taipei:Proceedings of the IEEE International Conference on Robotics and Automation, 2003,3164-3169.

[173]HE P,JIN M H,YANG L, et al. High performance DSP/FPGA controller for implementation of HIT/DLR dexterous robot hand[C]. Los Angeles:Proceedings of the 2004 IEEE International Conference on Robotics and Automation, 2004:2134-2139.

[174]DECHEV N, CLEGHORN W L, NAUMANN S. Multiple finger, passive adaptive grasp prosthetic hand[J]. Mechanism and Machine Theory, 2001, 36(10): 1157-1173.

[175]史士财,高晓辉, 姜力. 欠驱动自适应机器人手的研制[J]. 机器人, 2004, 26(6): 496-502.

[176]HAI H, LI J, ZHAO D W, et al. The development on a new biomechatronic prosthetic hand based on under-actuated mechanism[C]. Beijing:IEEE/RSJ International Conference on Intelligent Robots and Systems,2006:3791-3796.

[177]余昌东. 仿人型残疾人假手机构和传感器系统的研究[D]. 哈尔滨:哈尔滨工业大学, 2007.

[178]LIU H,YANG D, JIANG L,et al. Development of a multi-DOF prosthetic hand with intrinsic actuation, intuitive control and sensory feedback[J]. Industrial Robot: An International Journal, 2014, 41:381-392.

第2章 人手解剖学及其功能

本章要点:人手经过长期的进化,具有独特的肌骨结构、神经控制和感知机制。仿人型假手的研究是个多学科交叉的领域,从生物解剖学方面认识人手能够指导假手的设计。本章从人手解剖学研究出发,详细介绍了人手骨骼结构、功能性肌肉分布、感知器功能、神经控制和感知反馈回路等。通过本章的学习,读者能够对人手解剖学基础知识有一定的了解,并在以后的设计中对假手的拟人特性进行适当评估。

2.1 人手的运动功能

从功能学的角度分析,一方面,人手是处于上臂末端的效应器,可以完成与自然界的各种交互任务;另一方面,人手又是一个灵敏而准确的感受器,可以实时反馈抓握信息[1]。仿人型假手的设计,需要同时赋予机器手灵巧的机械性能(效应器)和灵敏的信息感知及反馈(感受器)能力。

2.1.1 人手骨骼的结构

人手由 27 块骨头组成,包括 14 块指骨、5 块掌骨和 8 块腕骨[2],如图 2.1 所示。除了拇指具有 2 块指骨外,其余 4 指均含有 3 块指骨[3,4]。拇指由第一掌骨、近节指骨和远节指骨组成,手指由对应的掌骨、近节指骨、中节指骨和远节指骨组成。腕骨分两排分布,腕骨远端一排从桡侧到尺侧依次为大多角骨、小多角骨、头状骨和钩骨,腕骨近端一排由桡侧到尺侧依次为手舟骨、月骨、三角骨和豌豆骨。除拇指外,手指的各个关节由远指节(DIP)、近指节(PIP)、掌指关节(MCP)和腕掌关节(CMC)组成。拇指的各个关节由远指节(IP)、掌指关节(MCP)和腕掌关节(CMC)组成。拇指的腕掌关节又称为大多角骨腕掌关节(TM),拇像其他手指一样有近指节。因此,拇指的指间关节(IP)位于拇指远端,习惯上被称为远指节。

图 2.2 为右手的标准解剖学图。当手处于解剖学标准位置时,矢状面(Sagittal)、冠状面(Coronal)和横切面(Transverse)的方向主要通过近–远轴(Proximal–Distal)、桡–尺轴(Radial–Ulnar)来描述。手的伸展和屈曲(Flex–Ext)发生在矢状面,外展和内收(Ab–Ad)发生在冠状面,旋前和旋后发生在横切面。

2.1.2 人手运动的特点

人手在冠状面上自然张开时,是以手的长轴而不是身体的对称面作为参照,即以过第三掌骨和中指的长轴为参照。因此,对手的运动可用"分离"的称谓取代"外展"、用"靠近"的称谓取代"内收"来描述。当手指外展时,各个手指的长轴汇交于一点,如图 2.3 所示。在这些运动过程中,中指几乎是不动的。当手指随意靠近时,各个手指的长轴不是平行的,而是汇聚到手掌远侧的一点。握紧拳时(远侧指间关节仍然伸展),4 指的远节指骨长轴和拇指长轴汇交于一点,这也是各个手指关节屈曲轴倾斜的表现,如图 2.4 所示。

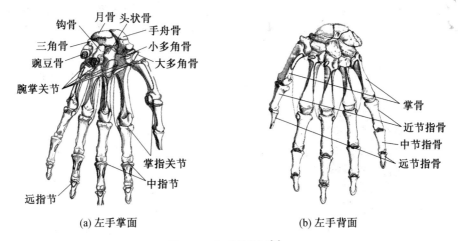

(a) 左手掌面　　　　　　　　　　　　　　(b) 左手背面

图 2.1　人手骨骼图[2]

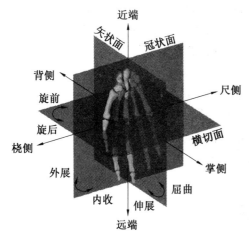

图 2.2　手的标准解剖学示图[5]　　　　　　图 2.3　人手自然张开姿态

　　人手的拇指能够实现和其余手指的对向性(Opposition)抓握,是人手实现抓握功能的重要体现。对向性是由拇指的 TM 和 MCP 的锥形运动,以及拇指 IP 和手指 DIP,PIP,MCP 转轴的倾斜综合作用产生的。在人手处于解剖学标准位置随意展开时,各个手指的长轴将交汇于一点,此时的食指长轴偏向于桡侧,中指长轴与第三掌骨长轴基本重合,没有外展内收动作,无名指和小指长轴则向尺侧倾斜。在抓握过程中,各个手指 MCP 的伸展–屈曲转轴并非具有一定的角度,而是倾斜方向基本一致。拇指 MCP 伸展–屈曲转轴与其余 4 指的伸展–屈曲转轴方向基本一致,而 IP 和 TM 伸展–屈曲转轴方向略有不同。

　　解剖学研究发现人类手掌并不是平面的,而是呈中间凹陷的形状。文献[6]结合各手指的位置定义了 3 个拱形来定性描述手掌的形状,如图 2.5 所示,具体描述如下[7]:

　　(1)末端横向拱形由除拇指外的其余 4 指的掌骨组成。

　　(2)径向拱形为腕关节骨到中指或者无名指指尖连接而成的弧线。

　　(3)倾斜拱形由小指指丘与拇指指丘构成。

通过对人手抓取长方体及圆柱体进行研究，研究者确定了各个拱形角的变化范围，其中横向拱形角的变化范围为$[0°,10°]$。从抓取的角度分析，弧形的手掌结构对日常生活中的凸体具有较好的包络性，对提高抓取稳定性具有重要意义[8]。

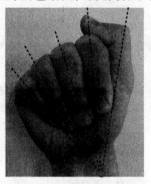

图 2.4　握拳手指长轴汇交

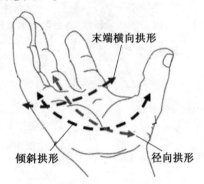

图 2.5　手的 3 个拱形[6]

通过使用电场共轭流体（Electric Field Conjugate Fluid，ECF），针对大鱼际肌和小鱼际肌部位在抓取时位置的改变（被称为手掌的屈曲，如图 2.6 所示），研究者进行了拟人型可变形手掌的设计[1]，并验证了手掌的变形在抓取过程中的重要作用[9]。

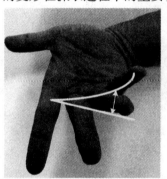

图 2.6　手掌的屈曲[1]

2.1.3　人手的自由度

目前，普遍认为人手具有 21 个自由度[10,11]，其中拇指包含 5 个自由度，其余 4 个手指则各包含 4 个自由度，具体的自由度在各个手指关节分配如图 2.7 所示。也有研究将人手自由度扩展到 27 个[12]，或简化后的 25 个，多出的 4 个自由度（图 2.7 中正方形）主要体现在抓握过程中的手掌变形。除了显示各个关节的自由度分布，综合人手运动学模型的相关研究结果，图 2.7 中还粗略地给出了各个关节的伸展-屈曲轴（弯伸轴）的方向。

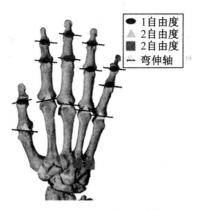

图 2.7　人手自由度分配图[12]

2.1.4　人手骨关节功能解剖学

1. 拇指骨关节

拇指是人手实现功能最重要的部分。在解剖学中,拇指由 2 块指骨和 1 块掌骨组成,不同于其他 4 指。如图 2.1 所示,拇指底部是腕掌关节(CMC)或大多角骨掌骨关节(TM),最末端的关节是拇指指间关节(IP),中间的关节被称为掌指关节(MCP)。在拇指底部的下面是一些小骨——大多角骨、小多角骨和手舟骨,虽然这些骨头的运动范围不大,却使拇指 TM 关节的运动变得极为复杂。另外,拇指的关节中存在灵活而复杂的滑动/转动运动[3]。由于上述原因,建立一个准确的拇指关节运动模型是十分困难的。

(1)大多角骨掌骨关节(TM)。

拇指的 TM 关节是人手关节中最为复杂的关节,解剖学界虽然对其进行了广泛的研究,但是仍然没有建立让所有人都信服的建模标准。早期的研究主要集中在对尸体的解剖和关节几何形状方面,Hollister 等人[10]以人手内骨骼的尺寸为基准,较为精准地得到了 TM,MCP 和 DIP 的各个转轴位置。解剖学研究发现,大多角骨和拇指第一掌骨连接的关节面为鞍状关节,拇指 TM 关节的伸展-屈曲轴和外展-内收轴是非垂直、非相交的。伸展-屈曲轴穿过大多角骨,外展-内收轴穿过第一掌骨[13]。Chang 等人[14]使用动作捕获系统研究拇指运动,认为 TM 有 3 个自由度,但该种描述并不符合 TM 关节面的几何形状特性,因为旋前-旋后自由度可以通过绕着不垂直的伸展-屈曲轴以及外展-内收轴的联动产生,所以这里认为TM 有 2 个自由度即可。

(2)掌指关节(MCP)。

由于拇指 TM 转轴联动的影响,拇指 MCP 的转轴位置同样难以定义。研究表明,MCP 关节的伸展-屈曲轴(FE)和外展-内收轴(AA)也是非垂直、非交叉的。MCP 的 FE 轴在 AA 轴远端,两者夹角为 $84.8° ± 12.2°$。AA 轴上的运动幅度较小,两轴分别在掌骨的 $87\% ± 5\%$ 和 $83\% ± 13\%$ 处[10],如图 2.8 所示。

(3)拇指远指节(IP)。

一致认为拇指远指节只有 1 个自由度。IP 转轴在近节指骨长度的 $90\% ± 5\%$ 处,平行于拇指 IP 屈曲横纹,与近节指骨的中轴成 $83\% ± 4\%$ 的夹角,同时与近节指骨横切平面中间轴的夹角为 $5° ± 2°$[10]。

2. 手指骨关节

人手的食指、中指、无名指和小指的关节转轴分布类型是基本相同的,每个手指包含 4 个自由度,PIP 和 DIP 均只含有伸展−屈曲 1 个自由度,MCP 含有外展−内收和伸展−屈曲 2 个自由度[1]。由于 CMC 的转动较小,因此这里将 4 个手指的 CMC 自由度忽略。手指具体的关节转轴分布如图 2.9 所示。

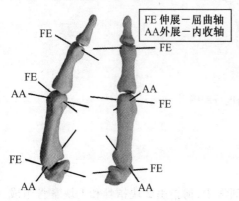
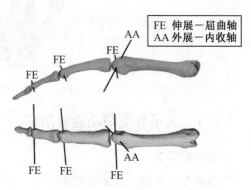

图 2.8　拇指关节转轴分布图[11]　　　　　图 2.9　手指的关节转轴分布图[11]

（1）掌指关节（MCP）。

手指掌指关节在屈曲时的外展−内收范围比在伸展时小得多,因此将 MCP 的屈曲−伸展轴和外展−内收轴的夹角定义为 60°[5]。MCP 的转轴位置在手指伸展−屈曲时有小部分变化[15,16],总体上呈一定的倾斜角度,如图 2.7 所示。

（2）近指节（PIP）和远指节（DIP）。

在手指完全伸展时,手指 PIP 和 DIP 的伸展−屈曲轴垂直于手指长轴。但受骨骼表面的不对称性和关节处韧带不同的拉力的影响[17],在手指弯曲过程中,此转轴并非固定,而是变得越来越倾斜[1,18]。使用磁共振成像测试得到,在手指整个屈曲过程中,DIP 和 PIP 的屈曲轴倾斜了 14°[9]。

3. 关节运动范围

手指各个关节的运动范围是仿人型假手设计的一个重要参考标准。在抓取物体时,人手主动或被动的关节动作对抓取质量起到至关重要的作用,同时对假手、灵巧手运动空间拟人化评估具有一定的参考作用。

（1）主动运动。

以人手处于自然伸展位置为参考位置,手指 MCP 的屈曲范围在 90°左右。食指的屈曲范围小于 90°,其他手指的屈曲范围由食指到小指逐渐增大。手指在主动伸展时,MCP 的伸展角度一般在 30°~40°,手指外展−内收范围在 30°左右。手指的 PIP 主动屈曲范围大于 90°,手指 DIP 主动屈曲范围小于 90°。采用 Anne Hollister 定义的拇指外展−内收方向和屈曲−伸展方向,分别对应 Kapandji 定义的拇指大多角骨掌骨关节的屈伸方向和前进后退方向,拇指 TM 的屈伸范围为 22°±9°,外展−内收范围为 17°±9°,拇指 MCP 的主动屈曲为 60°~70°。在主动屈曲和内收的共同作用下,当内侧籽骨肌收缩时掌指关节旋后 5°~7°,当外侧籽骨肌收缩时掌指关节旋前 20°。拇指 IP 主动屈曲范围为 70°~80°,主动伸展范围为

$5° \sim 10°^{[1]}$。各关节主动运动范围见表2.1。

表 2.1　人手各关节主动运动范围

拇　指	TM	MCP	IP
运动范围	屈伸:22°±9° 展收:17°±9°	屈曲:60°~70° 旋后:5°~7° 旋前:20°左右	屈曲:70°~80°

食指~小指	—	MCP	PIP	DIP
运动范围		屈曲:90°左右 伸展:30°~40° 展收:30°左右	屈曲:>90°	屈曲:<90°

（2）被动运动。

人们长期忽略手的被动运动,尤其是手指 MCP 的被动旋前旋后。手的被动运动包括手指 DIP 的被动伸展(约 30°)、手指 MCP 的被动伸展(约 90°)、拇指 MCP 的被动屈曲(80°~90°)、拇指 MCP 的被动旋前旋后和拇指 IP 的被动屈曲(个别个体能达到 90°)。通过实验的方法,分别在各个手指(食指到小指)上施加 $0.2\,\mathrm{N \cdot m}$ 的力矩,发现被动旋后角度普遍大于被动旋前角度[20]。其中被动旋后角度从大到小依次为无名指、小指、食指和中指。此时,各个手指被动旋后角度差距比较大,但各个手指被动旋前的角度均较小,且基本相等,具体见表 2.2。

表 2.2　各个手指 MCP 被动旋转角度

测试关节	转动方向	平均值(标准差)/(°)
食指 MCP	旋后	15(7)
	旋前	13(5)
中指 MCP	旋后	14(6)
	旋前	12(5)
无名指 MCP	旋后	20(7)
	旋前	12(6)
小指 MCP	旋后	19(8)
	旋前	14(6)

2.2　人手功能性肌肉分布

人手各关节通过分布于手上及前臂的肌肉肌腱所驱动。如果说人手骨骼结构是实现人手复杂运动功能的基础,那么人手功能性肌肉则是实现人手复杂功能的动力。了解人手骨骼肌分布,将有助于理解人手关节的驱动特性及复杂运动功能。由于拇指肌肉的复杂性,在解剖学中,习惯将人手的拇指和其他手指的肌肉分开分析。人手手指的功能性肌肉分类见表2.3。

表 2.3　人手手指的功能性肌肉分类

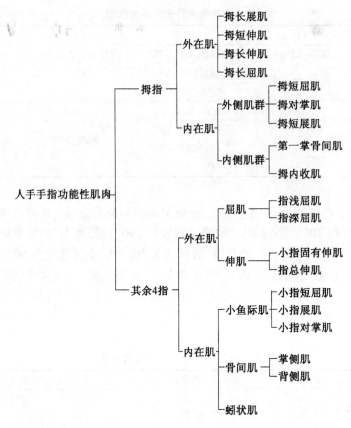

2.2.1　拇指功能性肌肉

与其他手指相比,拇指的自由度较多,能够实现比其他手指更为精细的运动功能。拇指功能性肌肉共有 9 块,可以分成 2 个肌群[1,21]。

(1)外在肌(或长肌)。

外在肌包括 4 块,大多位于人体前臂。其中 3 块是外展肌和伸肌,主要用来完成释放抓握动作。第 4 块是拇长屈肌,主要用来锁定抓握动作。拇长展肌和拇短伸肌分别从前臂延伸到拇指 TM 的外侧和拇指 MCP 的背面,拇长伸肌和拇长屈肌则分别从前臂延伸到拇指 IP 关节的背面和前面,如图 2.10 所示。

(2)内在肌。

内在肌包括 5 块,位于大鱼际内部和第一掌骨间隙。这些肌肉可驱动拇指进行各种抓握动作,尤其是对掌运动。虽然它们的输出力较小,但是可以参与各种精确抓取运动。拇短屈肌起始于两处,一处来自于腕管的深面,另一处来自屈曲支持带的基底和大多角骨的结节。拇短屈肌的肌腱附着在籽骨外表面和近节指骨基底外侧结节,向远侧和外侧倾斜。拇对掌肌始于屈肌支持带,往远端、外侧和后方走行,最后附着在第一掌骨的前面。拇短展肌起始于屈曲支持带,近端在拇对掌肌的起点和舟骨的嵴,横行在对掌肌的浅表,形成掌突的浅层,附着在近节指骨的外侧结节,但部分外侧束沿着第一前掌骨间隙和拇指背侧扩展部汇合。第一掌骨间肌由肌腱附着在近节指骨基底的内侧结节和指骨背侧的扩展部。拇内收肌的横头和斜头汇集成一个共同的肌腱,附着在内侧的扩展部。其分布图如图 2.10 所示。

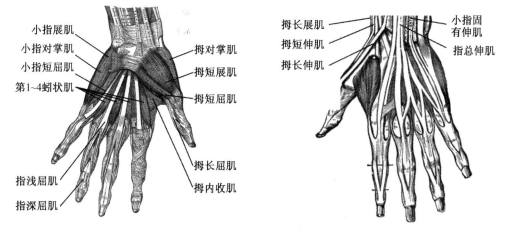

图 2.10　人手肌肉分布图[2]

临床上普遍认为对掌运动(Opposition)是拇指的基本运动之一,通过拇指指尖和手指指尖(或者手掌远侧横纹)的距离来考量[22],对掌的整个运动范围包括在一个圆锥形的扇形区间内,圆锥的顶点位于 TM 关节,称为对掌锥。由拇长展肌和内在肌的外侧肌群形成的力偶对于对掌功能的实现起到重要作用,可通过主从分量方法分析对掌运动中各个关节的贡献[22]。对掌性(对向性)由两个阶段构成,第一阶段为拇长展肌向前方和侧方伸展第一掌骨,第二阶段为从外侧肌群(如拇短屈肌、拇短展肌和拇对掌肌所在处),将第一掌骨向前方和内侧方斜拉[1]。因此,人手对掌运动的开始为掌骨的向前和侧向移动(拇长展肌引起),然后是第一掌骨向内侧方和前方移动(由外侧肌群产生)。拇指的对掌运动主要由拇指骨关节柱的前移、屈曲和旋前构成。

2.2.2　其余 4 指功能性肌肉

其余 4 指的运动较拇指简单,主要包含各个手指 MCP,PIP,DIP 的屈曲-伸直和 MCP 的外展-内收,受到指深屈肌、指浅屈肌、指总伸肌、骨间肌及蚓状肌等的综合作用。由于小鱼际肌的存在,使得小指与其余手指有一定的差异。

(1)手指的屈曲。

手指的屈曲主要受外在肌的控制,在前臂的分布如图 2.11 所示,在手指上的分布图如图 2.10 所示。指深屈肌和指浅屈肌互相交叉且对称,指深屈肌从指浅屈肌中穿过。

(2)手指的伸展。

手指的伸展主要依靠手的外在肌,穿过纤维骨性隧道到达手部。伸手指的动作由指伸肌、骨间肌、蚓状肌甚至包含某种程度上的指浅屈肌联合运动完成。根据掌指关节和腕关节的位置,这些肌肉或者协同或者拮抗。手指伸展肌腱如图 2.12 所示。

指伸肌是完全伸直近节指骨的肌肉,仅当腕屈曲位屈肌放松时,对中节指骨和远节指骨有部分伸直作用,且当手腕屈曲角度很大时,指伸肌可以起到伸直手指近节、中节、远节指骨的作用。当处于中立位时,指伸肌的作用较弱,仅为手指伸展的次要因素。

骨间肌起到屈曲近节指骨、伸直中节指骨和远节指骨的作用,其分布图如图 2.13 所示。它的作用取决于掌指关节的屈曲度和伸肌腱的收缩情况[1]。指伸肌和骨间肌同时作用于中节和远节指骨,两者具有一定的协同作用[1]。

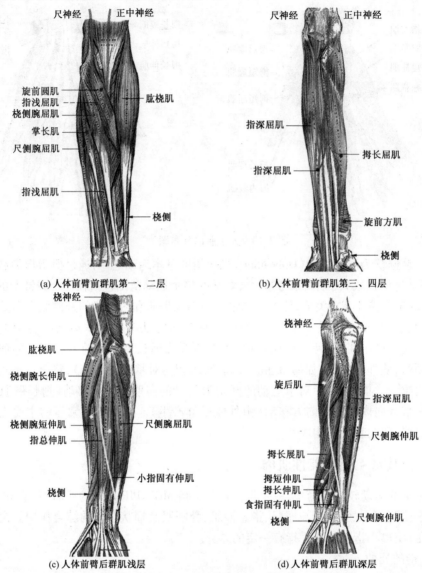

(a) 人体前臂前群肌第一、二层　　　　　(b) 人体前臂前群肌第三、四层

(c) 人体前臂后群肌浅层　　　　　　　(d) 人体前臂后群肌深层

图 2.11　前臂前群肌和后群肌

蚓状肌具有屈曲近节指骨,甚至中节和远节指骨的功能,其分布图如图 2.10 所示。蚓状肌和近节指骨形成牵引角,可以在掌指关节处过伸位屈曲掌指关节。蚓状肌是近节指骨屈曲的启动肌,附着在远离伸肌腱帽的外侧带,并不约束肌腱。因此,不管掌指关节位于何种屈曲位置,蚓状肌都有令中节和远节指骨伸肌重新张紧的能力。

(3) 手指的外展-内收。

手指的外展-内收依靠骨间肌实现,如图 2.13 所示。骨间肌分为骨间背侧肌和骨间掌侧肌,其中骨间背侧肌比骨间掌侧肌更粗壮有力,主要使手指分离。骨间掌侧肌主要使手指合拢,小指的外展动作由小指展肌实现。

(4) 小鱼际肌。

小鱼际肌主要由 3 块肌肉组成,即小指短屈肌、小指展肌和小指对掌肌,如图 2.10 所

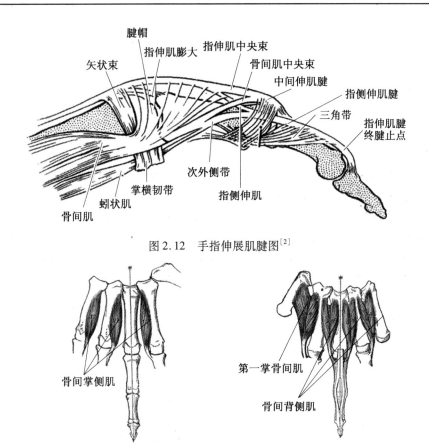

图 2.12 手指伸展肌腱图[2]

图 2.13 人手骨间肌分布图[2]

示。小指短屈肌用来屈曲小指掌指关节,小指展肌用来外展小指,小指对掌肌使第五腕掌关节屈曲,发生前移和向外的联合运动。

2.2.3 前臂功能性肌肉

人体前臂肌肉位于尺骨及桡骨的周围,肌腹位于近侧,而细长的腱位于远侧。前臂肌肉可以分为前后两个群,其中,前群肌位于前臂的前面和内侧面,包括屈肘、屈指及前臂旋前功能性肌肉,共 9 块,分 4 层排列,如图 2.11(a)(b)所示。第一层自桡侧向尺侧依次为肱桡肌、旋前圆肌、桡侧腕屈肌、掌长肌及尺侧腕屈肌;第二层为指浅屈肌;第三层为拇长屈肌和指深屈肌,分别位于桡侧及尺侧;第四层为旋前方肌。

后群肌位于前臂的后面,是伸肌群,分浅、深两层排列,如图 2.11(c)(d)所示。浅层有 5 块肌肉,自桡侧向尺侧依次为桡侧腕长伸肌、桡侧腕短伸肌、指总伸肌、小指固有伸肌及尺侧腕屈肌。在深层也有 6 块肌肉,1 块位于前臂后面的近侧部,位置较深,称为旋后肌;另 4 块位于旋后肌的下方,自桡侧向尺侧分别为拇长展肌、拇短伸肌、拇长伸肌及食指固有伸肌;另 1 块位于尺侧,为尺侧腕伸肌。

2.3　人手的感知功能

　　人手具备的主要感知功能有触压觉、热觉、冷觉和痛觉,均通过人体皮肤来进行感受。人体皮肤是主要的外感受器,含有游离神经末梢和有被膜的末端器官。普遍认为,有被膜的末端器官主要负责传导精细感觉,如轻微触摸、鉴别、振动、压力等,而游离神经末梢则负责传导原始性的感觉,如疼痛程度和温度差别等。人体的神经感知系统传递外界刺激的信息,包含刺激的类型、位置、强度和持续时间。感受器是每个感觉传导通路中的第一个细胞,它将各种形式的刺激能量转化为相应的传入神经纤维上的动作电位,传入中枢神经系统(Central Neural System,CNS)的相应部位。中枢神经系统获得感受器的感受信号后,再通过髓质、延髓、丘脑等一系列组织逐级传入大脑。在逐级传递过程中,信号已经历了滤波、放大及多感受器融合,因此能够在大脑位于中央后回的躯体感觉皮层产生清晰、明确的感觉[23]。

　　图 2.14 显示了皮肤内的各种感受器及其附属结构,可以将感受器划分为机械刺激感受器(触、压)、温度感受器(冷、热)及伤害感受器(疼痛)。这些感受器主要分布在表皮和结缔组织之间的区域内,特别是在手指指肚区域。

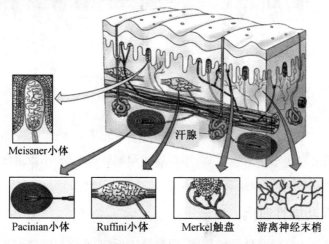

图 2.14　皮肤的感受器[26]

　　典型人体肌肤感受器包括游离神经末梢(痛觉、温觉)、Merkel 触盘、毛袖(触觉)、Meissner 小体(触觉)、Pacinian 小体(压觉、振动觉)、Krause 球状小体(冷觉)及 Ruffini 小体(热觉)[24]。对振动敏感的机械感知器,包括 Pacinian 小体和 Meissner 小体,分别位于皮肤的深层及表层,可依次被大面积和小面积皮肤区域内的振动激活。Meissner 触觉小体呈卵圆形,长轴与皮肤表面垂直,外包有结缔组织囊,小体内有许多横列的扁平细胞。当有髓神经纤维进入时,小体失去髓鞘,轴突分成细支盘绕在扁平细胞间。Pacinian 小体体积较大,直径为1~4 mm,呈卵圆形或球形,广泛分布于皮下组织,感受压觉和振动觉。Pacinian 小体的被囊是由数十层呈同心圆排列的扁平细胞组成,小体中央有一条均质状的圆柱体。当有髓神经纤维进入时,小体失去髓鞘,裸露轴突穿行于小体中央的圆柱体内。Meissner 小体主要缓慢适应 50 Hz 以下的振动,而 Pacinian 小体主要适应频率高于 50 Hz 的快速振动。Merkel 小体也称为 Merkel 触盘,位于表皮肤乳头状隆起中间,能够缓慢适应静态压力。Ruffini 小体呈

长棱形,被膜松弛,位于手背处真皮内,是对皮肤张紧程度的一种慢适应感受器。由于
Ruffini 小体可以向大脑提供手指的绝对位置信息,因此是一种本体感受器[25]。

2.4　人手的神经控制及感知反馈回路

2.4.1　肌肉的神经支配

支配人手部肌肉的主要神经有正中神经、尺神经和桡神经[21],各个神经所对应支配的
人手功能性肌肉见表2.4。

表 2.4　手肌的神经支配

神　经	支配的人手功能性肌肉
正中神经	拇长屈肌、拇短屈肌、拇对掌肌、拇短展肌、指浅屈肌、指深屈肌外半侧、第一蚓状肌及第二蚓状肌
尺神经	小指短屈肌、小指展肌、小指对掌肌、第三蚓状肌、第四蚓状肌、指深屈肌内半侧、拇内收肌、拇短屈肌及骨间肌
桡神经	拇长展肌、拇短伸肌、拇长伸肌、指总伸肌及小指固有伸肌

2.4.2　人手皮肤感觉神经分布

正中神经、尺神经和桡神经发出的感觉支在人手皮肤表面的分布如图2.15所示。正中
神经分数支分布于掌心、鱼际和桡侧三个半手指的掌面及其中节和远节背面的皮肤;尺神经
分数支于掌面尺侧的一个半手指及相应手掌的皮肤,以及背面两个半指及其相应的皮肤;桡
神经终支的浅部分则最终分布于手背桡侧半和桡侧两个半手指近节背面的皮肤。

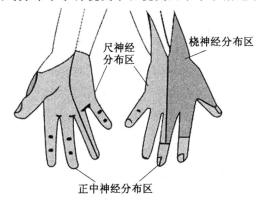

图 2.15　手部皮肤感觉神经分布[2]

2.4.3　人手感知反馈回路

人手通过感知外界的触压觉、热觉、冷觉和痛觉来进行相应的反馈动作。例如,人手在转动铅笔时,通过手指上的感受器来感受和笔的接触位置及接触力等信息,该信息通过传入神经传入中枢神经系统后,中枢神经系统做出判断,然后通过传出神经将指令传给手指的功能性肌肉(即效应器)进行手指的动作。

人手的感知反馈回路分为感受器、传入神经、神经中枢(脑和脊髓)、传出神经及效应器5个部分。其中感受器指的是人手皮肤的各种感受器。整个反馈的过程为:感受器产生了兴奋,兴奋以神经冲动的方式经过传入神经传向中枢神经系统(脑和脊髓);通过中枢的分析与综合活动,中枢产生兴奋;中枢的兴奋又经一定的传出神经到达效应器,使效应器产生相应的活动[27]。人手的感知反馈回路如图2.16所示。其实,人手感知反馈回路的实质就是兴奋的产生、传导和分析。

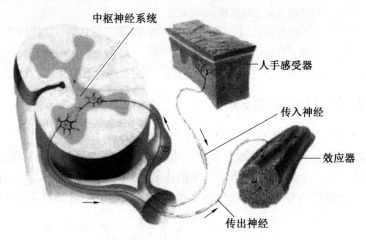

图2.16　人手感知反馈回路[27]

兴奋以细胞的生物电变化为基础,在兴奋的部位,神经纤维的细胞膜出现100 mV左右的电位降低。神经纤维上的兴奋沿着神经纤维向前传导,传导的兴奋是一段长度从数毫米到数厘米的兴奋波,这种在神经纤维上迅速向前传导的兴奋波称为神经冲动,简称冲动。冲动在神经纤维上的传导速度较快,具有以下特点[21]:

(1)冲动在神经纤维上向前传导,并不是相互连续的,而是间断的一个个冲动。

(2)冲动是"全或无"式的,这就是说不兴奋则无动作电位,若兴奋则为这条神经纤维最大的兴奋,即最大的动作电位。通过神经纤维传递的信息强弱是以冲动频率来反映的,而不是以冲动的强弱来反映的。

(3)冲动在神经纤维上的传导不会随着距离的增加而使动作电位强度降低。

对感受器施加外部刺激,刺激的强度越大,则产生的感受器膜电位差也越大。当膜电位差达到阈电位及其以上时,产生动作电位,此时兴奋以神经冲动的形式进行传导,相应的刺激强度越大,则产生的动作电位频率越高。研究表明,感受器所能反应的皮肤最小凹陷深度为80 μm,超过这种刺激强度才能使感受器膜电位差达到阈电位。另外,皮肤受压深度和相应的慢适应机械感受器每秒产生的动作电位数成正比例关系,物理刺激强度和人体感受刺激强度也呈线性关系,这表明感受器对刺激强度的编码真实可信地反映到了产生感觉的中枢神经系统[24]。本书第 8 章还将进一步探讨仿人型假手的电刺激感知反馈。

2.5　人手的基本抓取及运动模式

复杂的解剖学结构赋予了人手强大的抓取及操作能力,对不同物体的抓取能力是人手功能性最重要的体现。需要特别指出的是,本章所指的抓取能力为人手完成不同抓取所呈现的具代表性的抓取姿势,不涉及抓取质量评估的内容(如抵抗外力干扰能力和灵巧性)。研究人手抓取分类具有以下意义:

(1)理解人手在抓取过程中(姿势或操作)的运动特性,以及不同种抓握及操作的衔接与组成,从而便于仿人假手的抓取功能性设计和多关节手指的运动拟人性设计。

(2)了解人手抓握及操作的能力范围,便于进行人手的伤残评估和假手康复性验证。

(3)掌握人手抓取的具体特征(如强力抓取稳定性和精确抓取的操作性),便于针对这些特征进行相应的抓取质量评估(抵抗外力干扰能力和灵巧性)。

基于物体形状(圆柱和球形)、手的表面(指尖、手掌、侧边)和形状(钩形、握拳),人手抓取可以分为 6 类,即圆柱抓取、球形抓取、3 指捏取、侧边捏取、两指捏取和胡克抓取[4,28],见表 2.5。该抓取模式的分类是目前各类假手设计中最常采用的抓取姿势分类。

表 2.5　Schlesinger 的 6 种抓取分类

圆柱抓取	球形抓取	3 指捏取	侧边捏取	两指捏取	胡克抓取

但是人们在完成抓取时并非完全根据物体的尺寸和形状,更多的是基于所要完成的任务特性。对于同一种物体在需要完成不同的操作时,抓取的姿势也是不相同的。例如,拧瓶盖时起初是强力抓取,此时主要强调的是手指施加于瓶盖的力;当拧松动后则转换成精确抓取,此时主要强调的是手指移动的灵巧性。

Napier 首先将手的运动分为抓取运动和非抓取运动两大类[29]。抓取运动时,物体全部或者局部被手所包围;而非抓取运动则不需要人手包围物体,只是进行推或者托的运动,此时人手可以看成一个整体或者只有单一的手指在运动。Napier 认为抓取可以进一步分为两类,即强力抓取(图 2.17(a))和精确抓取(图 2.17(b))。其中强力抓取指物体被手掌和弯曲的手指夹紧,强调整手抓取的稳定性;精确抓取指物体被对向性的拇指和弯曲的手指压紧,强调手指的灵巧性操作。

但遗憾的是,并不是所有的抓取都能够归为这两类,例如,在完成不同任务时,侧边捏取有时类似于强力抓取,有时类似于精确抓取。Cutkosky 抓取分类[30]是目前使用最为广泛的一种分类方法,其核心思想是抓取分类树。分类树的建立过程为:首先进行强力抓取和精确抓取分类,随后再通过基于以物体为中心的分类方法进行分类。其具体的分类如图 2.18 所示。

Elliott 对手的操作分为两类,即手内操作和手外操作[31]。手内操作是指在手的范围内

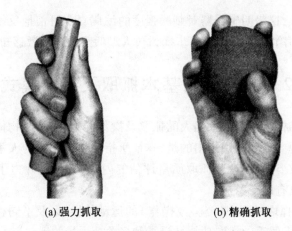

(a) 强力抓取　　　　　　　　(b) 精确抓取

图 2.17　Napier 的两种抓取分类代表[29]

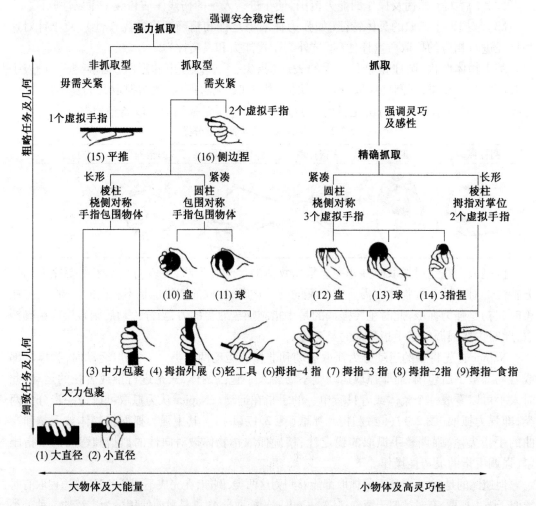

图 2.18　Cutkosky 抓取分类[30]

手指协作使物体运动,而手外操作是指将整个手作为一个整体来使物体进行移动,此时的移动主要体现在上臂的移动。Elliott 和 Connolly 进一步描述了 3 种基本的手内操作:简单协同

（Simple Synergies）、交互协同（Reciprocal Synergies）和序列模式（Sequential Patterns）[32]。此种分类是更侧重于对手部操作的分类方法。该种分类的缺点在于没有对单个手指的运动进行分类，具体分类如图 2.19 所示，分类中的各种抓取姿势见表 2.6。简单协同通常指针对一些小的物体，手指和拇指产生同样的聚拢，此时拇指和手指主要体现的是类似于同种方式的协同动作；交互协同强调的是拇指和手指的相互作用，体现为拇指和食指或者所有手指的反向运动，通过这一相互作用来实现对物体的操作；序列模式为完成各个手指均单独移动的间歇性运动。

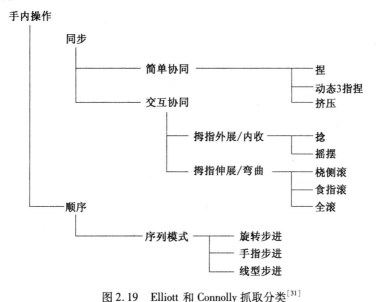

图 2.19　Elliott 和 Connolly 抓取分类[31]

表 2.6　Elliott 和 Connolly 抓取姿势表[31]

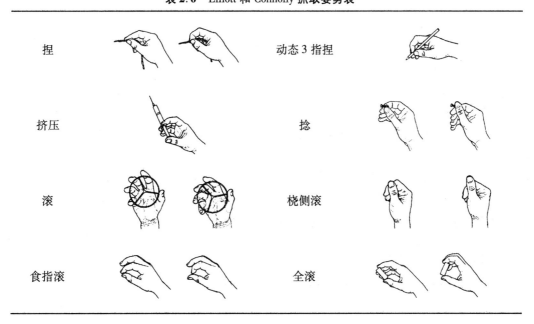

续表 2.6

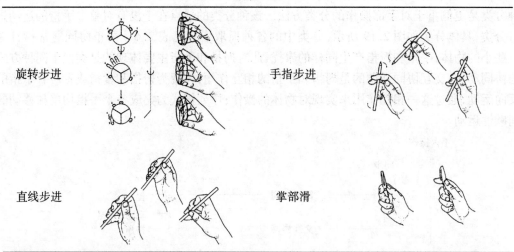

| 旋转步进 | | 手指步进 | |
| 直线步进 | | 掌部滑 | |

　　Kamakura 进行了 98 种物体的抓取实验[33]，通过对比人手与物体的接触面积，将人手抓取姿势分为强力抓取、中间抓取、精确抓取和手指内收抓取 4 个大类。将接触发生在手指和手掌上且各个手指 MCP 屈曲量较大的情况称为强力抓取，此时 4 指（食指到小指）MCP 屈曲角度逐渐增加；当接触面主要为拇指指腹和手指的掌面方向且 4 指的 MCP 关节屈曲角度差异很小，则称为精确抓取；在强力抓取和精确抓取之间为中间抓取，即手掌不接触，手指的 MCP 关节屈曲比强力抓取小，接触主要发生在食指和中指的桡侧；手指内收抓取主要针对小而轻的物体，拇指不参与抓取，接触面为两个相邻手指的桡侧和尺侧面。实验结果表明，86% 的抓取能在分类中找到适合的抓取模式，14% 的抓取则为中间或者抓取模式的组合。其中 98 个物体中的 31 种只采用单一的抓取模式，另 67 种则需要两种或更多的模式。

　　Iberall 根据手指抓取力方向可以将抓取分为 3 种[34]：①对指，力施加在手的指垫之间，沿着平行于手掌远近端轴的方向；②对掌，将手看成虚拟夹钳[35,36]，手掌和手指（一个或多个）作为夹钳的两端，力的方向垂直于手掌；③对侧，使用一个或者多个手指抓握物体，力的方向平行于桡尺骨轴的方向。

　　Zheng 用摄像头记载了人在不同环境下的抓取动作，对获得的视频进行了抓取姿势分类和所占时间的统计[37]。结果表明，对于家庭主妇，6 种抓取时间约占全部抓取时间的80%，时间由长到短依次为中力包裹、食指展、强力球形、侧边捏、精细盘和拇指-食指捏，如图2.18所示。对于抓取概率，8 种抓取姿势出现的概率总和接近 80%，从高到低依次为中力包裹、强力球形、侧边捏取、精细盘、食指展、拇指-食指、拇指-4 指和平行展。对于机械厂工人，9 种抓取的时间占总时间近 80%，分别为侧边捏、轻工具、3 指捏、中力包裹、拇指-3 指、拇指-4 指、食指伸展、拇指-2 指和拇指-食指。

　　综上所述，目前的抓取分类指标包括抓取物体形状（圆柱或球形）、抓取任务（力抓取或者精确抓取）、抓取面积及抓取力方向等。Feix 等人统计了多种抓取姿势分类，共找到 147 种抓取例子，发现 45 种不同的人手抓取类型，最终总结出 33 种抓取姿势来体现人手的抓取性能，并建立了人手的抓取数据库[38,39]，见表2.27。

表 2.7　Otto Bock 抓取姿势数据库[38]

对掌类型 虚拟手指2	强力						中等			精细				
	手掌		指尖				侧面			指尖				侧面
	3~5	2~5	2	2~3	2~4	2~5	2	3	3~4	2	2~3	2~4	2~5	3
拇指内收														
拇指外展														

知识拓展

假手功能需求及性能评估

　　致使残疾人不愿意使用假手主要有 3 个原因,即非直观性的控制、缺少充足的反馈和功能性[40]。研究者针对实验者完成日常生活活动(Activities of Daily Life,ADL)的过程,分步骤地对假手用户进行了调查[41]。结果显示,人们需要假手能够提供更多的功能、更快的响应、更短的执行时间及更直观的控制和反馈系统。研究认为未来假手应该满足如下要求:①能够对残疾人 EMG 信号有高分辨率;②手腕移动和抓取能够同时控制;③合适的力、位置反馈参数值,同时要考虑心理物理方面的反馈,如强度感知和敏感程度。

　　拟人性、先天灵巧度(包括机械结构和传感器)和集成化程度是现代假手应该具备的典型特征[42]。其中,灵巧度又包括抓取性和操作性两个方面:抓取性反映人手对物体的拾取能力,操作性则反映物体抓取后对其灵巧性操作的能力。假手的拟人化则分为运动学、接触特征及尺寸 3 个方面。就传感器系统而言,假手需要具有位置传感器、交互传感器(力/力矩传感器和触觉传感器)和附加传感器(近觉、视觉、动力学传感器等)。人们普遍认为:独立控制的关节越多,假手的灵巧性就越强。然而研究表明,因为增加关节自由度的同时增加了控制复杂程度,故而综合起来导致了假手灵巧性的下降[42]。

　　文献[43]详细地给出了当前先进假手的机械性能参数,包括:①物理性能(尺寸、质量及持久性);②电机性能;③运动学性能(抓取模式、关节连接方法及拇指设计)。文献[44]对人手的灵巧性操作和鲁棒性抓取做了详细的介绍,认为灵巧性操作需要手指和物体不同程度地滑动和滚动,因此研究滑动和滚动的控制、准确分析摩擦和滑动对假手灵巧性的提高具有重要作用。

在运动学基础上,使用非线性降维方法可以降低手指的空间维度,对不同假手进行运动和抓握性能的评估[45]。具体评估实现过程为:①根据抓取分类建立人手的抓取数据库;②将高维的人手数据空间进行非线性降维;③记录不同假手运动的抓取数据;④将假手的抓取数据映射到人手的低维空间;⑤对人手和假手量化的重叠区域进行分析。研究发现,当假手设计的关节转轴不拟人时(只研究了 MCP 转轴的影响),增加假手的自由度不会明显地提高假手的运动学拟人性。

本章小结

本章主要讨论了人手的解剖学,涉及人手的骨骼结构、运动学特性、功能性肌肉分布、神经反馈通路和抓取分类等内容。这些内容是研究和设计仿人型假手的基础。本章首先介绍了人手的骨骼结构和组成,分析了人手运动特性;其次介绍了人手功能性肌肉的分布,分析了每块功能性肌肉在抓取过程中的作用,着重强调了人手抓取的对向性;然后讨论了人手感受器及人手功能性肌肉的支配神经;最后综述了人手的不同抓取分类方法。

人手是仿人型假手设计的模板,从解剖学和仿生学角度来看,假手还应在感受器和效应器的实现上继续付诸努力,以期实现较为完美的拟人性和实用性。

参考文献

[1]KAPANDJI A. The physiology of the joints[M].2nd ed . New York:Churchill Livingstone, 1982.

[2]GRAY H. Anatomy of the human body[M]. Bel Air:Lea & Febiger, 1918.

[3]WANG H, FAN S, LIU H. An anthropomorphic design guideline for the thumb of the dexterous hand[C]. Chengdu:Mechatronics and Automation, 2012 International Conference on, 2012: 777-782.

[4]TAYLOR C L, SCHWARZ R J. The anatomy and mechanics of the human hand[J]. Artificial limbs, 1955, 2(2): 22-35.

[5]BRAND P W, HOLLISTER A. Clinical mechanics of the hand[M]. London: Mosby Year Book, 1993.

[6]SANGOLE A P, LEVIN M F. Arches of hand in reach to grasp[J]. Journal of Biomechanics,2008,41(4):829-837.

[7]王新庆. 基于肌电信号的仿人型假手及其抓取力控制的研究[D]. 哈尔滨:哈尔滨工业大学, 2012.

[8]LEWIS O J. Joints remodeling and the evolution of the human hand[J]. Journal of Anatomy, 1977,123(1):157-201.

[9]YAMAGUCHI A, TAKEMURA K, YOKOTA S, et al. A robot hand using electro−conjugate fluid: imitating a palm motion of human hand using soft balloon actuator[C]. Phuket:Robot-

ics and Biomimetics,2011: 1807-1812.

[10] HOLLISTER A, GIURINTANO D J, BUFORDW L, et al. The axes of rotation of the thumb interphalangeal and metacarpophalangeal joints[J]. Clinical Orthopaedics and Related Research, 1995, 320: 188-193.

[11] BULLOCK I M, BORRÀS J, DOLLAR A M. Assessing assumptions in kinematic hand models: A review[C]// Biomedical Robotics and Biomechatronics. Roma:2012 4th IEEE RAS & EMBS International Conference,2012: 139-146.

[12] WU Y, HUANG T S. Hand modeling, analysis and recognition[J]. IEEE Signal Processing Magazine, 2001,18(3): 51-60.

[13] HOLLISTER A, BUFORD W L, MYERSL M, et al. The axes of rotation of the thumb carpometacarpal joint[J]. Journal of Orthopaedic Research, 1992, 10(3): 454-460.

[14] CHANG L Y, POLLARD N S. Method for determining kinematic parameters of the in vivo thumb carpometacarpal joint[J]. IEEE Transactions on Bio-medical Engineering, 2008,55(7):1897-1906.

[15] YOUM Y, GILLESPIE T E, FLATTA E, et al. Kinematic investigation of normal MCP joint [J]. Journal of Biomechanics, 1978, 11(3): 109-118.

[16] WEISS A P C, MOORE D C, INFANTOLINO C, et al. Metacarpophalangeal joint mechanics after 3 different silicone arthroplasties[J]. The Journal of Hand Surgery, 2004, 29(5): 796-803.

[17] Van Der HULST F P J, SCHATZLE S, PREUSCHE C, et al. A functional anatomy based kinematic human hand model with simple size adaptation[C]. Saint Paul:2012 IEEE International Conference on Robotics and Automation, 2012: 5123-5129.

[18] CHAO E Y. Biomechanics of the hand: a basic research study[M]. Singapore:World Scientific, 1989.

[19] MIYATA N, KOUCH M, MOCHIMARU M, et al. Finger joint kinematics from MR images [C]. Alberta:2005 IEEE/RSJ International Conference on Intelligent Robots and Systems, 2005: 2750-2755.

[20] KRISHNAN J, CHIPCHASE L. Passive axial rotation of the metacarpophalangeal joint[J]. The Journal of Hand Surgery: British & European Volume, 1997, 22(2): 270-273.

[21] 卢祖能, 曾庆杏, 李承晏, 等. 实用肌电图学[M]. 北京:人民卫生出版社, 2000.

[22] LI Z M, TANG J. Coordination of thumb joints during opposition[J]. Journal of biomechanics, 2007, 40(3): 502-510.

[23] ERIC R K,JAMES H S,THOMAS M J. Principles of neural science [M]. New York: McGraw-Hill,2000.

[24] FROTSCHER M. Duus' neurologisch-topische diagnostik: anatomie, funktion, klinik[M]. Georg:Thieme Verlag, 2003.

[25] GORAN L. The hand and the brain from lucy's thumb to the thought-controlled robotic hand [M]. London: Springer,2014.

[26] WIKIpedia. Mechanoreceptor[EB/OL]. [2015-12-4]. https://en. wikipedia. org/wiki/

Mechanoreceptor.

[27] 石玉泉. 实用神经病学[M]. 上海：上海科学技术出版社，2004.

[28] SCHLESINGER G. Der mechanische aufbau der kunstlichen glieder[J]. Ersatzglieder and Arbeitshilfen, 1919: 321-699.

[29] NAPIERJ R. The prehensile movements of the human hand[J]. Journal of Bone and Joint Surgery, 1956, 38(4): 902-913.

[30] CUTKOSKY M R. On grasp choice, grasp models, and the design of hands for manufacturing tasks[J]. IEEE Transactions on Robotics and Automation,1989, 5(3): 269-279.

[31] ELLIOTT J M, CONNOLLY K J. Motor skills in theory and practice[M]. London: Academic Press,1979: 453-461.

[32] ELLIOTT J M, CONNOLLY K J. A classification of manipulative hand movements[J]. Developmental Medicine & Child Neurology, 1984, 26(3): 283-296.

[33] KAMAKURA N, MATSUO M, ISHII H, et al. Patterns of static prehension in normal hands [J]. The American Journal of Occupational Therapy, 1980, 34(7): 437-445.

[34] IBERALL T, BINGHAM G, ARBIB M A. Opposition space as a structuring concept for the analysis of skilled hand movements[J]. Experimental Brain Research Series, 1986, 15: 158-173.

[35] IBERALL T. The nature of human prehension: three dextrous hands in one[J]. Robotics and Automation Proceedings,1987, 4: 396-401.

[36] IBERALL T. Human prehension and dexterous robot hands[J]. The International Journal of Robotis Research, 1997, 16(3): 285-299.

[37] ZHENG J Z, De LA ROSA S, DOLLAR A M. An investigation of grasp type and frequency in daily household and machine shop tasks[C]. Shanghai:2011 IEEE International Conference on Robotics and Automation,2011: 4169-4175.

[38] THOMAS F. Human grasping database[EB/OL]. [2015-12-04]. http://grasp. xief. net.

[39] FEIX T, PAWLIK R, SCHMIEDMAYER H, et al. A comprehensive grasp taxonomy[C]. Seattle: Robotics, Science and Systems: Workshop on Understanding the Human Hand for Advancing Robotic Manipulation,2009: 2-3.

[40] ATKINS D J, HEARD D C, DONOVAN W H. Epidemiologic overview of individuals with upper-limb loss and their reported research priorities[J]. Journal of Prosthetics and Orthotics, 1996,8(1): 2-11.

[41] PEERDEMAN B. Myoelectric forearm prostheses: state of the art from a user-centered perspective[J]. The Journal of Rehabilitation Research and Development, 2011, 48(6): 719.

[42] BIAGIOTTI L,LOTTI F, MELCHIORRI C, et al. How far is the human hand? a review on anthropomorphic robotic end-effectors [EB/OL]. [2009-04-05]. http://www-lar. deis. unibo. it/woda/data/deis-lar-publications/3cbd. Document. pdf.

[43] BELTER J T,DOLLAR A M. Performance characteristics of anthropomorphic prosthetic hands[J]. IEEE Int. Conf. Rehabil Robot, 2011: 5975476.

[44] BICCHI A. Hands for dexterous manipulation and robust grasping: a difficult road toward

simplicity[J]. IEEE Transactions on Robotics and Automation, 2000, 16(6): 652-662.

[45]FEIX T, ROMERO J, EKC H, et al. A metric for comparing the anthropomorphic motion capability of artificial hands[J]. IEEE Transactions on Robotics,2013,29(1):82-93.

Smithurst D. G. Theramenical Incom foot and prose 2012, 2012.
FENG L, LI Si H, LIU H, et al. Myoelectric control of the prosthetic hand···
capture without social stimula[J]. IEEE Transactions on Robotics, ···

第3章　仿人型假手的驱动和机构

本章要点:人手特殊的解剖学结构、生物力学特性赋予其强大的抓取能力和灵巧的操作能力。从机械学角度看,现有技术水平还不允许对其所有自由度进行简单的复制。另外,从控制角度出发,有限的生物电信号还未能实现对其所有自由度进行灵巧的操控。因此,如何恰当地配置假手自由度,合理选择驱动及传动机构,使假手具备基本的抓握功能,并尽量提高其灵巧性,以满足截肢患者日常生活需要,是仿人型假手机械设计的主要内容。本章从欠驱动及耦合驱动原理出发,设计了两个多自由度假手样机,并详细给出了样机的机构设计、静力学及运动学分析。

3.1　欠驱动和耦合驱动

假手的典型传动方式一般有腱传动和连杆传动两种。由腱传动的手可以实现柔性的、稳定的抓握,手指的工作姿态可以随抓握与操作的不同情况和条件而变化。然而,假手结构上由于钢丝轮本身的体积和预紧等问题,体积仍然比较大,并且存在摩擦和变形等很多影响因素,因此不能提供足够大的抓取力。

采用连杆的欠驱动机构很好地解决这个问题。欠驱动手指可以实现稳定的、柔性的抓握,达到精确抓握和力量抓握的要求,其中的连杆传动机理可以保证提供足够大的抓握力。在力量抓握时,手指可以根据抓取对象的形状而将之包络于手指和手掌中,具有很好的自适应能力。这种通过欠驱动机构而获得的自适应能力,极大地简化了手的控制系统,为减轻质量、增强对环境的适应能力和扩大应用范围提供了保障。耦合机构的采用,能够加快手对物体的包络,从而使手指结构变得更加紧凑,使抓握过程更加接近自然手。

连杆传动可以实现欠驱动或耦合驱动,两者各有优缺点,其传动原理分别如图 3.1 及图 3.2 所示。由图 3.1 可以看出,欠驱动功能的实现主要在于关节处弹性元件的作用[1]。以图 3.1(a)中近指节平面四杆为例,L_2 为驱动杆,假设转动方向为逆时针,在手指未接触物体时,由于关节弹性元件的作用,L_4 不足以克服其弹力,各指节保持伸直状态随基关节同步转动,此时 L_4 相当于机架。当 L_1 接触物体后,L_2 持续施加驱动力,L_4 克服弹力驱动下一指节转动,此时 L_1 相当于机架。根据同样的原理,各指节依次与物体接触最终实现对物体的包络。所以,欠驱动连杆的本质在于在不同的时刻变换四连杆的机架。但由于关节弹性元件的存在会引起额外的能量损耗,欠驱动手指接触物体后会因关节刚度的变化发生震颤,而且在空载运动时其轨迹不自然,所以与人手差别较大。此外,从控制的角度分析,由于弹性元件的非线性,所以需要在各关节分别配置位置传感器才能计算其指尖位置,这增加了系统的复杂度。

耦合手指机构可以简化为图 3.2 所示的三连杆串联形式,3 个指节按照设计的传动比同时弯曲,因而无法保证对物体的完全包络,适应性较弱。但是人手的操作都是多指协调作用的结果,基于耦合原理的多指手仍然可以完成基本的抓握模式[2],而且由耦合驱动运动

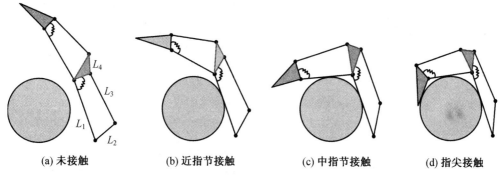

（a）未接触　　　（b）近指节接触　　　（c）中指节接触　　　（d）指尖接触

图 3.1　欠驱动手指原理图

学关系可知,耦合手指机构不需要配置过多的传感器,能耗少,结构简单,利于商品化。

（a）初始　　　　　（b）弯曲　　　　　（c）接触

图 3.2　全耦合手指示意图

下面主要结合两种型号的仿人型假手（HITAPH Ⅲ 和 HITAPH Ⅳ）,分别讨论欠驱动及耦合驱动在假手机构上的应用。

3.2　HITAPH Ⅲ 的欠驱动机构

3.2.1　假手的总体结构

基于欠驱动原理研制的仿人型假手（HITAPH Ⅲ）三维模型和样机分别如图 3.3 和图 3.4 所示。

HITAPH Ⅲ 长 188 mm,宽 84 mm,厚 24 mm,其外形尺寸和人手相似。它共有 5 个手指,每个手指 3 个指节,近指节和中指节之间采用欠驱动连杆机构,中指节和远指节仿人手运动形式,采用耦合连杆,实现近似为 1∶1 的耦合运动。每个手指有两个自由度,其中一个为主动自由度,另一个为被动自由度,由一个步进电机驱动。拇指和食指各用一个电机驱动,其余 3 指联动,由一个电机驱动。HITAPH Ⅲ 型假手能够模仿自然手的内收/外放功能,假手的尺寸依据人手的尺寸进行设计,大小和人手相仿,整个假手质量约为 500 g。

手指指节的运动空间由机械结构中的机械限位决定。设计机械限位时,充分考虑假手所要完成的抓握目标,同时考虑人手的实际运动范围设计整个手指的运动空间。各个手指的运动范围见表 3.1。设计的假手要求能够完成精确抓取圆柱体的直径范围是 10 ~ 30 mm,抓取球形物体的直径范围是 20 ~ 50 mm,完成力量抓取圆柱体的直径范围是 15 ~ 100 mm,力量抓取球形物体的直径范围是 50 ~ 100 mm,可以满足残疾人日常生活的需求。

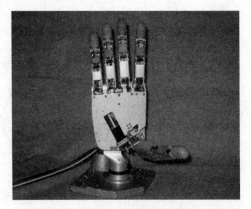

图 3.3　假手 Pro/E 模型　　　　　　　　图 3.4　假手样机

同人手的骨骼结构相比,HITAPH Ⅲ假手的拇指有 3 个指节,同人手完全一致,其他 4 个手指有 3 个指节,掌骨直接包含在手掌内。

表 3.1　假手各个手指的运动空间

名　称	近指节/(°)	中指节/(°)	远指节/(°)
拇指	−10 ~ 60	20 ~ 90	0 ~ 70
食指	0 ~ 90	20 ~ 90	0 ~ 70
中指	0 ~ 90	20 ~ 90	0 ~ 70
无名指	0 ~ 90	20 ~ 90	0 ~ 70
小拇指	0 ~ 90	20 ~ 90	0 ~ 70

3.2.2　假手 4 指机构设计

为了使假手手指对被抓握物体有较强的适应性,并加快手指包络物体的速度,在食指、中指、无名指和小指的设计过程中,采用欠驱动和耦合原理设计手指的结构。手指由 3 个指节构成,分别为近指节、中指节和远指节,如图 3.5 所示。近指节和中指节之间采用四杆机构实现手指的运动和力的传递,中指节和远指节之间采用耦合连杆,实现近似为 1:1 的耦合运动,当手指的近指节和物体接触时,能够使手指以较快的速度完成对物体的包络。

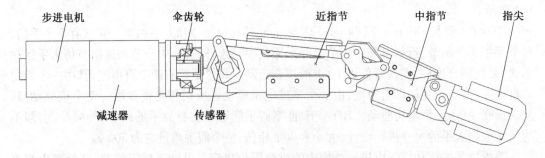

步进电机　　　伞齿轮　　　近指节　　　中指节　　　指尖

减速器　　　传感器

图 3.5　食指的结构

无名指和小指的结构与食指和中指并不完全相同,在基关节的传动方式上有很大的区别,但其基关节以上部分与食指完全相同。中指、无名指和小指的结构如图 3.6 所示。

4 个手指当中,食指和无名指尺寸一致,中指尺寸最大,小指尺寸最小。其尺寸大小均

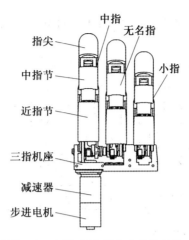

图 3.6　中指、无名指和小指的结构

与人手手指相当。手指的驱动电机选用步进电机,减速系由行星齿轮减速器搭配伞齿轮减速器组成,减速比分别为 166∶1 和 2∶1。单个手指的质量为 80 g,指尖力可达 10 N。手指通过混合式步进电机,加上多级减速器、力矩传感器及具有电流控制功能的驱动器实现位置自锁功能。

　　假手连杆机构中设计了基关节力矩传感器,并使力矩传感器与基关节传动杆一体化设计,基关节力矩传感器电路板安装在力矩传感器上,采用柔性线和微处理器系统连接,这样的布置使得整个手指的结构紧凑,方便安装和拆卸,也排除了因线路原因而造成的对信号采集的干扰,使运动可靠稳定。

　　人手抓取物体时,拇指、食指和中指起着主要作用,因此用两个电机分别驱动拇指和食指,可保证抓取物体时手指能够输出足够大的抓取力。后 3 个手指用一个电机控制,虽然输出力比较小,但配合拇指和食指的输出力已经能够完成平时人手抓取物体的功能。这样设计就是为了实现假手抓握功能的同时能够尽量减少假手的质量,以保证假手的实用性。

　　如图 3.7 所示,中指、无名指和小指共用一个电机,由一根长轴传递运动和扭矩。电机安放在中指的后面,由减速器减速,再由锥齿轮改变方向,带动 3 指轴与 3 个弹簧支架紧配合,使弹簧支架随 3 指轴旋转。每个手指的力矩传感器通过该手指的扭簧和弹簧支架相连,弹簧支架随基关节轴继续运动,使扭簧产生一定的扭矩,从而带动每个手指的驱动连杆。在未触碰物体之前,这 3 个手指同时进行抓握运动,而当其中一或两个手指接触到物体时,中指对物体进行包络,而无名指和小指将继续抓握,直至与物体接触或到达极限位置。

　　如图 3.8 所示,以小指为例,3 指轴带动弹簧支架旋转,弹簧支架和传感器之间固定一个扭簧,用挡销 2 保证扭簧始终有一定的预紧角,从而弹簧支架和传感器之间有一定的预紧力(其大小根据设计需要而定),使手指具有一定的刚度,不会前后松动和颤动。同时,扭簧具有一定范围的工作扭转角,从而使手指具有一定的柔性。3 指在抓握不规则物体时,某一个手指先对物体完成包络,以小指先包络为例,这时电机仍然带动 3 指轴向前旋转,而小指各指节不能再向前运动,扭簧会进一步被压缩,直至其他手指完成包络。由于扭簧的工作扭转角具有一定范围,所以这种柔性是有一定范围的。HITAPH Ⅲ 可以有 15° 的运动冗余角。

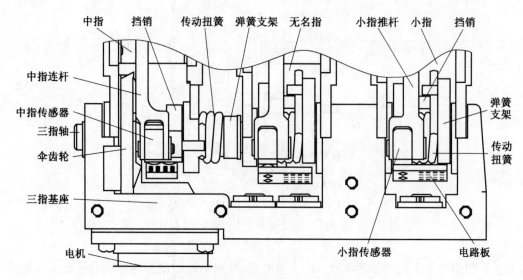

图 3.7　中指、无名指及小指传动结构图

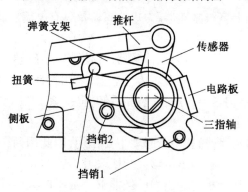

图 3.8　小指传动示意图

3.2.3　拇指机构设计

具有复杂的解剖学特性的拇指决定了其结构和运动形式、尺寸大小、空间配置的重要性。在 HITAPH Ⅲ 设计中,拇指按 3 个指节设计。同食指一样,近指节和中指节采用欠驱动机构传递运动和力矩,中指节和远指节由耦合连杆实现近似为 1 : 1 的耦合运动。

人手大拇指在自然状态时是与手掌倾斜的,在抓握运动时,通常是沿一锥面,即外展/并拢、内收/外放两个自由度的结合,而不是做单一方向的运动,如图 3.9 所示。为了模仿人手的这一特征,大拇指的基关节轴倾斜于拇指的近指节布置,倾斜角度为 30°,促使拇指运动轨迹形成空间锥面,该锥面从倾斜于手掌 30° 转到与手掌平行。

为了形成此空间锥面,需要使用空间四连杆机构对手指各关节进行欠驱动。一般来说,空间四连杆由两个球轴承或万向节配对使用,具有两个自由度(拇指自由度和两个球轴承之间的空间连杆自转)。由于中指节的空间较小,所以在近指节采用了球铰机构,在中指节用一对互相垂直的轴代替球铰,采用空间四连杆原理实现了手指在空间上的欠驱动,拇指的结构如图 3.10 所示。分别在 Adams 和 Matlab 中进行动态仿真,其运动轨迹如图 3.11 所示。

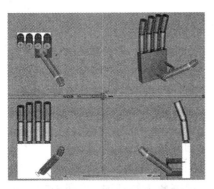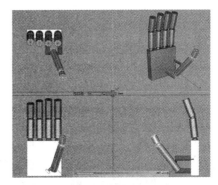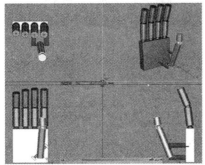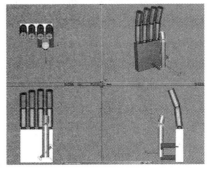

图 3.9　人手拇指的运动形式

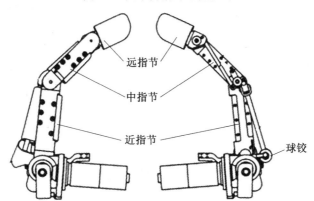

图 3.10　拇指的结构

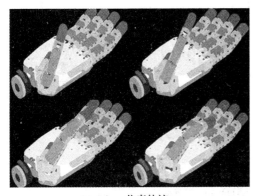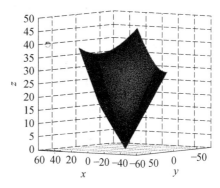

(a) Adams仿真轨迹　　　　　　　　　　(b) Matlab仿真轨迹

图 3.11　拇指的运动轨迹

拇指在整个手掌上的空间配置,对于整个假手抓握物体的功能有着很大的影响。受限于驱动空间限制,HITAPH Ⅲ的设计目标是尽可能完成复杂的抓握功能,如力量抓握、精确抓握、捏拿、握拳等。根据这些抓握方式,分析假手操作时手指的位置和姿态,采用实验和仿真的方法,确定在抓握中起重要作用的拇指的位置,手指功能抓握仿真如图 3.12 ~ 3.15 所示。

1. 柱状抓握

抓握柱状物体时,直径小的物体可以靠拇指外的 4 指和手掌抓握;直径比较大时,需要手掌、拇指和其他几个手指同时作用,图 3.12 中给出了抓握不同直径的圆柱体的仿真图。由图3.12可知,抓握小物体时,抓握效果不是很好;抓握较大物体时,受到手指尺寸的限制,手指很难对物体施加作用力,不能形成对物体的包络。HITAPH Ⅲ假手抓握物体的最佳直径范围为 40 ~ 90 mm。

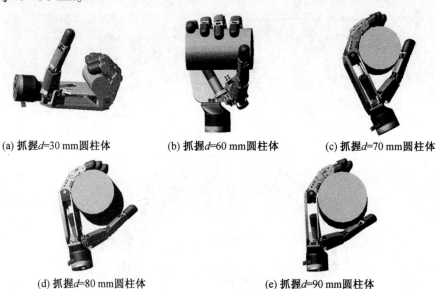

(a) 抓握d=30 mm圆柱体　　　　(b) 抓握d=60 mm圆柱体　　　　(c) 抓握d=70 mm圆柱体

(d) 抓握d=80 mm圆柱体　　　　(e) 抓握d=90 mm圆柱体

图 3.12　抓握不同直径的圆柱体

2. 球状抓握

抓握球形物体时,由于受手指尺寸和运动范围的限制,物体直径不能过小,若过小则只能采用捏取姿态。假手抓握球形物体时最佳直径范围为 50 ~ 100 mm。

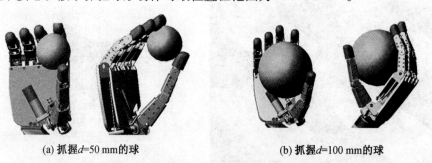

(a) 抓握d=50 mm的球　　　　　　　　(b) 抓握d=100 mm的球

图 3.13　抓握直径为 50 mm 和 100 mm 的球

3. 捏取

假手可以捏取直径较小的球形物体、圆柱体及其他形状规则的物体。其仿真图如图
3.14和图 3.15 所示。

(a) 三指捏取d=20 mm球　　　　(b) 三指捏取d=30 mm球　　　　(c) 三指捏取d=50 mm球

(d) 三指捏取d=20 mm圆柱体　　　　(e) 三指捏取d=30 mm圆柱体

图 3.14　3 指捏取不同直径为 20 mm,30 mm 的圆柱体

(a) 两指捏取d=10 mm的球　　　　(b) 两指捏取d=5 mm的圆柱体

图 3.15　两指捏取直径 10 mm 的球及 15 mm 的圆柱体

经过上面的仿真实验,最后得到拇指的具体布置尺寸如图 3.16 所示。

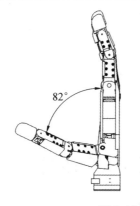

图 3.16　拇指布置图

3.2.4　欠驱动假手的运动学分析

1. 食指基关节

食指近指节是一个四连杆机构,通过分析四连杆机构,可以得到近节间和中指节的运动关系。

图 3.17 为一个四连杆机构,各杆所构成的矢量封闭方程为 $l_1 + l_2 = l_4 + l_3$,写成分量形式为

$$\begin{cases} l_1\cos\theta_1 + l_2\cos\theta_2 - l_3\cos\theta_3 - l_4 = 0 \\ l_1\sin\theta_1 - l_2\sin\theta_2 - l_3\sin\theta_3 = 0 \end{cases} \tag{3.1}$$

从式(3.1)中消去 θ_2,得

$$(l_4 + l_3\cos\theta_3 - l_1\cos\theta_1)^2 + (l_1\sin\theta_1 - l_3\sin\theta_3)^2 = l_2^2 \tag{3.2}$$

对公式(3.2)两边进行微分并整理得到关节 1 与关节 3 之间的角速度关系为

$$\dot{\theta}_3 = \frac{l_1[l_4\sin\theta_1 + l_3\sin(\theta_1 - \theta_3)]}{l_3[l_4\sin\theta_3 + l_1\sin(\theta_1 - \theta_3)]}\dot{\theta}_1 \tag{3.3}$$

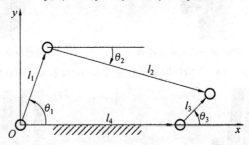

图 3.17　四连杆机构

食指近指节机构简图如图 3.18 所示。对于食指四连杆运动,由前面对四连杆的分析可知,图 3.18 所示四连杆各杆所构成的矢量封闭方程为 $l_1 + c = a + b$,整理化简得

$$A\sin\theta_2 + B\cos\theta_2 = C \tag{3.4}$$

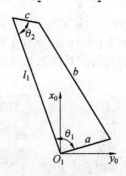

图 3.18　食指近指节机构简图

所以

$$\theta_2 = \arccos\left[\frac{BC - \sqrt{A^2(A^2 + B^2 - C^2)}}{A^2 + B^2}\right] \tag{3.5}$$

式中　　　　　　　　　　　　　　$A = 2ac\sin\theta_1$

$$B = 2c(a\cos\theta_1 - l_1)$$
$$C = b^2 - a^2 - c^2 - l_1^2 + 2al_1\cos\theta_1$$

根据手指的大小尺寸要求,设计 $l_1 = 32$ mm, $a = 8$ mm, $b = 37.94$ mm, $c = 4.5$ mm。两个关节角度运动的关系如图 3.19 所示,横坐标代表 θ_1 的变化,纵坐标代表 θ_2 的变化。从图 3.19 中看出,当手指基关节转过 $5°$ 时,手指中关节转过 $9.5°$,手指中关节与基关节转过的角度比例为 $1:1.9$。

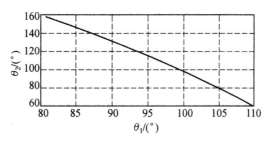

图 3.19　基关节与中关节之间的运动关系

2. 食指远指节

中指节和远指节为耦合运动,结构如图 3.20 所示,其中 l_1 为主动杆,l_2 为中间传动件,l_3 为从动杆,l_4 为机架。在传动过程中,主动杆第二指节带动第三指节进行耦合传动。设主动件为 l_1,l_1 通过连杆 l_3 推动杆 l_2 同方向运动,则 l_1 相当于第二指节,l_2 相当于第三指节,由此组成四连杆机构。在手指运动过程中,手指末端耦合运动的两个指节旋转方向一致,即 α(主动旋转角 $\angle BAD$)和 β(耦合、被动旋转角 $\angle CBA$)旋转方向一致,且转过的角度尽可能相等,当 α 增加 $90°$ 时,相应的 β 也增加大约 $90°$。在确定各杆长度的过程中,模仿人手大小的要求及结构尺寸限制首先确定指节长度。因此,在确定参数的过程中,首先可以确定的是 l_1,l_4。为实现近似 $1:1$ 传动,选择 $l_2 = l_4$。至此,四连杆机构中需要确定的参数只有 α 和 β 的初始值 α_0,β_0。由式(3.6) ~ (3.10)可计算得到连杆 l_3 的一系列长度值。

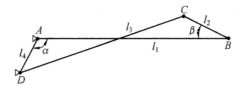

图 3.20　耦合连杆简图

$$l_3 = f_1(\alpha_0, \beta_0) \tag{3.6}$$

$$l_{AC} = \sqrt{l_2^2 + l_1^2 - 2l_1 l_2 \cos\beta_0} \tag{3.7}$$

$$\angle CAB = \arcsin\left(\frac{l_2\sin\beta_0}{l_{AC}}\right) \tag{3.8}$$

$$\angle CAD = \angle CAB + \alpha_0 \tag{3.9}$$

$$l_3 = \sqrt{l_4^2 + l_{AC}^2 - 2l_4 l_{AC}\cos\angle CAD} \tag{3.10}$$

在设计连杆的过程中,以主动杆转过的角度和从动杆转过的角度差 δ 为主要参考指标。要求当主动角 α 从初始角度开始在 $0°$ ~ $90°$ 的范围内运动,δ 的统计值(均值 $E(\delta)$、方差 $D(\delta)$)最小。

$$E(\delta) = \sum_{k=1}^{n} \frac{\delta_k}{n}, D(\delta) = \sum_{k=1}^{n} \frac{[\delta_k - E(\delta)]^2}{n} \qquad (3.11)$$

式中　　n—— 主动角 α 在运动区间内采样点的个数。

在假手耦合连杆的传动过程中,可以建立如下参数之间的关系:

$$\alpha = \angle BAD, \beta = \angle CBA \qquad (3.12)$$

$$l_{BD} = \sqrt{l_4^2 + l_1^2 - 2l_4 l_2 \cos \alpha} \qquad (3.13)$$

$$\angle CBD = \arccos\left(\frac{l_2^2 + l_{BD}^2 - l_3^2}{2l_2 l_{BD}}\right) \qquad (3.14)$$

$$\angle CBA = \angle CBD - \angle ABD \qquad (3.15)$$

$$\delta = f_2(\alpha, \alpha_0, \beta_0) = (\alpha_0 - \alpha) - (\beta - \beta_0) \qquad (3.16)$$

通过计算可以给出在运动过程中,主动杆每转过一定角度时相应的耦合连杆也转过一定角度,同时可以给出角度差,利用角度差可以估计运动情况。以 β 的初值(变换范围为 $[0°,40°]$)和 α 的初值(变换范围为 $[90°,130°]$)在一定范围内变化。以这两组变量为自变量,计算连杆 l_3 的长度。连杆的长度可以表示为二维数组,即 $l_3(i,j)$,i 的范围为 $1 \sim 41$,j 的范围为 $1 \sim 41$;计算在以 $\beta(i,j)$,$\alpha(i,j)$ 为初值(此时连杆 l_3 的长度为 $l_3(i,j)$)条件下的两个关节转过角度的差值曲线。该差值曲线可用三维数组表示为 $Error(i,j,k)$,i 的范围为 $1 \sim 41$,j 的范围为 $1 \sim 41$,k 的范围为 $1 \sim 91$(主动关节转动范围为 $[0°,90°]$,间隔 $1°$,共 91 个数);对三维数组 $Error(i,j,k)$ 在 k 方向上求均值及方差(均方值)分别为 $Average(i,j)$,$Fangcha(i,j)$;图 3.21 给出了 $l_3(i,j)$,$Average(i,j)$,$Fangcha(i,j)$ 的立体图。对二维方差数组 $Fangcha(i,j)$ 求最小值及此时对应的 i,j 值 i_0,j_0。初选 $i_0 = 25,j_0 = 29$,初始角分别为 $\beta = 25°$ 和 $\alpha = 119°$。然后以 β 的初值(变换范围为 $[23°,27°]$)和 α 的初值(变换范围为 $[117°,121°]$)在一定范围内变化,重新对二维方差数组 $Fangcha(i,j)$ 求最小值及此时对应的 i,j 值 i_0,j_0。可以得到 $i_0 = 22,j_0 = 5$,所以初始角分别为 $\beta = 25.2°$ 和 $\alpha = 117.5°$。

按照公式 $(3.14) \sim (3.16)$,综合考虑 δ 的数学期望 $E(\delta)$ 和方差 $D(\delta)$,在 $E(\delta) < 1°$ 的前提下,$D(\delta)$ 最小,选取 (α_0, β_0) 及 l_3,此时的误差曲线及两个关节的转角曲线分别如图 3.22 和图 3.23 所示,可见在手指关节的运动范围内,最大误差小于 $0.6°$,能够实现近似 $1:1$ 两个关节的耦合运动。

采用公式 (3.16) 所示的 n 次多项式函数拟合位置误差曲线

$$\delta_1(\alpha) = a_0 + a_1(\alpha - \alpha_0) + \cdots + a_n(\alpha - \alpha_0)^n \qquad (3.17)$$

式中　　$a_0, \cdots, a_n$—— 多项式函数的 $n+1$ 个待定系数。

选择 5 次多项式进行拟合,经过 Matlab 仿真计算,得出以下一组最优参数 $l_1 = 27$ mm,$l_2 = l_4 = 4.5$ mm,$l_3 = 25.820\ 9$ mm,$\alpha_0 = 104°$,$\beta_0 = 42°$。

3. 拇指基关节

拇指的近指节结构和其他 4 指不同,是一个空间四连杆实现的欠驱动机构,它的中指节耦合连杆和其他手指在原理上相同。所以对拇指近指节的运动学分析,得到拇指近指节和中指节的速度关系,从而确定拇指近指节各连杆的尺寸。

图 3.24 为空间上含有两个转动副和两个球面副的 RSSR 空间四杆机构,通过拆杆法进行运动学分析。机架 4(大拇指左侧板)、主动件 1(力矩传感器)及从动件 3(指尖)上分别

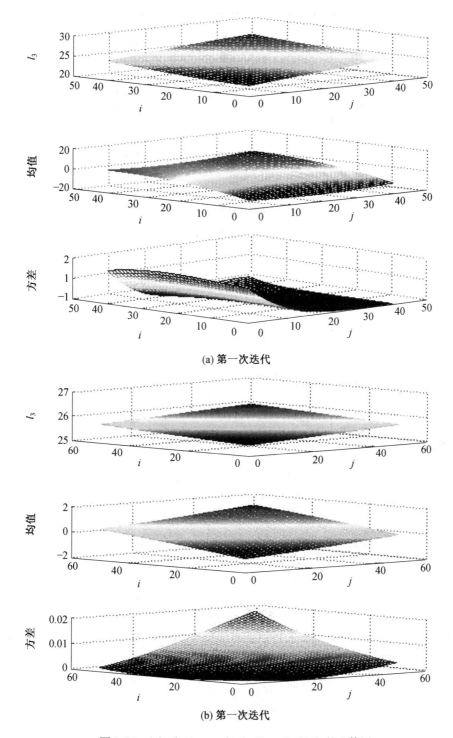

(a) 第一次迭代

(b) 第一次迭代

图 3.21 $l_3(i,j)$, $Average(i,j)$, $Fangcha(i,j)$ 的立体图

固结有坐标系 $ax_4(y_4)z_4$, $Ax_1(y_1)z_1$, $Dx_3(y_3)z_3$, 由于连杆 2 在运动分析中将被拆去, 故连杆 2 上不固定坐标系。z_1 和 z_3 轴分别沿主动件 1 和从动件 3 的转动轴线, 而与机架 4 相固结的 z_4 轴与 z_1 轴重合; x_1 轴与过球面副中心 B 所做的 z_1 轴的垂线相重合; x_3 轴与过球面副中心 C 所

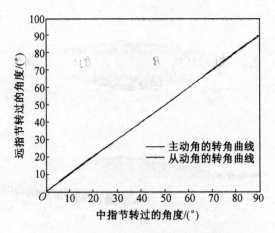

图 3.22　中指节和远指节的转角曲线

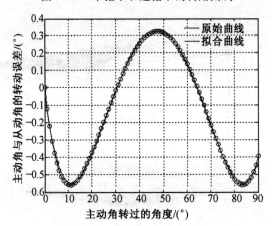

图 3.23　关节耦合运动角度差

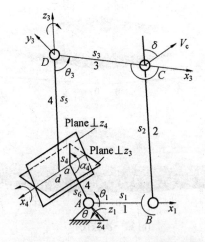

图 3.24　欠驱动拇指的运动学模型

作的 z_3 轴的垂线相重合，x_4 轴选在 z_3 和 z_4 两轴的公垂线方向。图 3.24 中各构件尺寸参数如下：$s_1 = AB$，$s_2 = BC$，$s_3 = DC$，$s_4 = da$，$s_5 = dD$，$s_6 = aA$；α_4 为机架角度；θ_1 为主动件的转角即输入角；θ_3 为从动件的转角即输出角。其中由坐标系 $x_4(y_4)z_4$ 绕 z_4 转过角度 θ_1 得到坐标系

$x_1(y_1)z_1$；坐标系 $x_4(y_4)z_4$ 先绕 x_4 转过角度 $(-\alpha_4)$ 使 z_4 和 z_3 重合,再绕 z_3 转过角度 θ_3 得到坐标系 $x_3(y_3)z_3$。

设机架坐标系 $x_4(y_4)z_4$ 上球面副中心 B 点和 C 点的坐标分别为 (x_B,y_B,z_B) 和 (x_C,y_C,z_C),有

$$\vec{aB} = \vec{aA} + \vec{AB} \tag{3.18}$$

$$\vec{aC} = \vec{ad} + (\vec{dD} + \vec{DC}) \tag{3.19}$$

$$\begin{bmatrix} x_B \\ y_B \\ z_B \end{bmatrix} = \begin{bmatrix} 0 \\ 0 \\ s_6 \end{bmatrix} + C_{41} \begin{bmatrix} s_1 \\ 0 \\ 0 \end{bmatrix} \tag{3.20}$$

$$\begin{bmatrix} x_C \\ y_C \\ z_C \end{bmatrix} = \begin{bmatrix} -s_4 \\ 0 \\ 0 \end{bmatrix} + C_{43} \begin{bmatrix} s_3 \\ 0 \\ s_3 \end{bmatrix}$$

式中

$$C_{41} = \begin{bmatrix} \cos\theta_1 & -\sin\theta_1 & 0 \\ \sin\theta_1 & \cos\theta_1 & 0 \\ 0 & 0 & 1 \end{bmatrix}, C_{43} = \begin{bmatrix} \cos\theta_3 & -\sin\theta_3 & 0 \\ \cos\alpha_4 \cdot \sin\theta_3 & \cos\alpha_4 \cdot \cos\theta_3 & \sin\alpha_4 \\ -\sin\alpha_4 \cdot \sin\theta_3 & -\sin\alpha_4 \cdot \cos\theta_3 & \cos\alpha_4 \end{bmatrix}$$

得到 B,C 两点的坐标分别为

$$\begin{bmatrix} x_B \\ y_B \\ z_B \end{bmatrix} = \begin{bmatrix} s_1\cos\theta_1 \\ s_1\sin\theta_1 \\ s_4 \end{bmatrix}, \begin{bmatrix} x_C \\ y_C \\ z_C \end{bmatrix} = \begin{bmatrix} -s_4 + s_3\cos\theta_3 \\ s_3\cos\alpha_4\sin\theta_3 + s_5\sin\alpha_4 \\ -s_3\sin\alpha_4\sin\theta_3 + s_5\cos\alpha_4 \end{bmatrix} \tag{3.21}$$

由 BC 两点的长度一定,有

$$(x_B - x_C)^2 + (y_B - y_C)^2 + (z_B - z_C)^2 = s_2^2 \tag{3.22}$$

将式(3.21) 代入式(3.22),得

$$s_1^2 - s_2^2 + s_3^2 + s_4^2 + s_5^2 + s_6^2 - 2s_1s_3(\cos\theta_1\cos\theta_3 + \cos\alpha_4\sin\theta_1\sin\theta_3) +$$

$$2s_1(s_4\cos\theta_1 - s_5\sin\alpha_4\sin\theta_1) + 2s_3(s_6\sin\alpha_4\sin\theta_3 - s_4\cos\theta_3) - 2s_5s_6\cos\alpha_4 = 0$$

$$\tag{3.23}$$

解得

$$\theta_3 = 2\arctan\frac{A + M\sqrt{A^2 + B^2 - C^2}}{B - C} \tag{3.24}$$

式中

$$A = \cos\alpha_4\sin\theta_1 - s_6 \cdot \sin\frac{\alpha_4}{s_1}$$

$$B = \frac{s_4}{s_1} + \cos\theta_1$$

$$C = \frac{s_5\sin\alpha_4\sin\theta_1 - s_4\cos\theta_1}{s_3} + \frac{s_2^2 - (s_1^2 + s_3^2 + s_4^2 + s_5^2 + s_6^2) + 2s_5s_6\cos\alpha_4}{2s_1s_3}$$

$$M = \pm 1(对于 \text{HITAPH} \, \text{III} \, 所采用的机构,M = 1)$$

将式(3.24)对时间求一阶导数,并令$\dfrac{\mathrm{d}\theta_1}{\mathrm{d}t} = \omega_1, \dfrac{\mathrm{d}\theta_3}{\mathrm{d}t} = \omega_3$,得

$$\omega_3 = \frac{D}{B\sin\theta_3 - A\cos\theta_3} \tag{3.25}$$

将式(3.24)对时间求二阶导数,并由力矩传感器等角速转动,即角加速度$\varepsilon_1 = \dfrac{\mathrm{d}\omega_1}{\mathrm{d}t} = 0$,可得指尖3的角加速度为

$$\varepsilon_3 = \frac{E}{B\sin\theta_3 - A\cos\theta_3} \tag{3.26}$$

式中

$$D = \left(\frac{s_4}{s_3} - \cos\theta_3\right)\sin\theta_1 + \left(\frac{s_5\sin\alpha_4}{s_3} + \cos\alpha_4\sin\theta_3\right)\cos\theta_1$$

$$E = \left[\left(\frac{s_4}{s_3} - \cos\theta_3\right)\cos\theta_1 - \left(\frac{s_5\sin\alpha_4}{s_3} + \cos\alpha_4\sin\theta_3\right)\sin\theta_1\right]\omega_1^2 +$$

$$\left[\left(\frac{s_6\sin\alpha_4}{s_1} - \cos\alpha_4\sin\theta_1\right)\sin\theta_3 - \left(\frac{s_4}{s_1} + \cos\theta_1\right)\cos\theta_3\right]\omega_3^2 +$$

$$2\omega_1\omega_3(\sin\theta_1\sin\theta_3 + \cos\alpha_4\cos\theta_1\cos\theta_3)$$

根据 Matlab 计算和人手拇指的尺寸得到,拇指近指节长度$s_5 = 50$ mm,力矩传感器长度$s_1 = 13.4$ mm,近指节连杆长度$s_2 = 47.8$ mm,$s_3 = 6.2$ mm,拇指基关节和中指节的速度比是$1:2.3$。图3.25 是 Matlab 和 ADAMS 分别仿真得到的拇指基关节与中关节的运动关系曲线。图3.26 是 ADAMS 仿真得到的指尖角速度ω_3和角加速度ε_3曲线。

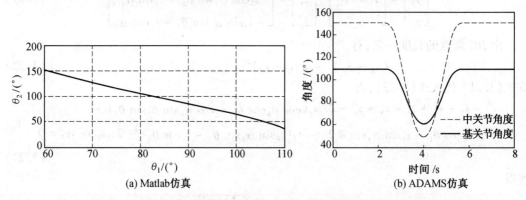

(a) Matlab仿真　　　　　　　　　(b) ADAMS仿真

图3.25　基关节θ_2与中关节θ_1之间的运动关系

图3.26 中,在$1 \sim 1.76$ s,大拇指的基关节沿锥面运动至近指节的极限位置;在$1.76 \sim 2$ s,大拇指的中指节和指尖进行欠驱动抓握至极限位置;在$2 \sim 2.24$ s,大拇指的中指节和指尖张开;在$2.24 \sim 3$ s,大拇指的基关节完全张开。

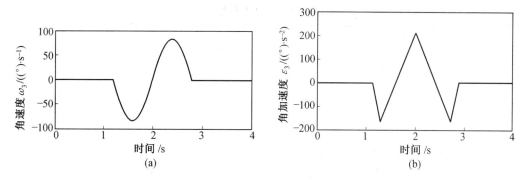

图 3.26 大拇指在抓握和张开过程中指尖角速度和角加速度曲线

3.3 HITAPH Ⅳ 的耦合驱动机构

3.3.1 假手的总体结构

HITAPH Ⅳ 仿人假手采用仿生、集成化的设计思想,基于耦合传动方式,实现驱动、传动、传感以及控制的完全内置,其三维模型及实物与人手的对比分别如图 3.27 和图 3.28 所示。

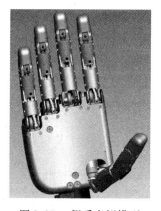

图 3.27 假手虚拟模型

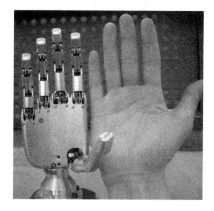

图 3.28 假手与人手对比

假手中指指尖到手腕处的长度为 159 mm,手掌的最大宽度为 79 mm,手掌截面厚度为 24 mm,总体尺寸略小于正常男性手,佩戴手皮之后的尺寸与人手相仿;其总质量约为 420 g。假手有 5 根手指,每根手指具有 3 个活动关节。假手设计中只考虑弯曲/伸展功能,忽略了较少采用的并拢/外展功能。为了兼顾驱动元件的内部集成以及手指运动形式的仿人化,各手指基关节独立驱动,其余关节通过耦合连杆机构实现近似定速比转动。考虑到各手指在抓取操作中的出力大小差别,小指与无名指采用与其余 3 指输出转矩不同的驱动元件。各手指参数见表 3.2。

表 3.2　　各手指参数

	基关节转角 /(°)	基关节角速度 /[(°)·s⁻¹]	电机输出功率/W	指尖力/N
拇指	[-5,40]	87	1.5	10
食指	[0,87]	87	1.5	10
中指	[0,87]	87	1.5	10
无名指	[0,87]	118	0.75	4.3
小指	[0,87]	118	0.75	4.3

　　假手的抓握方式及抓握范围通常以自然人手为设计标准。但考虑到假手的自由度及运动方式与人手仍然存在一定的差异,因此在设计中以尽可能满足残疾人的日常生活要求为目标。通过新的仿真以及实验验证发现,HITAPH Ⅳ 能够捏取最小直径为 5 mm 的球体,能够抓取最大直径为 90 mm 的圆柱体,从而在一定程度上既能够进行精细操作,又具有强力抓取能力。

　　解剖学研究发现人类手掌并不是平面的,而是呈中间凹陷的形状,其实质相当于手掌的自由度。文献[3]结合各手指的位置定义了 3 个拱形来定量描述手掌的形状,如图 3.29 所示。为了确定各个拱形角的变化范围,通过抓取长方体及圆柱体的实验进行了研究,表明横向拱形角的变化范围为[0°,10°]。从抓取角度分析,弧形的手掌结构对日常生活中的凸体具有较好的包络性,对提高抓取稳定性具有重要意义[4]。假手手掌的设计以此为依据,以期实现外观及功能的仿人性。

　　图 3.29 中各拱形的定义如下:

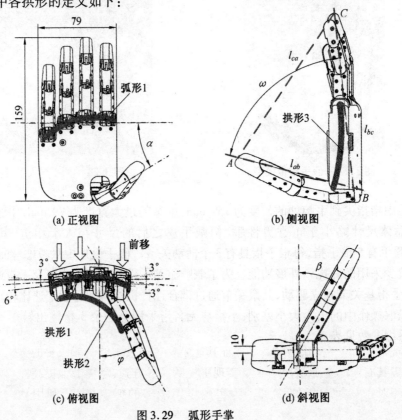

(a) 正视图　　　　　　　　　　(b) 侧视图

(c) 俯视图　　　　　　　　　　(d) 斜视图

图 3.29　　弧形手掌

（1）末端横向拱形由除拇指外的其余 4 指的掌骨组成。

（2）径向拱形为腕关节骨到中指或者无名指指尖连接而成的弧线。

（3）倾斜拱形由小指指丘与拇指指丘构成。

综合考虑假手的体积及各手指的操作空间，通过以下 4 个方面的设计来近似实现手掌的 3 个拱形：

（1）除拇指外的其余手指的基关节在高度方向以中指基关节为基准，分别**偏移** 1 mm，4 mm，16 mm，实现手掌指根的弧形 1，如图 3.29（a）所示。

（2）将食指、无名指和小指在厚度方向前移 3.6 mm，0.4 mm，4.4 mm，实现手掌厚度方向的拱形 1，如图 3.29（b）所示。

（3）将食指、无名指和小指分别相对于自身轴线旋转 3°，−3°，−6°，实现手指的内敛，与拱形 1 结合实现拱形 2，如图 3.29（c）所示。

（4）将拇指基关节相对其余手指在手掌厚度方向上抬高 10 mm，实现拱形 3，如图 3.29（d）所示。

3.3.2 假手 4 指机构设计

HITAPH Ⅳ4 指传动机构如图 3.30 所示。各指节的长度 P_1，P_2，P_3 根据人手比例确定。四连杆各参数按照解析法求解，设输入角 α 以及输出角 β 的初值分别为 α_0，β_0，根据四连杆之间的几何关系，以 α，β 为自变量，定义 δ 的形式为

$$\delta = f(\alpha,\beta,\alpha_0,\beta_0) = (\alpha_0 - \alpha) - (\beta - \beta_0) \tag{3.27}$$

计算 δ 的数学期望 $E(\delta)$ 和方差 $D(\delta)$，使得在 $E(\delta) < 1°$ 的前提下，$D(\delta)$ 最小，从而可以确定 (α_0,β_0)，设计出近似满足定传动比的连杆机构。考虑到人手在自然状态下呈一定的弯曲姿态，因此在近指节与中指节之间有 15° 的初始角。

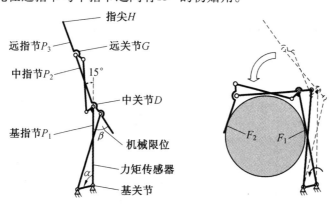

图 3.30 手指传动机构图

3.3.3 拇指机构设计

如前所述，人的拇指具有 4 个自由度，在各手指中具有最大的灵活性。拇指的设计除了要保证实现常用的抓取功能外，还要保证其运动轨迹仿人。但由于假手的空间限制，拇指活动自由度极其有限。在此情况下为了实现更多的抓握方式，尽可能地提高抓取稳定性，需要确定拇指相对于其他 4 指的位置。为实现尽可能多的抓取模式，利用动力学仿真软件

ADAMS 对不同形状及大小的物体进行抓握仿真。将假手的 Pro/E 模型按照相互运动关系定义为不同的刚体部件,利用 Mechpro 接口导入到 ADAMS,并定义各连杆之间的回转关系,为了驱动手指转动,在基关节连杆处设定驱动力矩。物体定义为自由漂浮,手指与物体均假设为刚性,在各手指与物体之间建立弹性接触模型,在各关节处定义阻尼,以削弱由于接触冲击产生的震颤,通过控制仿真时间来实现抓握仿真。下面根据常用的抓取模式对柱状抓握、3 指捏取以及两指捏取进行仿真。

(1) 柱状抓握。

柱状抓握作为一种强力抓取方式,适用于对日常生活中绝大多数物体的操作。以水杯等物体为参照,设定抓握范围为 30 ~ 90 mm。其仿真结果如图 3.31 所示。3 个图对应的圆柱体直径分别为 30 mm,60 mm,90 mm。通过仿真可以看出在上述直径范围内都可以较为稳定地抓取物体。

　　(a) 抓取30 mm圆柱体　　　　　　(b) 抓取60 mm圆柱体　　　　　　(c) 抓取90 mm圆柱体

图 3.31　柱状抓握仿真结果

(2) 3 指抓取。

设 3 指抓取球体的直径范围为 30 ~ 60 mm,仿真结果显示 3 种情况下均能实现稳定抓取,如图 3.32 所示。

　　(a) 三指抓取30 mm球　　　　　　(b) 三指抓取50 mm球　　　　　　(c) 三指抓取60 mm球

图 3.32　3 指抓取仿真结果

(3) 两指捏取。

通常,两指捏取为精细操作,设定物体直径范围为 5 ~ 20 mm。其仿真结果如图 3.33 所示。

通过上述仿真确定拇指相对于中指基关节轴线的距离分别为 68 mm,12 mm,如图 3.29(a) 所示。

为了实现拇指空间锥面式运动轨迹,按照 3 个指节设计拇指并对拇指姿态进行特殊设

(a) 捏取 5 mm 球   (b) 捏取 10 mm 球   (c) 捏取 20 mm 圆柱体

图 3.33 两指捏取仿真结果

计。完全模仿拇指的运动需要定义两个平面,通过定义角 ω,φ,α 及 β 来定量描述拇指的姿态。

ω 角定义为拇指正对中指时与手掌平面的夹角,其大小决定了假手的开手距离。根据国家电动上肢假肢通用件标准规定[5],这一距离需大于 95 mm,结合拇指的长度,ω 角定义为

$$\begin{cases} \omega \geqslant \arccos\left(l_{ab}^{2} + l_{bc}^{2} - \dfrac{l_{ca}^{2}}{2\,l_{ab}\,l_{bc}}\right) \\ l_{ca} \geqslant 95 \end{cases} \tag{3.28}$$

φ 角定义为拇指在中指平面上的投影相对于中指轴线的外展角度。外展角度 φ 根据拇指与其余 4 指交截体积最大的方法确定。定义拇指同其他手指的交截空间性能指数[6] 为

$$J = \frac{1}{d^{3}} \sum_{i=1}^{k} w_{i} v_{i} \tag{3.29}$$

式中 v_{i}——第 i 个手指同拇指的交截体积,通过 Pro/E 中的 Mechanica 分析模块确定;

       k——除拇指之外的手指数目;

       d——拇指的长度;

       w_{i}——权值,为简化计算取 1。

J 值越大,则手指抓取能力越大,通过计算,当 $\alpha = 28.6°$ 时,J 值取最大。

α 角定义为拇指基关节回转轴与中指基关节回转轴的夹角,该角度通过前一节的抓握仿真确定,其大小为 30°,如图 3.29(a) 所示。

β 角定义为拇指与手掌垂直平面的偏转角度,由抓握仿真确定,其大小为 30°,如图 3.29(d) 所示。

由于拇指特殊的空间运动规律,在拇指的近指节处设计了一种平面四杆与空间 RSRRR 5 杆组合的机构来实现这一运动[7],简化机构如图 3.34 所示。

拇指机构可以拆分成 3 组连杆机构,其中,近指节与中指节之间采用一组平面四杆与空间 RSRRR 杆组,其参数通过解析的方法确定,中指节与远指节之间采用平面四连杆,3 关节之间为耦合传动,传动比分别为 1:0.9 及 1:1。拇指的驱动方式与其余 4 指相同,但由于电机轴与关节轴之间存在 60° 的夹角,因此,特别设计了锥顶角为 60° 的弧齿锥齿轮。设计完成的拇指能够实现空间的锥面运动,其运动轮廓如图 3.35 所示。

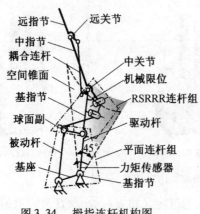

图 3.34　拇指连杆机构图　　　　　　图 3.35　拇指操作空间图

3.3.4　耦合假手的静力学及动力学分析

1. 手指静力学

由对假手机构分析可知,对指尖力的控制最终需要转化到对基关节输出力矩的控制,进而转化到对电机输出转矩的控制。因此,对手指静力学的分析将有助于实现指尖力与关节空间的力矩转换。

基于运动学分析的基础,采用拆分杆组的方法对假手食指进行静力学分析。在分析过程中做一定简化。首先,不考虑接触滑动及关节的内部摩擦;此外,由于耦合机构对物体形状的包络能力差,很难实现3个指节同时接触物体,但不失一般性,仍然假设手指3个指节上分别作用有法向接触力 f_1,f_2,f_3。各接触力到关节轴的距离依次为 s_1,s_2,s_3,建立抓取模型如图 3.36 所示,各铰链点及各角度标号沿用运动学分析时的定义。

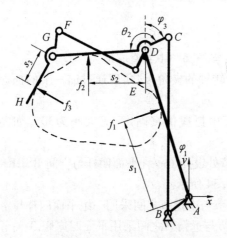
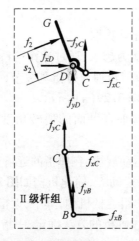
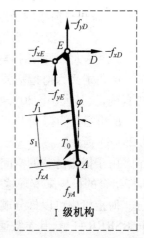

图 3.36　食指静力学模型

由机械原理可知,如果将手指机构拆分为基本杆组,则基本杆组为力静定杆组,进而可以根据静力学平衡得到 Ⅰ、Ⅱ 级机构的数学模型。基于上述思想,首先将图 3.36 中 Ⅱ 级基本杆组 BCD 在 C 点处断开,分别对杆 BC 及 CDG 列平衡方程,分别由 $\sum F = 0, \sum M_D = 0,$

$\sum \pmb{M}_B = 0$ 得

$$
\begin{cases}
-f_{xC} + f_{xD} + f_2\cos(\theta_2 - \varphi_3) = 0 \\
-f_{yC} + f_{yD} + f_2\sin(\theta_2 - \varphi_3) = 0 \\
f_{xB} + f_{xC} = 0 \\
f_{yB} + f_{yC} = 0 \\
f_{xC}(y_C - y_D) + f_{yC}(x_C - x_D) + f_2 \cdot s_2 = 0 \\
f_{xC}(y_C - y_B) + f_{yC}(x_C - x_B) = 0
\end{cases}
\tag{3.30}
$$

其中 θ_2 为固定值,最终求解得到 C,D,B 处的约束反力为

$$
\begin{cases}
f_{xC} = \dfrac{-f_2 \cdot s_2(x_C - x_B)}{(x_C - x_B)(y_C - y_D) - (x_C - x_D)(y_C - y_B)} \\[4mm]
f_{yC} = \dfrac{-f_2 \cdot s_2(y_C - y_B)}{(x_C - x_B)(y_C - y_D) - (x_C - x_D)(y_C - y_B)} \\[4mm]
f_{xD} = f_{xC} - f_2\cos(\theta_2 - \varphi_3) \\
f_{yD} = f_{yC} - f_2\sin(\theta_2 - \varphi_3) \\
f_{xB} = -f_{xC} \\
f_{yB} = -f_{yC}
\end{cases}
\tag{3.31}
$$

对图 3.36 中的一级机构 ADE,根据 $\sum \pmb{F} = 0$ 和 $\sum \pmb{M}_A = 0$ 得

$$
\begin{cases}
f_{xA} - f_{xD} - f_{xE} + f_1\sin\varphi_1 = 0 \\
f_{yA} - f_{yD} - f_{yE} + f_1\cos\varphi_1 = 0 \\
-T_0 + f_1 \cdot s_1 - f_{xD}(y_D - y_A) - f_{yD}(x_D - x_A) - f_{xE}(y_E - y_A) - f_{yE}(x_E - x_A) = 0
\end{cases}
\tag{3.32}
$$

求解可得 A 点处支反力及基关节力矩为

$$
\begin{cases}
f_{xA} = f_{xD} + f_{xE} - f_1\sin\varphi_1 \\
f_{yA} = f_{yD} + f_{yE} - f_1\cos\varphi_1 \\
T_0 = f_1 \cdot s_1 - f_{xD}(y_D - y_A) - f_{yD}(x_D - x_A) - f_{xE}(y_E - y_A) - f_{yE}(x_E - x_A)
\end{cases}
\tag{3.33}
$$

通过编制子程序,顺次调用求解即可求得机构的静力学关系,求解流程如图 3.37(a) 所示。

在具体应用中,为了获得指尖力与关节力矩的关系,假设指尖力的作用点 $s_3 = 10$ mm,以基关节转角 φ_1 及指尖力 f_3 作为两个自变量,其定义域分别为 $\varphi_1 \in [0°, 90°]$,$f_3 \in [0, 10 \text{ N}]$,以基关节驱动力矩 T_0 作为因变量,通过静力学求解可得力矩的解空间如图 3.37(b) 所示。

由图 3.38 可知,在指尖力一定的情况下,基关节力矩随关节转角呈非线性变化;在 0° ~ 34.4°,基关节正向驱动力矩由 1.417 N·m 逐渐减小到 0,在 65° 处达到反向力矩的最大值 0.776 3 N·m。在关节转角一定时,指尖力与基关节力矩呈非线性关系。在手指多个部位与物体接触的情况下,需要准确知道各接触点的位置及力的大小,才可以求得对应的基关节力矩。在实际应用中,将基关节转角与力矩之间的关系表示成二维数表,通过查表实现力矩计算,可以显著减少对 DSP 计算资源的占用,提高控制频率。经典控制理论通常针对单变

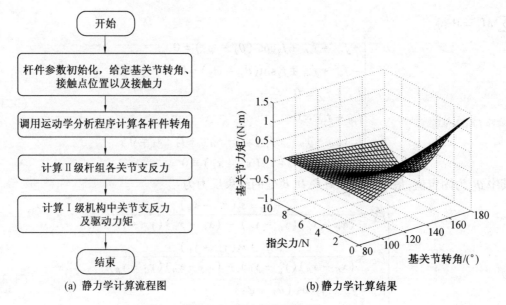

<table>
<tr><td>(a) 静力学计算流程图</td><td>(b) 静力学计算结果</td></tr>
</table>

图 3.37　静力学分析结果

量系统的输入输出之间的外部特性进行研究,适用于解决一类线性、定常系统的控制问题。但实际系统中往往存在多个变量,且由于摩擦、柔性、间隙、高频噪声、惯性等的影响往往具有高度非线性,是一个复杂的动力学耦合系统。

提高系统的控制性能对系统动力学模型的研究具有重要的意义。常用的动力学建模方法主要有牛顿 – 欧拉法、拉格朗日法、旋量对偶数法、高斯原理法和凯恩方法[8]。其中拉格朗日法为功能平衡法,计算简单,易于简化实现,因此常采用拉格朗日方法进行动力学分析。

由于实际的动力学模型难以考虑所有的影响因素,即便可以得到其微分方程,往往也难以求解,因此有必要对系统进行简化。根据手指的结构特点,将电极齿轮端定义为驱动组件,将连杆端定义为执行组件,根据两部分的特点分别进行动力学分析。由于最终的控制是在电机端,因此按照由笛卡尔空间到电机空间的顺序进行分析。

2. 连杆端动力学分析

连杆机构为典型的闭链机构,与开链机构相比,其动力学方程包含更为复杂的系统参数,因而其建模方法比具有相同自由度的开链机构更为复杂。忽略连杆端建模中的摩擦力,根据 Pro/E 模型将手指简化为 6 根连杆(包括机架 AB),每根连杆的质心及围绕质心的转动惯量通过 Pro/E 测量得到。连杆机构及图中各参数的意义如图 3.38 所示。

根据连杆机构特点,当以主动杆 l_2 为驱动时,取广义坐标为 φ_1。假设主动杆的驱动力矩为 T_0,各指节上作用有外力 $[f_1, f_2, f_3]$,则根据非保守系统拉格朗日方程[9]可以得到

$$\frac{\mathrm{d}}{\mathrm{d}t}\left(\frac{\partial K}{\partial \dot{\varphi}_1}\right) - \frac{\partial K}{\partial \varphi_1} + \frac{\partial P}{\partial \varphi_1} = \tau$$

式中　　K——动能;

　　　　P——势能;

　　　　τ——驱动力矩。

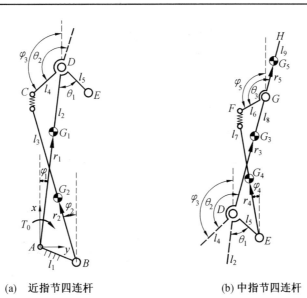

(a) 近指节四连杆　　　(b) 中指节四连杆

图 3.38　连杆的虚拟弹簧模型

取 φ_1 为连杆机构的驱动杆转角,系统的总动能及总势能表示为

$$
\begin{cases}
K = \displaystyle\sum_{i=1}^{5} \left[\frac{1}{2} m_i (v_{ix}^2 + v_{iy}^2) + \frac{1}{2} J_i \dot{\varphi}_i^2 \right] \\
P = \displaystyle\sum_{i=1}^{5} P_i
\end{cases}
\tag{3.34}
$$

式中　　$\dot{\varphi}_i$——各连杆的角速度;

　　　　v_{ix}, v_{iy}——各连杆质心沿 x, y 方向的速度分量。

对闭链机构来说,$\varphi_2 - \varphi_5$ 及其一、二阶微分均由 φ_1 及其一、二阶微分表示。若根据拉格朗日方程直接计算,各项中包含复合函数的求导,推导得到的动力学模型包含耦合项,难以求解。除了上述通用的拉格朗日方法外,专门针对闭链机构动力学还有 3 种建模方法,即微分法[10]、闭链运动学法[11] 及力耦合方程法[12]。但上述方法仍然会在模型中引入耦合项,为了解决这一问题,文献[13] 提出了虚拟弹簧法结合拉格朗日方程对闭链机构进行动力学分析的方法,通过仿真验证,该方法可以实现正逆动力学方程的求解。当将上述结果应用到正向动力学分析时,动力学方程可以完全解耦,并且能够自动包含运动学约束;当应用于逆动力学求解时能够获得与拉格朗日乘子法或是虚功方法相同的一组运动方程。因而,上述方法尤其适合并行仿真或实时的机器人操作仿真。其基本思想为:对任意一组平面四连杆,如 $ABCD$,假设将连接 CD 与 BC 连杆的铰链点 C 断开,通过一段弹簧连接断开的两端,在动力学方程中计入弹簧的弹性势能,假设其刚度为 K,当 K 值无限大时,则弹簧等同于回转副(K 通常根据机构的位移误差确定,以获得求解精度与计算速度之间的平衡,这里取 10^6)。该方法使得系统的自由度增加,从而 $\varphi_2 - \varphi_5$ 等非独立变量可以转化为广义坐标,避免了对复合函数高阶微分方程的求解。因此,拉格朗日方程需修正为

$$
\frac{\mathrm{d}}{\mathrm{d}t} \left(\frac{\partial K}{\partial \dot{\varphi}'} \right) - \frac{\partial K}{\partial \varphi'} + \frac{\partial P'}{\partial \varphi'} = \tau
\tag{3.35}
$$

式(3.35) 中 φ' 及 P' 分别具有如下形式:

$$\boldsymbol{\varphi}' = \left[\varphi_1 \varphi_2 \varphi_3 \varphi_4 \varphi_5 \right]^{\mathrm{T}} \tag{3.36}$$

$$P' = \sum_{i=1}^{5} P_i + \sum_{i=1}^{2} V_i = \sum_{i=1}^{5} P_i + \sum_{i=1}^{2} \frac{1}{2} k_i \parallel \boldsymbol{\Lambda}_i \parallel^2 \tag{3.37}$$

式中　　V_i——耦合连杆虚拟弹簧的势能；

$\boldsymbol{\Lambda}_i$——虚拟弹簧的弹性变形量，其值分别为

$$\boldsymbol{\Lambda}_1 = \begin{bmatrix} \boldsymbol{\Lambda}_{1x} & \boldsymbol{\Lambda}_{1y} \end{bmatrix}^{\mathrm{T}} = \begin{bmatrix} l_2\cos(\varphi_1) + l_4\cos(\varphi_3) - l_3\cos(\varphi_2) - x_A + x_B \\ l_2\sin(\varphi_1) + l_4\sin(\varphi_3) - l_3\sin(\varphi_2) - x_A + x_B \end{bmatrix} \tag{3.38}$$

$$\boldsymbol{\Lambda}_2 = \begin{bmatrix} \boldsymbol{\Lambda}_{2x} & \boldsymbol{\Lambda}_{2y} \end{bmatrix}^{\mathrm{T}} = \begin{bmatrix} l_8\cos(\theta_2 - \varphi_3) + l_6\cos\varphi_5 - l_5\cos(\theta_1 - \varphi_1) - l_7\cos\varphi_4 \\ l_8\sin(\theta_2 - \varphi_3) + l_6\sin\varphi_5 - l_5\sin(\theta_1 - \varphi_1) - l_7\sin\varphi_4 \end{bmatrix}$$

$$\tag{3.39}$$

为了计算手指机构的动能及势能，首先根据机构简图得到各质心位置向量为

$$\begin{pmatrix} r_{G1} \\ r_{G2} \\ r_{G3} \\ r_{G4} \\ r_{G5} \end{pmatrix} = \begin{pmatrix} r_1 \cdot \cos\varphi_1 \cdot i + r_1 \cdot \sin\varphi_1 \cdot j \\ (x_B + r_2\cos\varphi_2)i + (y_B + r_2\sin\varphi_2)j \\ [l_2\cos\varphi_1 + r_3\cos(\theta_2 - \varphi_3)]i + [l_2\sin\varphi_1 + r_3\sin(\theta_2 - \varphi_3)]j \\ [l_2\cos\varphi_1 + l_5\cos(\theta_1 - \varphi_1) + r_4\cos\varphi_4]i + \cdots \\ [l_2\sin\varphi_1 + l_5\sin(\theta_1 - \varphi_1) + r_4\sin\varphi_4]j \\ [l_2\cos(\varphi_1) + l_8\cos(\theta_2 - \varphi_3) + r_5\cos(\theta_3 - \varphi_5)]i + \cdots \\ [l_2\sin(\varphi_1) + l_8\sin(\theta_2 - \varphi_3) + r_5\sin(\theta_3 - \varphi_5)]j \end{pmatrix} \tag{3.40}$$

对式(3.40)得到各质心的速度分量为

$$\begin{pmatrix} \delta r_{G1} \\ \delta r_{G2} \\ \delta r_{G3} \\ \delta r_{G4} \\ \delta r_{G5} \end{pmatrix} = \begin{pmatrix} -r_1\dot{\varphi}_1\sin\varphi_1 i + r_1\dot{\varphi}_1\cos\varphi_1 j \\ -r_2\dot{\varphi}_2\sin\varphi_2 i + r_2\dot{\varphi}_2\cos\varphi_2 j \\ [-l_2\dot{\varphi}_1\sin\varphi_1 + r_3\dot{\varphi}_3\sin(\theta_2 - \varphi_3)]i + \cdots \\ [l_2\dot{\varphi}_1\cos\varphi_1 - r_3\dot{\varphi}_3\cos(\theta_2 - \varphi_3)]j \\ [-l_2\dot{\varphi}_1\sin\varphi_1 + l_5\dot{\varphi}_1\sin(\theta_1 - \varphi_1) - r_4\dot{\varphi}_4\sin\varphi_4]i + \cdots + \\ [l_2\dot{\varphi}_1\cos\varphi_1 - l_5\dot{\varphi}_1\cos(\theta_1 - \varphi_1) + r_4\dot{\varphi}_4\cos\varphi_4]j \\ [-l_2\dot{\varphi}_1\sin\varphi_1 + l_8\dot{\varphi}_3\sin(\theta_2 - \varphi_3) + r_5\dot{\varphi}_5\sin(\theta_3 - \varphi_5)]i + \cdots + \\ (l_2\dot{\varphi}_1\cos\varphi_1 - l_8\dot{\varphi}_3\cos(\theta_2 - \varphi_3) - r_5\dot{\varphi}_5\cos(\theta_3 - \varphi_5))j \end{pmatrix} \tag{3.41}$$

根据式(3.41)依次计算各连杆的动能及重力势能。

(1) 连杆 l_2。

$$\begin{cases} K_1 = \dfrac{1}{2}m_1(\dot{\varphi}_1 r_1)2 + \dfrac{1}{2}J_1\dot{\varphi}_1^2 \\ P_1 = m_1 g r_1\cos\varphi_1 \end{cases} \tag{3.42}$$

(2) 连杆 l_3。

$$\begin{cases} K_2 = \dfrac{1}{2}m_2(\dot{\varphi}_2 r_2)2 + \dfrac{1}{2}J_2\dot{\varphi}_2{}^2 \\ P_2 = m_2 g(r_2\cos\varphi_2 + l_1\cos\psi) \end{cases} \tag{3.43}$$

（3）连杆 $l_4 + l_8$。

$$\begin{cases} K_3 = \dfrac{1}{2}m_3\big[l_2^2\dot{\varphi}_1^2 + r_3^2\dot{\varphi}_3^2 - 2l_2 r_3\dot{\varphi}_1\dot{\varphi}_3\cos(\varphi_1 + \varphi_3 - \theta_2)\big] + \dfrac{1}{2}J_3\dot{\varphi}_3^2 \\ P_3 = m_3 g\big[l_2\cos\varphi_1 + r_3\cos(\theta_2 - \varphi_3)\big] \end{cases} \tag{3.44}$$

（4）连杆 l_7。

$$\begin{cases} K_4 = \dfrac{1}{2}m_4\big\{ \big[\dot{\varphi}_1 l_2\cos\varphi_1 + \dot{\varphi}_4 r_4\cos\varphi_4 - \dot{\varphi}_1 l_5\cos(\theta_1 - \varphi_1)\big]^2 + \cdots + \\ \qquad \big[\dot{\varphi}_1 l_2\sin\varphi_1 + \dot{\varphi}_4 r_4\sin\varphi_4 - \dot{\varphi} l_5\sin(\theta_1 - \varphi_1)\big]^2 \big\} + \dfrac{1}{2}J_4\dot{\varphi}_4^2 \\ P_4 = m_4 g\big[l_2\cos\varphi_1 + l_5\cos(\theta_1 - \varphi_1) + r_4\cos\varphi_4\big] \end{cases} \tag{3.45}$$

（5）连杆 $l_6 + l_9$。

$$\begin{cases} K_5 = \dfrac{1}{2}J_5\dot{\varphi}_5^2 + \dfrac{1}{2}m_5\big\{ \big[\dot{\varphi}_3 l_8\cos(\theta_2 - \varphi_3) - \dot{\varphi}_1 l_2\cos\varphi_1 + \dot{\varphi}_5 r_5\cos(\theta_3 - \varphi_5)\big]^2 + \cdots + \\ \qquad \big[\dot{\varphi}_3 l^8\sin(\theta_2 - \varphi_3) - \dot{\varphi}_1 l_2\sin\varphi_1 + \dot{\varphi}_5 r_5\sin(\theta_3 - \varphi_5)\big]^2 \big\} \\ P_5 = m_5 g\big[l_2\cos\varphi_1 + l_8\cos(\theta_2 - \varphi_3) + r_5\cos(\theta_3 - \varphi_5)\big] \end{cases}$$

$$\tag{3.46}$$

根据拉格朗日方程计算得到手指的动力学模型为

$$\boldsymbol{D}\ddot{\boldsymbol{\varphi}}' + c(\dot{\boldsymbol{\varphi}}',\boldsymbol{\varphi}') = \boldsymbol{\tau} + \boldsymbol{\tau}_f \tag{3.47}$$

式中　　$\boldsymbol{D}$——惯量矩阵，为对称阵；

　　　　$\boldsymbol{\varphi}'$——广义坐标向量；

　　　　$c(\dot{\boldsymbol{\varphi}}',\boldsymbol{\varphi}')$——离心力、哥氏力、重力向量；

　　　　$\boldsymbol{\tau},\boldsymbol{\tau}_f$——驱动力矩及外力矩。

各参数具体见式（3.48）～（3.52）。

$$\boldsymbol{D} = \begin{bmatrix} D_{11} & 0 & D_{13} & D_{14} & D_{15} \\ 0 & D_{22} & 0 & 0 & 0 \\ D_{13} & 0 & D_{33} & 0 & D_{35} \\ D_{14} & 0 & 0 & D_{44} & 0 \\ D_{15} & 0 & D_{35} & 0 & D_{55} \end{bmatrix} \tag{3.48}$$

$$c(\boldsymbol{\varphi}',\boldsymbol{\varphi}') = \begin{bmatrix} C_1 & C_2 & C_3 & C_4 & C_5 \end{bmatrix}^{\mathrm{T}} \tag{3.49}$$

$$\boldsymbol{\varphi}' = \begin{bmatrix} \varphi_1 & \varphi_2 & \varphi_3 & \varphi_4 & \varphi_4 \end{bmatrix}^{\mathrm{T}} \tag{3.50}$$

$$
\boldsymbol{\tau} = \begin{bmatrix} f_{G1} \\ f_{G2} \\ f_{G3} \\ f_{G4} \\ f_{G5} \end{bmatrix} = \begin{bmatrix} 1 & -l_2 S(\varphi_1) & l_2 C(\varphi_2) & -l_5 S(\theta_1 - \varphi_1) & l_5 C(\theta_1 - \varphi_1) \\ 0 & l_3 S(\varphi_2) & -l_3 C(\varphi_2) & 0 & 0 \\ 0 & -l_4 S(\varphi_3) & l_4 C(\varphi_3) & l_8 S(\theta_2 \varphi_3) & -l_8 C(\theta_2 - \varphi_3) \\ 0 & 0 & 0 & l_7 S(\varphi_4) & -l_7 C(\varphi_4) \\ 0 & 0 & 0 & -l_6 S(\varphi_5) & l_6 C(\varphi_5) \end{bmatrix} \times \begin{bmatrix} T_0 \\ k_1 \Lambda_{1x} \\ k_1 \Lambda_{1y} \\ k_2 \Lambda_{2x} \\ k_2 \Lambda_{2y} \end{bmatrix}
$$

$$
\tag{3.51}
$$

$$
\boldsymbol{\tau}_f = [f_1 s_1 \quad f_2 s_3 \quad 0 \quad 0 \quad f_3 s_3]^{\mathrm{T}} \tag{3.52}
$$

式(3.48)及式(3.49)中各参数具体为

$$
\begin{cases}
D_{11} = J_1 + (m_3 + m_4 + m_5) l_2^2 + m_4 l_5^2 + m_1 r_1^2 - 2 l_2 l_5 m_4 \cos(2\varphi_1 - \theta_1) \\
D_{13} = -(l_8 m_5 + m_3 r_3) l_2 \cos(\varphi_1 + \varphi_3 - \theta_2) \\
D_{14} = -m_4 r_4 [l_5 \cos(\varphi_1 + \varphi_4 - \theta_1) - l_2 \cos(\varphi_1 - \varphi_4)] \\
D_{15} = -l_2 m_5 r_5 \cos(\varphi_1 + \varphi_5 - \theta_3) \\
D_{22} = J_2 + m_2 r_2^2 \\
D_{33} = J_3 + m_5 l_8^2 + m_3 r_3^2 \\
D_{35} = m_5 l_8 r_5 \cos(\varphi_3 - \varphi_5 + \theta_3 - \theta_2) \\
D_{44} = J_4 + m_4 r_4^2 \\
D_{55} = J_5 + m_5 r_5^2
\end{cases}
$$

$$
\begin{cases}
C_1 = -(m_3 + m_4 + m_5) g l_2 \sin \varphi_1 - m_1 g r_1 \sin \varphi_1 + m_4 g l_5 \sin(\theta_1 - \varphi_1) + \cdots + \\
\quad m_4 l_2 r_4 \dot{\varphi}_1 \dot{\varphi}_4 \sin(\varphi_1 - \varphi_4) - m_4 l_5 r_4 \dot{\varphi}_1 \dot{\varphi}_4 \sin(\varphi_1 + \varphi_4 - \theta_1) - \cdots - \\
\quad (m_5 l_8 + m_3 r_3) l_2 \dot{\varphi}_1 \dot{\varphi}_3 \sin(\varphi_1 + \varphi_3 - \theta_2) - m_5 l_2 r_5 \dot{\varphi}_1 \dot{\varphi}_5 \sin(\varphi_1 + \varphi_5 - \theta_3) \\
C_2 = -m_2 g r_2 \sin \varphi_2 \\
C_3 = -(m_5 l_8 + m_3 r_3) [g \sin(\theta_2 - \varphi_3) + l_2 \dot{\varphi}_3 \dot{\varphi}_1 \sin(\theta_2 - \varphi_1 - \varphi_3)] + \cdots + \\
\quad m_5 r_5 l_8 \dot{\varphi}_3 \dot{\varphi}_5 \sin(\theta_3 - \theta_2 + \varphi_3 - \varphi_5) \\
C_4 = -m_4 g r_4 \sin \varphi_4 - m_4 r_4 l_2 \dot{\varphi}_1 \dot{\varphi}_4 \sin(\varphi_1 - \varphi_4) + m_4 l_5 r_4 \dot{\varphi}_1 \dot{\varphi}_4 \sin(\varphi_4 + \varphi_1 - \theta_1) \\
C_5 = m_5 g r_5 \sin(\theta_3 - \varphi_5) + m_5 l_8 r_5 \dot{\varphi}_5 \dot{\varphi}_3 \sin(\theta_2 - \theta_3 - \varphi_3 + \varphi_5) + \cdots + \\
\quad m_5 l_2 r_5 \dot{\varphi}_5 \dot{\varphi}_1 \sin(\theta_3 - \varphi_1 - \varphi_5)
\end{cases}
$$

动力学方程中各参数见表 3.3。

表 3.3 连杆参数

	l_{ab}	l_{bc}	l_{cg}	l_{ef}	l_{fh}
连杆长度 /mm	32.3	31.4	27.32	22.02	22.93
质心质量 /g	9.5	1.3	6.5	0.84	5.8
质心转动惯量 /(g·mm²)	1 313	132	455	48	298
质心矢径 /mm	12.8	16.3	8	11.5	7.7

给定手指在自然状态的参数作为初始条件,根据四阶龙格 - 库塔方法,可以求得系统

状态随时间的变化规律。

3. 驱动端动力学分析

对手指驱动部分进行简化,定义各元件参数如图 3.39 所示。

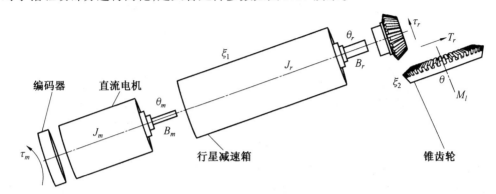

图 3.39　电机驱动端模型

τ_m — 直流电机驱动力矩;θ_m — 电机输出轴转角;J_m — 电机转子的转动惯量;τ_r — 行星减速器输出力矩;θ_r — 行星减速器转角;J_r — 减速器转动惯量;T_r — 负载力矩;θ — 手指基关节转角;M_l — 连杆端转动惯量;ξ_1 — 行星减速器减速比;ξ_2 — 齿轮减速比;B_r — 行星减速器的黏性摩擦系数;B_m — 电机内部的黏性摩擦系数

由于采用脉宽调制方法控制电机,忽略电机内部的动力学模型,根据电机到锥齿轮之间的传动关系写出驱动系统的动力学方程为

$$\begin{cases} J_m\ddot{\theta} + B_m\dot{\theta}_m = \tau_m - \xi_1\tau_r \\ J_r\ddot{\theta}_r + B_r\dot{\theta}_r = \tau_r - \xi_2 T_\tau \\ \theta = \xi_1\xi_2\theta_m = \xi_2\theta_r \end{cases} \qquad (3.53)$$

将式(3.53)与式(3.47)联立,取 $\theta = \varphi_1$,即可求得手指的动力学方程。

3.4　拟人性及外观设计

如前所述,人手手掌并非平面的,而是呈中间凹陷的形状。假手手掌的设计需要以此为依据,以期实现外观及功能的仿人性。在假手结构设计中,我们已经考虑手掌的构型对人手抓取功能的影响。假手除了部分实现人手的功能外,更重要的方面在于可以为残疾人的生活带来自信。假手在从样机过渡到商品化的过程中仍然存在很多不足。首先,假手样机外观并未完全仿人,形状与人手尚有差别;其次,假手样机采用金属材质,在与物体接触时摩擦系数较小,不利于稳定抓取;再次,假手样机基关节部位的齿轮为开式传动,外部容易进入砂粒等磨料性物质,造成齿面磨损,甚至因齿厚减薄而发生轮齿折断;此外,在潮湿的环境下使用易引起内部电路的损毁。基于以上问题,拟人形手套的使用必不可少。

为解决上述问题,首先从外观方面加以考虑,通过与国外研究机构合作基于假手的三维模型进行手套的形状设计,如图 3.41 所示。

在此基础上,采用三维快速成型技术对人手外表扫描重构,主要包括对皮肤纹理、关节褶皱的重构,两者结合以初步实现手套的良好包络以及外观的仿人。通过对人手关节的皮

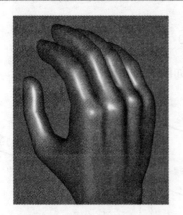 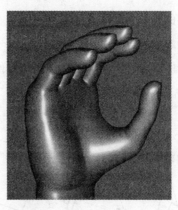

图 3.40　手套设计图

肤构造研究可知,各关节处的褶皱具有良好的伸缩特性,要使得手套完全模仿人手的这一功能还不现实,但可以通过在手套关节处设计一段可以弯曲的扇形弧,并且使弧的回转中心与关节的轴心重合,从而降低关节处的运动阻力,如图 3.41 所示。假设手套的厚度为 δ,则手套中性层在关节处的回转半径可以定义为

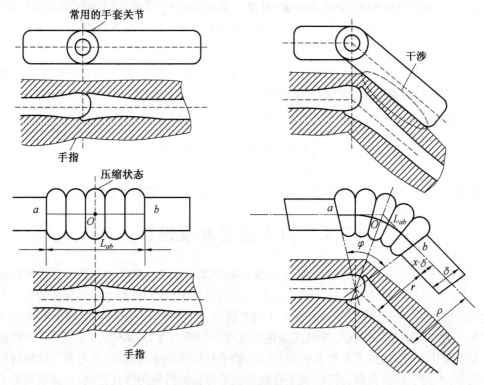

图 3.41　手套关节

$$\rho = r + x\delta \tag{3.54}$$

式中　　x——系数,由材料本身的弯曲性能及厚度决定;

　　　　r——手套内层与手指纵轴的距离。

根据回转半径可以计算出弯曲状态时的关节长度,即

$$l_{ab} = \frac{\pi\varphi\rho}{180} \tag{3.55}$$

以此长度为加工基准,加工半径为 ρ 的圆弧,不仅在外观上更加逼真,也可以减小运动的阻力。

手套的材料既要满足柔韧性,又要满足耐久性,因此我们选择硅有机树脂材料。为了增加手套的抗拉性,同时不致使手套过厚,在两层硅胶层中添加网状尼龙材料加强。加工完成的手套如图 3.42 所示。

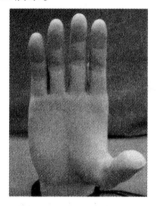 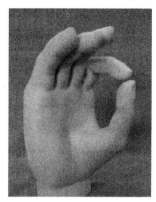

图 3.42　硅胶手套

手套的使用不可避免地对假手的运动产生阻碍,通过提拉重物的实验发现,与不带手套相比,手指基关节的输出力矩要增大 18% 左右,由此不仅带来更大的能量损耗,也在控制中引入了非线性阻尼,可能导致抓取失败。因而在实际控制中需要对手套的影响加以补偿。

知识拓展

耶鲁大学的研究者 Belter 等人对目前仿人型假手的机械特性做了一份详细的综述[14],给出了包括商业假手(Vincent, iLimb, iLimb Pulse, Bebionic 及 Bebionic v2 Hands 等)和研究型假手(TBM,DLR–HIT I II,UB Hand 3,Smarthand,Vanderbilt Hand)在内的一些关键特征,如手指设计及运动学、机械关节耦合、驱动特性等;讨论了驱动器个数和控制复杂性、质量和抓取力、最小输入和多重输出以及特性参数同实际功能性之间的辩证关系;指出了建立一组假手的性能标准,包括仿人型假手(包括临床及研究型假手)的评估技术,对提高假手的作业水平以及患者接受程度都具有重要的作用。从目前仿人型假手的发展趋势来看,拇指掌骨关节的自由度受到越来越多的重视。研究表明,拇指在日常人手参与的活动中所占的比重大约在 40%,它具有至少 5 个自由度,其中 2 个自由度分配在掌骨关节。目前研究更倾向于采用独立的驱动进行拇指侧摆及弯曲运动(如 iLimb ultra,Vicent hand 等),以实现更加丰富的抓取操作,如侧边捏及对掌运动等。但是采用 EMG 信号单独进行拇指运动的控制还具有相当大的挑战[15]。因此,很多研究还是倾向于从欠驱动角度出发,解构拇指在执行不同操作任务时的空间状态,使用不同的执行机构进行分阶段驱动,如早期的 Manus Hand[16] 及加拿大的 UNB hand[17] 所采用的拇指驱动结构。

在进行欠驱动假手设计时,关节处弹性蓄能元件的特性(如预张力、刚度等)直接决定了手指的顺应性。弹性元件设计完成后,假手在动作时的欠驱动特性也随即确定并不能改变,不适用于手指顺应特性骤变的场合。为了能够调节欠驱动结构的顺应特性,东京大学的键驱动假手在关节处集成了弹簧刚度调节装置[18],新型的 UT hand Ⅰ则采用了一些运动自锁装置来调节各关节之间的传动[19]。

人体中枢神经系统(CNS)对躯体肌肉的控制是一种"协调式"的控制。这种协调可以采用很少的可变参数进行描述,称为协同(Synergy)。从协同角度出发,可以采用很少数目的驱动器(一般为 1~2 个)实现全手 20 多个关节的驱动。这种基于协同的欠驱动方法被广泛应用于假手的设计,具体传动系统如早期 MIT 差分滑轮[20]以及近期上海交通大学的行星齿轮系[21]等。

本章小结

欠驱动与耦合驱动是目前多关节假手实现驱动的两种基本形式。本章针对两种型号 HIT-DLR 假手、欠驱动假手Ⅲ和耦合驱动假手Ⅳ,进行了机械设计方面的介绍,并进行了静力学及动力学分析。关节弹性元件的设计是欠驱动假手实现其顺应性运动的关键,如何能够根据抓取任务需要自适应地调节各关节弹性元件的刚度,是欠驱动假手设计的一大重点。而对于耦合驱动形式,各关节运动速比保持一致,如何设计适宜的运动耦合比,以实现假手的多功能操作,是耦合传动假手设计的难点。本章给出了两种驱动形式假手的静力学及动力学分析方法,希望能够从力学角度探讨两种驱动形式的内涵,从而能够实现更加精确的仿人型假手力位控制。

参考文献

[1] HUANG H, JIANG L, HOUL Q. Mechanism of HIT/DLR prosthetic hand[J]. High Technology Letters,2007,13(3):235-238.

[2] YASHIMA M, YAMAGUCHI H. Control of ehole ginger manipulation utilizing frictionless sliding contact-theory and experiment[J]. Mechanism and Machine Theory,1999,34(8):1255-1269.

[3] SANGOLE A P, LEVIN M F. Arches of hand in reach to grasp[J]. Journal of Biomechanics,2008,41(4):829-837.

[4] LEWIS O J. Joints remodeling and the evolution of the human hand[J]. Journal of Anatomy,1977(8):157-201.

[5] 中华人民共和国国家质量监督检验检疫总局中国国家标准化管理委员会. 中华人民共和国国家标准电动上肢假肢通用件:GB/T 18027—2000[S]. 北京:中国标准出版社,2000.

[6] TETSUYA M, HARUHISA K, KEISUKE Y. Anthropomorphic robot hand:gifu hand Ⅲ[C]. Jeonbuk:International Conference on Computer Applications in Shipbuilding,2002:1288-1293.

[7] LAKSHMIRAYANA K. An approach to the displacement analysis of spatial mechanisms-Ⅰ:

principles and mechani sms with low degree equations[J]. Mechanism and Machine Theory, 1976,11(6):381-388.

[8]CHEN W. Dynamic modeling of multi-link flexible robotic manipulators[J]. Computers and Structures,2001,79(2):183-195.

[9]BURTON P. Kinematics and dynamics of planar machinery[M]. Englewood Cliffs:Prentice-Hall,1979.

[10]FUHRER C, LEIMKUHLER B J. Numerical solution of differential-algebraic equations for constrained mechanical motion[J]. Numerische Mathematik,1991,59:55-69.

[11]KECSKEMÉTHY A, KRUPP T, HILLER M. Symbolic processing of multiloop mechanism dynamics using closed-form kinematic solutions [J]. Multibody System Dynamics,1997, 1(1):23-45.

[12]SCHIEHLEN W, RUKGAUER A, SCHIRLE T. Force coupling versus differential algebraic description of constrained multibody systems[J]. Multibody System Dynamics, 2000,4(4): 317-340.

[13]WANG J G, GOSSELIN C M, LI C. Modeling and simulation of robotics systems with closed kinematic chains using the virtual spring approach[J]. Multibody System Dynamics, 2002,7(2):145-170.

[14]BELTER J T, SEGIL J, DOLLAR A M, et al. Mechanical design and performance specifications of anthropomorphic prosthetic hands: a review[J]. J. Rehabil Res. Dev. , 2013, 50:599-618.

[15]YANG D P,GU Y K,LIU R Q, et al. Dexterous motion recognition for myoelectric control of multifunctional transradial prostheses[J]. Advanced Robotics, 2014,28(22):1533-1543.

[16]PONS J L, CERES R, ROCON E, et al. Objectives and technological approach to the development of the multifunctional MANUS upper limb prosthesis[J]. Robotica,2005(23): 301-310.

[17]LOSIER Y, CLAWSON A, WILSON A, et al. An overview of the UNB hand system[J]. Myoelectric Symposium,2011(1):23.

[18]ISHIKAWA Y,YU W,YOKOI H, et al. Development of robot hands with an adjustable power transmitting mechanism [J]. Intelligent Engineering Systems Through Neural Networks, 2000, 18:71-72.

[19]PEERDEMAN B,VALORI M,BROUWER D, et al. UT hand I: a lock-based underactuated hand prosthesis[J]. Mechanism and Machine Theory, 2014,78: 307-323.

[20]BROWN C Y, ASADA H H: Inter-finger coordination and postural synergies in robot hands via mechanical implementation of principal components analysis[C]. San Diego: IEEE/RSJ International Conference on Intelligent Robots and Systems, 2007,2877-2882.

[21]LIU H,SHENG X J. Mechanical implementation of postural synergies of an underactuated prosthetic hand[C]. ICIRA, 2013.

第4章　仿人型假手的电气系统

本章要点：仿人型假手的电气系统包括电机驱动电路、传感器配置及控制系统架构。目前商业假手的传感器配置极其有限，只能实现简单的操控。尽快提升假手的感知能力（包括内感受器和外感受器），将有助于实现假手更加精确，并引入感知反馈，对提高假手操控的感官性、用户接受程度都具有举足轻重的作用。在空间受限、活动部件多的情况下集成多种传感器（如位置、力觉及触觉等）是假手设计一大难点。本章以 HITAPH Ⅳ 为例，详细论述了仿人型假手的电气系统设计。该电气系统支持假手手指的驱动、控制及感知信息的获取，为进一步实现假肢的生机交互提供了必要的支持。

4.1　驱动单元的模块化

为了提高互换性及可维护性，仿人型假手采用模块化设计思想设计各个手指。仿人型假手需要 5 个手指，每个手指具有 1 个主动自由度和 3 个活动关节，由 1 个直流电机驱动，各关节运动具有拟人化的运动轨迹。每个手指具有类似的驱动、传动、传感及控制方式，并高度集成在各手指本体以内。下面以 HITAPH Ⅳ 为例，说明哈尔滨工业大学仿人型假手的模块化设计思想。

假手的功能在一定程度上依赖于驱动器。通过前期综述可以发现，直流电机是最为常用的驱动源，此外微型液压或气压驱动元件也被用于驱动，各种方式分别有其优劣性。文献[1]对 9 种常用的驱动器进行了性能、带宽、鲁棒性、能量质量比、尺寸、质量及噪声等综合比较。通过比较，直流电机的综合性能较为突出，且体积小、质量轻。如果采用电机及减速机构相组合就可以在较小的体积下实现较大的力矩输出。此外，电机的控制技术也较为成熟，因此，HITAPH Ⅳ 选择直流电机作为驱动器，通过行星减速机构及弧齿锥齿轮组成驱动模块实现基关节力矩的输出。以食指为例，电机采用 Faulhaber 公司的 1319SR 型，配合14/1 型行星减速箱及定制的零度弧齿锥齿轮，驱动模块的额定输出转矩可达 0.67 N·m，基关节转速可达 87 (°)/s，从而能够以较大的力矩实现快速抓取。

假手最为常用的传动方式为腱传动，它具有柔性、结构简单的优点；但是传动腱（钢丝绳）容易松弛，通常需要较大体积的预紧机构[2,3]，不适于驱动内置式假手。仿人型假手 HITAPH Ⅳ 选择连杆机构进行传动。最终的 4 指驱动模块图 4.1 所示，手指模块由直流电机驱动、行星齿轮与锥齿轮副减速、耦合交叉四连杆传动将动力传递至各个指节，并在基关节处集成关节位置传感器及力矩传感器。

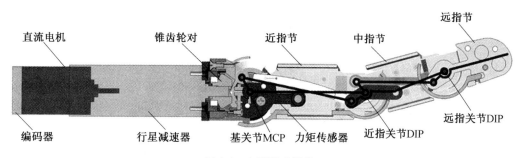

图 4.1　4 指驱动模块

4.2　感知系统的集成化

凭借丰富的感知能力,人手得以在各种环境中对不同物体进行自如的操作。同样,在假手控制系统中,具有感知功能的传感器系统对仿生假手的操作性能也具有重要的影响。一方面,传感器系统作为假手闭环运动控制策略中各个控制闭环的反馈环节,需要向控制器提供传感信息;另一方面,还要为人机双向信息交互过程的感知反馈环节提供数据。因此,传感器系统中所采用传感器的数量多少、性能高低以及种类的丰富程度将大大影响假手的操作性能、抓取智能以及感知反馈的丰富度和准确度。

目前,HITAPH Ⅳ仿生假手集成了 3 种传感器,即基关节巨磁阻式绝对位置传感器、基关节一维应变式力矩传感器以及电机编码器。其中,每根手指均配备有基关节绝对位置传感器,而基关节力矩传感器仅配备在除小指外的其他各手指内。另外,拇指、食指和中指这3 根主要的动作与操作手指带有电机编码器。各个传感器的配置如图 4.2 所示。

1. 基关节巨磁阻式绝对位置传感器

传感器的敏感元件是一片巨磁阻式(Giant Magneto Resistive,GMR)传感器芯片,安装在基关节内电机轴正上方。而在电机轴的周端则安装有一个圆柱形磁钢。当电机轴转动时,磁钢产生的旋转磁场引起传感器芯片的巨磁阻效应,产生两路相位差 90°的正、余弦信号。通过求解两路信号的反正切值可得到电机转动角度,再经过减速比折算即可得到基关节的转动角度。

2. 基关节一维应变式力矩传感器

用于检测手指基关节处的力矩。应变片粘贴在基关节轴与伞齿轮之间的驱动连杆上。假手抓取到物体时,驱动连杆处发生弹性形变来引起应变片电阻值变化,阻值变化可通过电桥转化为电阻分压值的变化,再根据分压值与力矩的线性关系,经标定后便可实现对基关节力矩的测量。

3. 电机编码器

拇指、食指和中指的驱动电机采用 Faulhaber 公司的直流有刷微电机,电机后部集成磁阻编码器。该编码器输出两路相位差 90°的信号。电机每转 1 周,各路信号会输出 50 个方波脉冲。电机编码器可用于测量电机的转速、转向和位置信息。编码器信号分辨率较高,但只能提供相对位置,可与基关节位置传感器联合使用来确定手指的当前位置,以获得较高的测量精度。

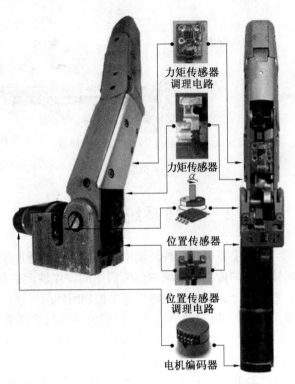

图4.2　HITAPH Ⅳ假手手指内集成的各种传感器

4.2.1　位置感知器

假手在进行自主抓取时需要获取手指的关节位置信息来实现准确、可靠的操作。由于假手 HITAPH Ⅳ手指各个关节采用耦合连杆传动，各关节相对本关节的转动角度的比例近似 $1:1$，因此可仅在基关节处使用位置传感器测量其绝对位置信息。根据测量原理不同，可用于测量关节位置的传感器主要有磁敏感元件、编码器和电位计等。其中编码器由于其体积大、成本高及安装复杂，不适合集成于空间狭小的假手基关节内。而电位计具有信号线性度好、幅值高、结构简单及成本低等优点。但其体积较大，结构上依靠电阻丝与电刷相互接触产生信号，使用时电刷与电阻丝反复摩擦，造成信号噪声大和使用寿命短等缺点。

相比较而言，磁敏感元件以非接触的空间磁场为敏感源，不存在磨损的缺点，使用寿命长。另外，采用微电子加工工艺制造的传感器芯片具有体积小、功耗低以及工作温度范围宽的优点。HITAPH Ⅳ选用的是基于 GMR 效应的磁性敏感传感器，与传统的霍尔效应传感器相比，GMR 传感器具有信号幅值大、灵敏度高、温度稳定性好的优势。该芯片采用超小型贴片式封装，在旋转磁场的作用下产生按正、余弦变化的两路电压信号，可实现对磁场旋转角较精确的测量。另外，芯片内部的保护功能可避免外部磁场很大时对芯片造成损害。当假手动作时，固定在电机减速器轴端的圆柱形磁钢随转轴一起旋转，其旋转磁场与 GMR 元件表面平行。GMR 元件在旋转磁场的作用下，输出相位相差 $90°$ 的正弦和余弦信号。对于传感器的输出信号，通过有源低通滤波器对其进行放大和滤波处理，然后送入 DSP 的 A/D 采样通道进行模/数转换。基于 GMR 的基关节绝对位置传感器的测量原理如图4.3所示。

对传感器信号 Sin_out 和 Cos_out 完成采样之后，还需要对其进行归一化处理，从而得

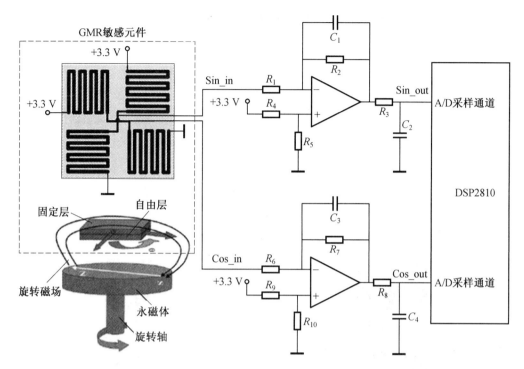

图 4.3　GMR 传感器测量原理图

到幅值为 $[-1,1]$ 的信号数据 $V_{\sin}$ 和 $V_{\cos}$,然后再使用公式(4.1)和(4.2)进行计算,即可得到旋转角度 α。

$$\theta = \arctan \frac{V_y}{V_x} \tag{4.1}$$

$$\begin{cases} V_x > 0, V_y \geq 0, \alpha = \theta; \\ V_x < 0, \alpha = \pi + \theta; \\ V_x > 0, V_y < 0, \alpha = 2\pi + \theta; \\ V_x = 0, V_y > 0, \alpha = \pi/2; \\ V_x = 0, V_y < 0, \alpha = 3\pi/2. \end{cases} \tag{4.2}$$

图 4.4 显示了安装在食指的该传感器的信号输出。

4.2.2　力矩感知器

单纯的位置控制并不足以保证被抓取物体的稳定,尤其是在物体的笛卡尔位置未知的情况下。因此,对接触力的感知与控制便必不可少,为了实现上述功能设计了基于应变原理的基关节一维力矩传感器。应变测量的基本原理是:弹性体在力或力矩的作用下产生与它成正比的应变,通过应变片将应变转换为电阻变化,由电桥测量电阻变化并转化为电压[4]。

将弹性体与驱动连杆设计为一体,测量基关节的一维力矩。弹性体采用悬臂梁结构,在梁的两个相对表面分别粘贴一片应变片,作为惠斯通半桥的桥臂电阻。弹性体材料采用超硬铝 LC4,具有高的弹性极限及强度极限,且易于机加工。弹性体应变梁的尺寸通过 ANSYS 应变分析确定,使其应变为 1/1 000 ~ 6/5 000,并找出在最大处贴应变片。弹性体结构及应变分布如图 4.5 所示,由图可知应变的极值位移弹性体根部。

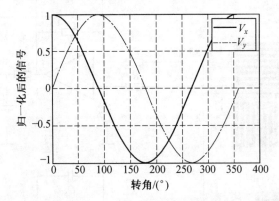

图 4.4　　GMR 传感器信号输出

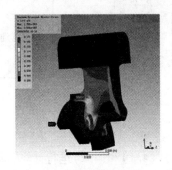

(a) 食指力矩传感器应变图

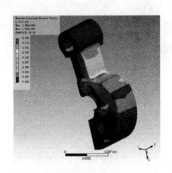

(b) 拇指力矩传感器应变图

图 4.5　　弹性体结构及应变分布

　　应变片用于将弹性体的应变转化为电阻值的变化,其敏感性及稳定性对传感器的性能具有重要影响。HITAPH Ⅳ 选择了 VISHAY 公司的 FAE 系列金属箔式应变片。传感器的信号处理电路如图 4.6 所示,应变片 SG_1 和 SG_2 分别与两个 1 kΩ 的电阻 R_1 和 R_2 组成惠斯通半桥电路。R_8,R_9 作为调零电阻用于补偿应变片本身的误差。供电电压为 3.3 V 恒压源,电桥输出经仪表放大器放大,再经过 R_7 与 C_4 滤掉高频噪声,输出即为相应的电压值。

　　在使用前需要对力矩传感器进行静态标定,以食指及中指为例,每隔 200 g 加载一次,记录对应的电压,加载之后再卸载,重复 3 次,然后取各对应载荷下的平均值。通过 Matlab 曲线拟合得到食指及中指的力矩传感器标定曲线如图 4.7 所示。根据标定结果计算得到:线性度 $r_L=±0.23\%$,重复性 $r_R=±1.51\%$,迟滞性 $r_H=±0.43\%$。由此可以看出,该传感器具有良好的性能。

4.2.3　触觉感知器

　　在抓取物体时,人手通过手指及手掌丰富的触觉信息反馈实时地调整各个手指的抓取力。这种动态抓取策略可以避免不必要的能量损失,以及避免手指出力较大而损坏物体或者出力小而发生滑动。研究人员通过对人手的研究发现,人手在抓取物体过程中是通过触觉信息反馈的切向力信息实时调整手指的抓取力而完成抓取动作的。这个发现对研究机器人多指手是一个启发,可以在机器人手指上安装三维力触觉传感器实时检测接触点处的法

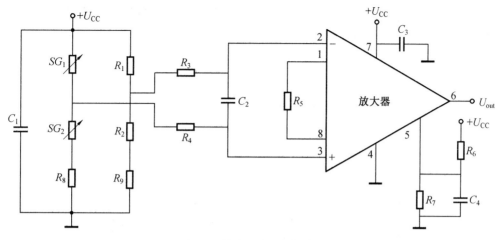

图 4.6　传感器信号调理电路

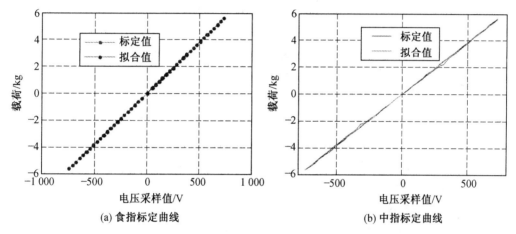

(a) 食指标定曲线　　　　　　　　　　(b) 中指标定曲线

图 4.7　传感器静态标定曲线

向力和切向力,通过法向力和切向力的反馈实时调整手指的抓握力来完成动态抓取。

　　人手的触觉系统可以提供的信息包括接触点位置信息、法向力信息、切向力信息、滑动信息等。业已研究的多指手触觉传感器可以检测接触点的位置、接触面的形状信息和接触点处的法向力等。然而,基于对人手的研究发现,除了接触图像信息和法向力信息之外,接触点处的切向力信息对多指手抓取任务时的力控制以及滑动控制也非常重要。在多数情况下,多指手对物体抓取时力矢量并不是完全作用在接触点处的法向方向上。

　　针对仿人型假手设计了指尖三维力触觉传感器,该传感器具有多点阵列结构,每个触觉单元可以同时检测法向力和两个方向的切向力。假手指尖触觉传感器的技术要求如下:

　　(1)可以检测指尖三维力信息。

　　(2)具有阵列结构,空间分别率小于 4 mm。

　　(3)法向力测量范围为 0 ~ 20 N,切向力测量范围为 -10 ~ 10 N。

　　(4)分辨率为 0.1 N。

　　(5)触觉传感器及信号采集电路完全集成在指尖内部。

　　图 4.8 为 HITAPH V 假手所采用的指尖柔性三维力触觉传感器阵列的结构示意图。该

结构示意图不包括模拟人手皮肤的表皮结构。传感器本体主要包括4层结构,从上到下依次为传力半球层、上层电极层、QTC层和下层电极层。每个触觉单元包括硅橡胶制作的传力半球、四个环形阵列的扇形镀金顶层电极、圆形QTC片和圆形镀金底层电极。其中,传力半球底层采用硅橡胶制作为一体结构,电极层基于柔性电路板技术制作。上层电极层和下层电极层厚度为0.1 mm,QTC层厚度为1 mm,传力半球直径为3 mm,传力半球层的薄膜厚度为0.4 mm。

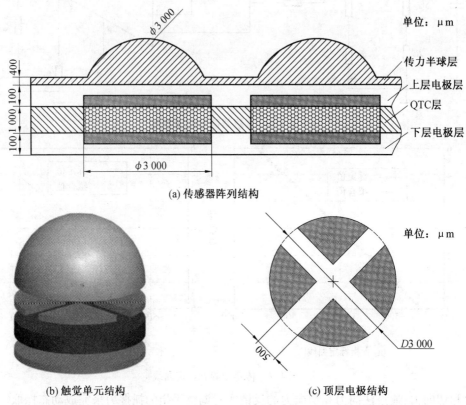

(a) 传感器阵列结构

(b) 触觉单元结构　　　　　　　　　(c) 顶层电极结构

图4.8　三维力触觉传感器结构示意图

当传力半球受到压力时,由量子隧道效应原理可知,夹在上层电极和下层电极间的QTC由于受到压力作用而发生形变,QTC的电阻值相应发生变化。如图4.9所示,4个扇形电极、圆形电极以及夹在中间的QTC在受到压力作用下可以等效为4个电阻R_1,R_2,R_3,R_4。建立如图4.10所示的坐标系,当传力半球受到法向力时,4个电阻的电阻值变化相同;当传力半球受到X正方向的切向力时,电阻R_1的电阻值变化较电阻R_3的大,而电阻R_2和R_4的电阻值变化相等;当传力半球受到正方向的切向力时,电阻R_2的电阻值变化较电阻R_4的大,而电阻R_1和R_3的电阻值变化相等。

为了对触觉传感器的三维力检测原理进行验证,下面对单个触觉单元进行有限元分析。采用如表4.1所示的参数对触觉单元即对传力半球受法向力和切向力作用时进行有限元分析。对触觉单元施加法向力时的有限元分析结果如图4.11所示,当触觉单元受到法向力时,传力半球受压产生变形,将受到的三维力通过顶层电极传递QTC材料,由于顶层4个扇形电极和底层圆形电极之间的QTC材料受到的压力相同,故所产生的变形也相同。因此,

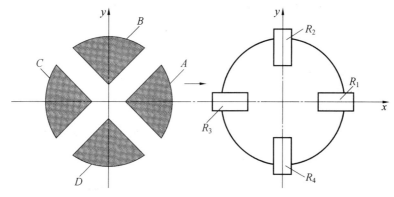

图 4.9　量子隧道效应示意图

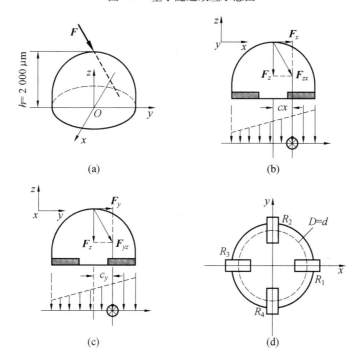

图 4.10　触觉传感器原理示意图

在受到法向力作用时,传感器的 4 路电压输出相等。对触觉单元施加切向力时的有限元分析结果如图 4.12 所示。当受到切向力时,由于传力半球产生扭矩而引起 4 个扇形电极和底层圆形电极之间的 QTC 材料受到的压力相同、受力不均,有限元仿真结果与三维力检测数学模型相一致。

表 4.1　有限元分析的材料属性

层数	材料	弹性模量/MPa	泊松比
1	PDMS(7.5∶1)	2.90	0.49
2	Conductive micro-wires(铜)	1.28×10^5	0.34
3	Polyimide(QTC)	2.10	0.34
4	Conductive micro-wires(铜)	1.28×10^5	0.34

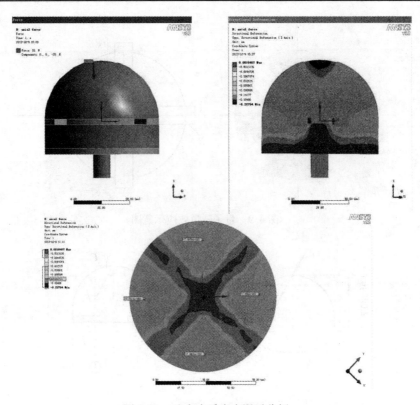

图 4.11   法向力受力有限元分析

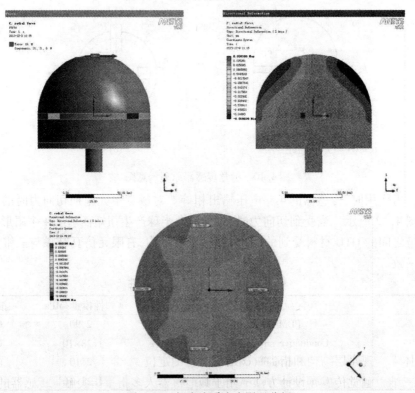

图 4.12   切向力受力有限元分析

指尖三维力触觉传感器采用并行设计思想,在设计触觉传感器的同时设计指尖机械结构,使得触觉传感器和机械本体实现高度集成化。根据假手的自由度配置及手指的构型设计,假手可以实现圆柱抓取、球形抓取、2 指捏取、3 指捏取及侧边抓取模式。根据假手的各种抓取模式,为了保证在各种抓取模式中指尖和物体存在有效的触觉接触点,将指尖分为如图 4.13 所示的 A,B,C,D,E,F,G 7 个区域,其中 A,B,C,D 区域各有一个触点,E,F,G 区域各有 3 个触点,每个手指尖共集成 13 个触点。A 区域的触点主要面向指尖精确抓取;B,C,D 区域触点主要面向 3 指捏取和球形抓取;E,F,G 区域触点主要面向强力抓取。每个手指指尖共集成 13 个触点,其中 A 区域触点直径为 4.5 mm,其余 12 个触点的直径为 3 mm,触觉阵列的空间分辨率大约为 3.5 mm。

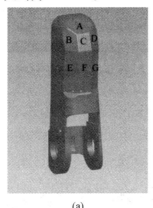

图 4.13　基于抓取模式的指尖表面

指尖三维力触觉传感器采用集成化设计思想,主要包括假手指尖机械机构设计和传感器本体的设计。关于指尖的设计在前面已经介绍过,本小节主要介绍指尖三维力触觉传感器本体的设计、加工和装配。

指尖三力维触觉传感器本体包括 4 层结构,从外到内依次为由硅胶制成的传力半球层、顶层电极层、QTC 层和底层电极层。由于指尖表面是由多个平面组成的三维曲面结构,因此在设计指尖结构和触觉传感器时需要考虑三维曲面展开问题。

触觉传感器通常采用阵列结构,可以扩大接触区域,但是会引起走线较多的问题。指尖三维触觉传感器阵列包括 13 个触觉单元,每个触觉单元包括 4 个敏感单元。若采用每个敏感单元单独引线,总共会产生 104 根总线。为了解决走线多的问题,所设计的触觉传感器阵列采用行列并行走线方式,如图 4.14 所示。总共走线数量为 17 根,分为行列走线,其中行方向走线为 12 根,列方向走线为 5 根。触觉传感器分为上、下电极结构形式,行方向走线位于上层电极中,列方向走线位于底层电极层。

指尖机械结构、触觉传感器顶层电极柔性电路、底层电极柔性电路和传力半球层如图 4.15 所示。传感器三轴力之间的耦合受传感器加工工艺和装配精度的影响非常大,为了保证传感器的装配精度,在指尖机械机构及传感器的 4 层结构上设计了定位孔,其中传力半球增加圆柱体来实现 4 层结构和指尖机械结构的精确定位。

指尖三维力触觉传感器设计方法适用于其他机器人多指手指尖触觉传感器的设计。图 4.16 为 HITAPH Ⅳ假手拇指三维力触觉传感器,该传感器阵列包括 12 个触觉单元,为 2×6

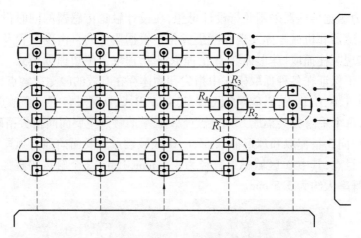

图 4.14　传感器阵列走线示意图

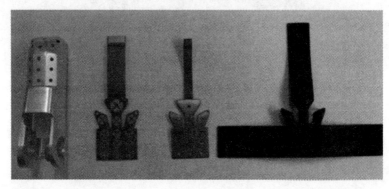

图 4.15　传感器的组成(从左至右:指尖机械结构、顶层电极柔性电路
板、底层电极柔性电路板及传力半球层)

方式排列。触觉单元分为两个部分,分别粘贴在拇指的前两个关节处。顶层电极层和底层电极层采用柔性电路技术制作,以保证传感器的柔性。其中,底层电极层和信号采集电路采用刚柔结合电路制作成一体,顶层电极层通过微型插座与信号采集电路实现电气连接。三维力触觉传感器阵列在拇指上集成的效果如图 4.17 所示,两指节的触觉部分通过柔性电路进行电气连接,放置于拇指中。

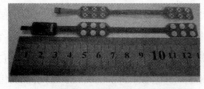

(a) 顶层电极和底层电极柔性电路

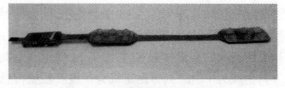

(b) 集成化触觉传感器

图 4.16　HITAPH Ⅳ假手拇指三维力触觉传感器

(a) 手指伸展极限位置   (b) 手指伸展极限位置

图 4.17 拇指三维力触觉传感器列阵集成效果(HITAPH Ⅳ)

4.3 控制系统的层次化

假手通过采集人体前臂的肌电信号(EMG)作为控制信号,驱动电机实现假手的力矩及位置控制,最后通过电刺激反馈实现闭环控制。因此,HITAPH Ⅳ采用分层控制的思想设计电气系统,将其分为人机交互控制系统与局部自主控制系统两个模块,如图 4.18 所示。其中人机交互系统是实现双向信息传递的通道,具有两方面功能:首先,实现肌电信号的处理,包括信号提取、特征选择、模式识别以及 EMG 与指尖力关系的计算;其次,根据假手抓取力

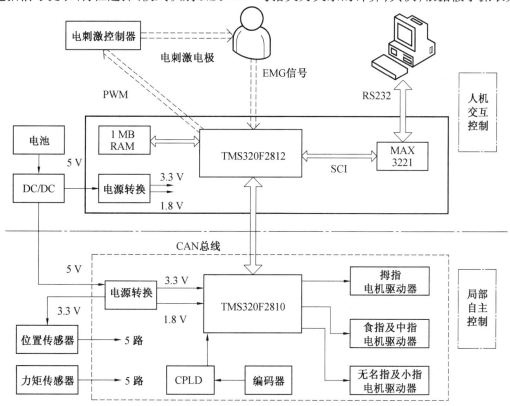

图 4.18 假手控制系统原理

的大小产生不同强度的电流刺激,以实现对人体的感知反馈。局部自主控制系统用于实现假手传感器信息的处理以及局部自主控制,包括单指控制及多指协调控制等,下面对各模块进行介绍。

1. 人机交互控制系统

人机交互控制系统放置于手臂桶内,以满足 EMG 信号的就近提取,并减小外界干扰对 EMG 信号的影响。由于该系统的计算量和信息处理量很大,采用了 TI 公司的 TMS320F2812 型 DSP 作为处理器。该 DSP 采用三级流水线作业,工作频率达到 150 MHz。肌电信号通过 DSP 内置的 12 位 A/D 通道采集,各通道信号分别经过滤波、特征提取后,通过相应的算法提取操作者的控制意图并生成动作指令。底层控制系统根据 CAN 总线接收到的指令,驱动假手进行相应的动作,并以全双工的模式返回假手位置及力矩传感器的信息。两个事件管理器根据传感器信息产生 PWM 信号,通过 SPI 接口驱动电刺激电极,从而完成对人体的感觉刺激反馈。串行通信接口(SCI)模块通过 MAX3221 芯片转换为符合 RS232 标准的串行总线,与 PC 机进行通信。控制器实物如图 4.19(a)所示。

2. 运动控制系统

假手运动控制系统放置于手掌内部,为了适应手部的弧线形状,采用软硬结合板,硬板之间以柔性线相连,提高了系统的可靠性及适应性。局部自主控制系统采用 DSP+CPLD+电机驱动芯片的控制方案。DSP 芯片采用 TMS320F2810,为快速计算提供了必要条件。通过 DSP 内置的 16 通道 12 位 A/D 实现力矩、位置传感器信号的采集,通过复杂可编程逻辑器件(CPLD)实现电机数字霍尔信号的倍频及判向。上述所有信息均发送到 DSP 中进行处理。采用 3 片电机驱动芯片实现 5 个直流电机的驱动。控制系统实物如图 4.19(b)所示。

(a) 人机交互系统电路板　　　　　　　　　　　(b) 运动控制系统电路板

图 4.19　电控系统电路板

4.3.1　运动控制单元

运动控制系统在假手的控制过程中需要完成多种任务,主要包括:①执行控制流程和算法计算;②传感器数据采集;③电机驱动;④与上位机(人机交互接口或实验 PC 机)通信。根据上述功能需求,采用以高性能处理器芯片为核心,外围匹配辅助电路的方式来实现运动控制系统的电路设计。在处理器芯片选择上,需要该芯片具有很高的运算速度来实现实时的流程控制和算法计算,需要具有大量的 A/D 转换通道进行传感器数据采集,需要具有多通道的 PMW 波输出能力来产生对各个手指直流电机的控制信号,还需要具有丰富快速的通信接口来完成与上位机交换数据的任务。而外围电路的设计主要是辅助处理器核心完成对电机编码器信号的处理、PWM 控制信号到驱动信号的转换以及传感器信号的滤波与通信接口的物理层实现。根据上述设计思路,选择 TI 公司生产的 DSP 芯片 TMS320F2810 作为该系统的处理核心,配以 CPLD 芯片 EPM7064 作为协处理芯片用于电机编码器信号的处理。采用直流电机驱动芯片 MPC17531 完成对 PWM 控制信号的功率放大。另外采用 RS-232 总线和 CAN 总线收发器芯片构建通信接口。运动控制系统框架如图 4.20 所示。

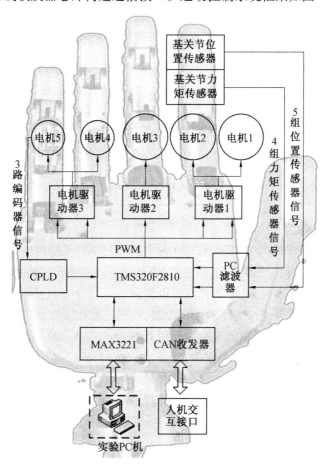

图 4.20　运动控制系统框架

1. 主控制器

运动控制系统的主控制器是一片 TMS320F2810 数字信号处理器。该芯片是一种 32 位定点处理器,工作频率为 150 MHz,并且拥有丰富的外围设备,包括两路串行通信接口(SCI)模块、一路区域网络控制器(CAN)、一路串行外围接口(SPI)模块、16 通道 12 位 A/D 转换器、12 路(6 组)PWM 通道以及 3 路外部中断通道。在 HITAPH Ⅳ 的设计中,14 个 A/D 转换通道用于采集 5 个位置传感器和 4 个力矩传感器的信号,通过 CAN 总线与人机交互接口通信,通过由一路 SCI 扩展的 RS232 总线与 PC 机通信,通过 5 组 PWM 信号经 3 片直流电机驱动芯片完成对 5 个电机的调速控制与驱动。

2. 电机驱动电路设计

为了实现控制灵敏、集成度高的要求,所选择的驱动元件需要既能便于调速,又能可靠地进行工作,而且体积要尽量小。由于有刷直流电机具有体积小,控制简单,启、制动性能良好,易于在大范围内平滑调速以及力矩控制性能好等优点,从而成为 HITAPH Ⅳ仿生假手的首选驱动元件。采用 Faulhaber 公司的 1319 型电机驱动假手的拇指、食指和中指,采用 Maxon 公司的 RE10 型号电机驱动无名指和小指。所采用的两种电机均可通过相同的驱动电路进行控制,如图 4.21 所示。

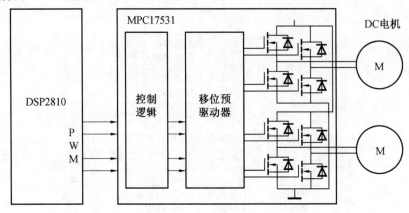

图 4.21　直流电机驱动原理框图

　　TI 公司生产的 DSP 芯片 TMS320F2810 为电机控制进行了针对性的设计,拥有多达 6 组共 12 路 PWM 控制信号输出通道,但是这些 PWM 通道不具备驱动电机的能力,还需为其设计驱动桥电路来进行功率放大,带动直流电机转动。采用分立元件设计驱动桥所需的器件较多,占板面积较大,桥臂电流通断需编程控制,控制过程比较复杂,不符合高集成度和控制简单、可靠的要求。因此选择高集成度的专用 H 桥驱动芯片 MPC17531A 来驱动直流电机。该芯片采用超小的 QFN 封装,大小仅为 4 mm×4 mm×1 mm,而其内部集成了两套 H 桥电路,可完成对两个直流电机的驱动。对于假手系统的 5 个直流电机用 3 片 MPC17531A 驱动即可满足要求。该芯片所需的控制逻辑也很简单,仅需要接入两路 PWM 信号,当一路 PWM 波正常输出,另一路为低电平时,电机即可转动。

3. 电机编码器信号处理电路设计

　　HITAPH Ⅳ的三根主要手指(拇指、食指及中指)所采用的 Faulhaber 1319 型直流电机配有增量式电磁编码器 IE2-50。该编码器输出 A,B 两路相位差为 90°的脉冲,每旋转一周产生的脉冲数为 50 个。通过判别两路脉冲序列超前和滞后的相位关系即可判断电机的旋转方向,而通过对脉冲序列的倍频处理,可以获得更高的位置和速度分辨率。对电机编码器信号进行判向和倍频处理的译码电路在具体实现上通常有两种方案:一种是采用分立门电路和触发器元件搭建;另一种是采用复杂可编程逻辑器件(CPLD)等高集成度、可编程芯片来实现。由于需要对 3 组电机编码器信号进行处理,如果采用分立元件搭建译码电路,则使用的元器件数量众多,布线复杂,不利于设计、调试及节约空间。而使用 CPLD 芯片,则可通过 VHDL 语言以软件编程的方式将译码电路在芯片内部实现,设计灵活并且可以重复擦写。仅使用一片 CPLD 芯片就可满足对 3 组编码器信号的译码需求,既提高集成度及可靠性,又缩短开发时间。基于 CPLD 芯片的编码器信号判向和倍频处理的译码电路框图如图4.22 所示。

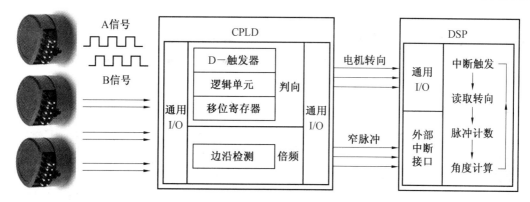

图 4.22　编码器信号处理框图

　　编码器的两路输出信号 A 和 B 通过 CPLD 的 I/O 口接入,经过由 D 触发器、逻辑单元以及移位寄存器组成的判向单元处理后向 DSP 输出电机方向信号;同时,边沿检测电路对 A,B 信号的上升沿和下降沿进行检测,在每个边沿到来时输出一个窄脉冲信号。该脉冲信号的输出频率是编码器 A,B 通道信号频率的 4 倍,从而大大提高了编码器的测量分辨率。图 4.23 显示了在 Quartus Ⅱ 软件平台上开发的编码器译码电路的仿真输出结果。

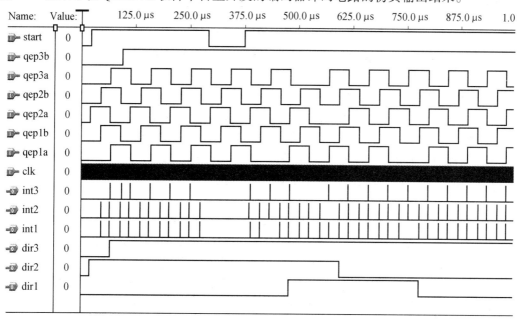

图 4.23　CPLD 译码电路的仿真输出波形

　　CPLD 输出的电机方向信号通过 DSP 的 I/O 口读取,而窄脉冲信号则通过 DSP 的外部中断接口(XIN1,XIN2,XIMI)以中断触发的方式进行检测。每当外部中断口接收到 CPLD 传来的脉冲信号时引发系统中断。系统调用相应的中断处理程序读取电机转向,并根据电机转向递增或递减来记录脉冲数。再将脉冲数除以 4 倍频后的编码器分辨率就可得到当前电机旋转过的角度。对于转速的测量只需通过设置定时器来计算单位时间内角度的变化量即可求得。

4.3.2　人机交互控制单元

　　HITAPH Ⅳ人机交互接口主要由交互控制单元、多通道肌电采集通道及电刺激感知反馈通道3部分组成,如图4.24所示。

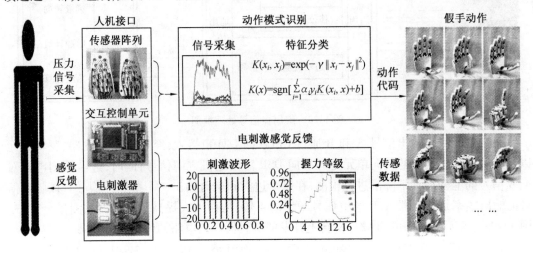

图4.24　人机交互接口的组成

　　在具体实现上,通过贴附在前臂皮肤表面的肌电传感器阵列采集人手在动作时前臂肌肉收缩产生的电信号。肌电信号经交互控制单元识别后获得手部动作模式,然后通过 CAN 通信总线将动作模式传递给假手运动控制系统完成对假手的动作控制,从而间接地实现人体运动神经与假手运动控制系统的衔接。与此同时,假手传感器系统感知的假手信息由运动控制系统经 CAN 总线发送给交互控制单元。交互控制单元根据所获得的传感器信息生成电刺激波形数据传递给电刺激器,由电刺激器产生刺激信号,并通过刺激电极传递到人体皮肤表面,引起感觉神经细胞产生神经冲动,从而间接地实现假手传感器系统与人体感觉神经的衔接。这样便使假手与人体间形成了双向信息交互能力。

　　交互控制单元是人机交互接口的控制核心,主要实现以下功能:①对人体前臂压力分布信号的采集及特征分类,从而获得使用者的动作控制模式;②向假手发送动作指令并接收假手上传的传感器信息;③生成电刺激波形参数,控制电刺激器刺激人体。这些功能的实现需要处理器完成大量的计算和信息处理任务,需要使用高性能的处理器芯片才能满足实时控制的要求。因此,HITAPH Ⅳ使用了 TI 公司的 32 位 DSP 芯片 TMS320F2812 作为处理器。该 DSP 内部采用哈佛结构,三级流水线作业,采用高性能的静态 CMOS 技术,工作频率达到150 MHz。片内自带3 个32 位定时/计数器、3 个外部中断、16 通道 12 位 A/D 转换器、12 路的 PWM 信号输出通道以及 FLASH 存储器 128 K×16 位和 SRAM 存储器 18 K×16 位。由于需要运行的程序复杂,在计算过程中会产生大量的临时数据,而 DSP 自身的 SRAM 容量难以满足要求。因此,通过该 DSP 芯片的非复用异步总线外扩了一片 Alliance Memory 公司的AS6C8016 型 SRAM,使 SRAM 容量扩充到 512 K×16 位。

　　另外,该 DSP 芯片还集成有丰富的通信接口,包括两个串行通信接口(SCI)、一个区域网络控制器(CAN)接口、一个串行外围接口(SPI)及一个多通道缓冲串行接口(McBSP)。而交互控制单元上为 DSP 的这些通信接口配备了外围电路,使其形成完整的通信总线。其中包括对 CAN 总线控制器接口扩展了一个 SN65HVD230 型 CAN 总线收发器,可完成与假手控制系统的数据通信;将一路 SCI 接口通过 MAX3221 芯片转换为符合 RS-232 标准的串行总线,可与实验 PC 机进行通信;通过 SPI 接口或 McBSP 接口与信号采集单元或电刺激器进行通信。交互控制单元实物如图 4.25 所示。

图 4.25　交互控制单元

知识拓展

非结构化环境中的非确定性因素使得假手成功抓取变得异常困难。传统集成化设计方法需要假手集成丰富的传感器及驱动器,系统复杂度日益增加,控制也越来越困难。耶鲁大学研究者 Dolor 基于聚合体形状沉积加工方法(Deposition Manufacturing,SDM)设计了一只欠驱动机器人手[5],具有一定的顺应性及适应性,用于非结构化环境中物体的抓取,为仿人型假手集成化设计提供了一种新型的途径。SDM 手采用一枚电机进行驱动,通过优化的被动顺应性关节和适应型耦合,可以抓取粗略认知环境下多种尺寸的物体,如图 4.26 所示。SDM 是一种层级化加工方法,通过这种方法嵌入传感以及驱动元件,可以同时加工机器人手的刚体指节及顺应关节。各关节可以在键驱动下实现弹性弯曲,而不需要金属轴承。高强度聚合体手指内部集成电气元件,不需要任何的密封及紧固件。指节通过弹性关节相连,在运动平面内保持柔顺,而在非运动空间内保持一定的刚度。

为了能够辅助患者进行抓取,多模态传感器,如机器视觉、加速度计、陀螺仪等,同样会集成在假手控制系统中。在斯坦福大学的一项研究中[6],研究者们在所研制的模块化机器人手指部位集成光学触觉传感器,在手掌部位集成了激光点发射器(Laser Speckle Generator, LSG),用于提供手眼视觉(On-hand Vision)辅助机械手进行抓取。新型传感器包括密集阵列触觉传感器及 RGB-D 等传感器的引入,为机械手集成化设计方法提出了新的挑战。假手控制器需要更高的处理速度、更丰富的外围接口、更高带宽的传输速度以及更大的片上存储器,同时还要支持肌电控制器及电刺激反馈的接入请求。

加拿大新不伦瑞克大学的研究者基于功能模块化思想,提出了一种假手通信框架及模块化设计方法[7],这种协议具有一定的灵活性,而且可以支持多主机系统的高带宽、低消耗通信。若将假手系统划分为控制系统、驱动系统、传感器系统、EMG 控制器、反馈器等子模块,子模块之间采用统一的总线技术通信,将势必规范化及促进假手多方面的研究进展。

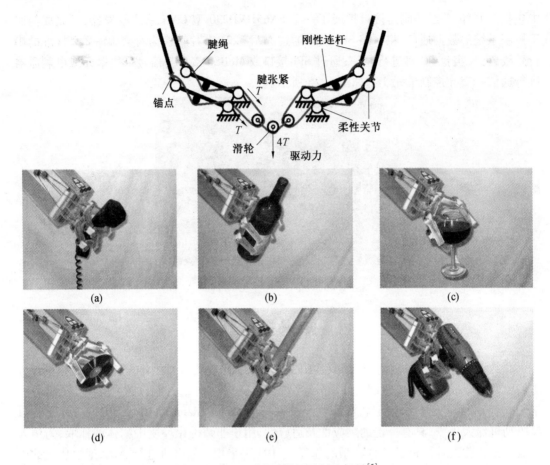

图 4.26　SDM 手驱动简图及抓取场景[5]

本章小结

　　本章根据仿生假手多关节、多自由度以及具有与人体进行双向信息交互能力的发展趋势,为 HITAPH Ⅳ 五指仿生假手设计了由人机交互接口和假手控制系统组成的交互控制系统方案,并对由驱动系统、传感器系统和运动控制系统组成的假手控制系统进行了详细设计。传感器系统由关节力矩传感器、关节位置传感器和电机编码器组成,可向运动控制系统和人机交互接口提供所需的手指力矩、位置和速度信息。而运动控制系统以高速 DSP 芯片为处理核心,以 CPLD 芯片为协处理器,结合外围的信号滤波、电机驱动和通信接口电路,可实现对传感器信号的实时采集与处理、对各手指电机的独立驱动控制以及与上位机的实时通信。通过选用高集成度的电子元件和采用软硬结合电路设计,完成了将假手控制系统完全集成于假手手掌和手指内部,实现了高度的机电一体化设计。

参考文献

[1] DINSDALE J. Short course on electronics and control for mechanical engineers: high performance servo actuators and drives [M]. Cranfield: Cranfield Industrial of Technology, 1986:125-134.

[2] DECHEV N, CLEGHON W L, NAUMANN S. Multi-segmented finger design of an experimental prosthetic hand [C]//Proceeding of 6th National Applied Mechanisms and Robotics Conference. Cincinnati:IEEE,1999,33:1-8.

[3] CARROZZA M C, SUPPO C, SEBASTIANI F, et al. The SPRING hand: fevelopment of a delf-sdaptive prosthesis for testoring natural hrasping[J]. Autonomous Robots,2004,16(2): 125-141.

[4] 张如一, 沈观林, 李朝弟. 应变电测与传感器[M]. 北京:清华大学出版社, 1998:38-44.

[5] DOLLAR A M,HOWE R D. The highly adaptive SDM hand: design and performance evaluation[J]. The International Journal of Robotics Research, 2010,29: 585-597.

[6] QUIGLEY M, SALISBURY C,NGA Y, et al. Salisbury,mechatronic design of an integrated robotic hand[J]. The International Journal of Robotics Research, 2014,33:706-720.

[7] LOSIERY A W W. Moving towards an open standard: the UNB prosthetic device communication protocol[C]. 13th ISPO World Congress, 2011.

第 5 章　仿人型假手的运动控制

本章要点：商用假手通常采用的开环控制方法已经难以满足假手智能化控制的需求，闭环控制在提高控制系统的精度、减小稳态误差等方面具有明显的优势。随着假手中力/位传感器等的集成，使得假手闭环控制成为可能。在假手与环境交互的过程中，我们既希望假手能够施加期望的操作力，又要求其能够适应环境要求，具有一定的柔顺性。本章着重探讨仿人型假手单指的自抗扰位置控制、阻抗力控制以及自适应阻抗力跟踪控制方法。

5.1　手指关节位置控制

位置控制是机器人控制的一个主要方面，快速、准确地跟踪期望的位置是其控制目标。在假手进行抓取操作时，为了完成不同的动作模式，要求能够精确控制每个手指的运动位置。另外，在阻抗控制的框架下，准确的位置控制同时也是精确的力控制的前提。对手指位置控制的要求贯穿仿人型假手的整个抓取过程。

HITAPH 假手采用直流或者步进电机进行驱动。无论是直流电机还是步进电机，在其工作过程中都存在机械摩擦、转矩波动、环境扰动等影响，归根到底其控制都属于非线性控制。特别是对于混合式步进电机，由于其结构特殊、内部参数强耦合及高度非线性特性增加了对其伺服控制的难度。理论和实践均证明，采用经典控制理论的步进电机伺服系统难以达到满意的控制效果，而采用现代控制理论又需要以数学模型为基础，有其自身的局限性。

采用现代控制理论为基础的鲁棒控制技术有 H_∞ 控制、u 设计、无源化控制和 L_2 增益分析等理论[1]。在系统建模和控制器设计过程中考虑不确定因素对系统的影响，将实际控制对象看成一个系统族（即带有不确定性的系统），其数学模型由标称系统和一个不确定性判别模式所组成。在此基础上，利用解析方法设计控制器，便有可能使系统族中所有被控对象均能满足期望的性能指标。针对模型不确定性，典型控制方法是自适应控制和变结构控制[2]。自适应控制方法在系统的运行过程中不断提取有关模型的信息，根据新的信息来调整控制策略，是克服参数变化影响的有力手段。滑模变结构控制是变结构控制的一种，它的特点在于控制的不连续性，具有使系统结构随时变化的开关特性。滑模变结构控制根据被调量的偏差及其导数，有目的地使系统沿着设计好的"滑动模态"的轨迹运动，与被控对象的参数和扰动无关，因而使得系统具有很强的鲁棒性。

现代控制理论虽然对系统分析做出了很大贡献，但是由于大量的工程对象给不出合适的数学模型，因此其控制方法很难得到实际应用。智能控制方法能够处理复杂的被控对象的不确定性，而且能摆脱对控制对象模型的依赖，因此成为解决鲁棒性问题的重要方法。目前，智能控制在伺服系统应用中较为成熟的是模糊控制和神经网络控制，而且大多是在模型控制基础上增加一定的智能控制手段，以消除参数变化和扰动的影响。

模糊控制是利用模糊集合来刻画人们日常所使用概念中的模糊性，使控制器能更逼真地模仿操作人员和专家的控制经验与方法。早期的模糊控制器鲁棒性虽有所加强,但由于没有积分作用,故在伺服系统有负载扰动时会出现静差。增加积分效应后,模糊控制器相当于变系数 PID 调节器,可以实现无静差控制。一般而言,针对高精度电机伺服系统,模糊控制系统只有与其他控制方法相结合(如模糊 PID 等),才能获得优良的性能。而神经网络控制在伺服控制中的应用主要体现在:①代替传统的 PID 控制;②电机参数的在线辨识、跟踪,并对磁通及转速控制器进行自适应调整;③精确估计位置及转速;④自适应速度控制器。

虽然将智能控制用于伺服控制系统的研究已取得了一些成果,但是有许多问题尚待解决,例如,智能控制器主要凭经验设计,对系统性能(如稳定性和鲁棒性)缺少客观的理论预见性,且设计一个系统需要获取大量的数据,设计出的系统容易产生震荡。目前,PID 控制器的应用仍然最为普遍,它在航天控制、运动控制及过程控制的应用中仍然占据 95%以上。PID 算法简单、鲁棒性好、可靠性高,尤其适合于可建立精确数学模型的确定性控制系统。但对非线性、时变不确定性、难以建立精确数学模型的控制对象,经典 PID 控制器不能达到理想的控制效果。由于受到参数整定方法繁杂的困扰,对控制对象的适应性很差。

自抗扰控制由于其可操作性强且性能优良,逐渐成为一个活跃的研究方向。自抗扰控制技术利用非线性机制开发出了具有特殊功能的环节,如非线性跟踪微分器(TD)[3]、扩张状态观测器(ESO)[4]、非线性 PID(NPID)[5]等,并以此组合出了高品质的新型控制器——自抗扰控制器(ADRC)[6]。这项控制技术的核心是通过运用特殊的"非线性效应",把系统的未建模动态和未知外扰作用都归结为对系统的"总扰动"而进行估计并给予补偿。由于手指电机运行时存在摩擦,齿轮减速器的传动存在回差以及电机本身的参数高度非线性等因素,使系统的非线性特性十分明显。而且,当假手抓取物体时,电机工作在堵转状态下,外部干扰很大。系统内部非线性和外部干扰的存在,导致手指关节位置控制问题较为复杂。将自抗扰控制应用于假手关节位置控制中,可提高位置控制器的鲁棒性和跟踪精度,解决经典 PID 控制器的快速性与超调之间的矛盾。

5.1.1　非线性跟踪微分器

经典 PID 的合理之处在于综合误差的过去(I)、现在(P)和将来(D)的行为设计反馈律,其控制机理完全独立于对象的数学模型。然而,它生成控制量的方法简单地采用了误差的比例、微分和积分的"线性加权和"形式。直接取目标和实际行为之间的误差,常常使初始控制力太大而出现超调。其次,参考输入 $v(t)$ 常常不可微,甚至不连续,而输入信号 $y(t)$ 的测量又常被噪声污染,因而误差信号 $e(t) = v(t) - y(t)$ 按经典意义通常不可微或其微分信号被噪声的导数淹没。经典 PID 中一般采用差分或超前网络近似实现微分信号,这种方式对噪声放大作用很大,使微分信号失真而不能使用,这就限制了经典 PID 的使用范围。利用自抗扰控制技术中的非线性跟踪微分器,可以解决上述两个问题。

良好的速度反馈信号对实现精确位置控制是非常重要的,它可以构成速度闭环,提高控制器的动态控制品质。从系统稳定的角度考虑,速度反馈的加入使控制系统具有所期望的特性。但在许多实际应用的场合下并没有速度传感器或高精度的编码器。HITAPH 假手采用的是微型电机,由于机械空间的限制,能够与之相配的小体积的磁编码器的分辨率较低,导致电机低速运行时,编码器的输出无法反映电机速度的变化。HITAPH 假手的位置传感器安装在基关节上,测量关节旋转角度。由于没有速度反馈器件,采用差分方式得到的速度信号往往含有很大的噪声,而引入滤波器又不可避免地带来信号滞后的问题,对于实时控制是很不利的。

非线性跟踪微分器(TD)[3]能够跟踪不连续输入信号,并提取"近似微分"信号,它能够快速、无超调地跟踪输入信号,并提供高品质的微分信号。非线性跟踪微分器对于输入一信号 $v(t)$,将输出两个信号 z_1 和 z_2。其中 z_1 跟踪 $v(t)$,而 $z_2 = \dot{z}_1$,从而把 z_2 作为 $v(t)$ 的"近似微分"。除提供输入信号的跟踪输出和微分输出外,跟踪微分器还具有滤波功能,对输入信号进行快速无超调的过滤过程类似于二阶线性低通滤波器的频率特性。如采用二阶的跟踪微分器,设二阶离散系统为

$$\begin{cases} x_1(k+1) = x_1(k) + h \cdot x_2(k) \\ x_2(k+1) = x_2(k) + hu, \mid u \mid \leq r \end{cases} \tag{5.1}$$

可得非线性快速离散跟踪微分器为

$$\begin{cases} x_1(t+h) = x_1(t) + h \cdot x_2(t) \\ x_2(t+h) = x_2(t) + h \cdot fst[x_1(t) - v(t), x_2(t), t, h_0] \end{cases} \tag{5.2}$$

式中　　h—— 积分步长或采样时间;

　　　　$fst(\cdot)$—— 快速控制最优综合函数。

离散跟踪微分器能快速、无超调地跟踪输入信号,数值运算无震颤,且能给出较好品质的微分信号。在系统输入的前向通道引入跟踪微分器,如果一个被控对象输出信号能跟踪上 $x_1(t)$(微分器跟踪端输出信号),则被控对象输出响应将有快速、无超调的过渡过程。利用跟踪微分器对输入信号的预处理(即安排被控对象的过渡过程),能有效解决"快速性"和"超调"之间的矛盾,提高调节器的鲁棒性。

针对仿人型假手的微小型电机驱动系统,由于缺乏速度传感器或高精度编码器,考虑使用非线性跟踪微分器对位置信号近似微分,得到高质量的速度信号并构成速度闭环,提高位置控制器的动态品质。引入速度反馈项是为了增加系统阻尼,改善控制系统的性能,特别是当阻尼增大时,有利于增强系统的稳定性和减小超调。基于非线性跟踪微分器的位置控制框图如图 5.1 所示。

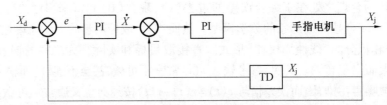

图 5.1　基于非线性跟踪微分器的位置控制框图

电机驱动采用速度控制(PWM)方式,外环位置控制使用 PI 控制器,由 TD 得到的信号作为速度反馈信号构成速度控制内环(同样采用 PI 控制器)。控制器将反馈的电机实际位置 X_j 与给定位置 X_d 的偏差转换为电机速度控制量,即

$$\dot{X}_n = K_P e_n + K_1 e_x \tag{5.3}$$

$$e_n = X_d - X_j \tag{5.4}$$

式中　　e_n—— 第 n 个采样时刻的偏差值;

　　　　$\dot{X}_n$—— 第 n 个采样时刻控制器的输出量,这里是电机速度给定值;

e_x——前 $n-1$ 个时刻的积分项；

K_P，K_I——PI 控制器的比例系数及积分系数。

以 HITAPH 假手食指基关节为例，控制其角度按照阶跃式变化，分别采用普通 PID 控制以及使用 TD 构成速度闭环的位置控制。图 5.2 为没有加入速度闭环 PID 控制器的实验结果，其中比例系数 $K_P=300$，积分系数 $K_I=0.015$。实验结果显示位置控制有明显的超调。图 5.3 是基于跟踪微分器反馈的位置控制，将 TD 得到的位置微分信号作为速度信号，构成速度闭环（PID 控制器的参数不变）。可以看到，在同样的控制参数条件下，加入速度闭环后，位置控制没有超调，而且改善了系统动态性能，增加了位置跟踪的快速性。

跟踪微分器的算法简单，适合于嵌入式系统的应用。文献[7]还提出了利用跟踪微分器对输入信号进行预处理，能有效解决快速性和超调之间的矛盾，同时也是提高调节器鲁棒性的一种有效方法。

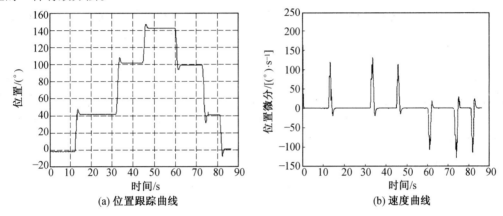

(a) 位置跟踪曲线　　　　　　　　　　　(b) 速度曲线

图 5.2　没有加入速度闭环 PID 控制器的实验结果

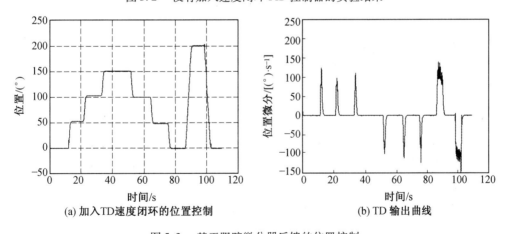

(a) 加入TD速度闭环的位置控制　　　　　(b) TD 输出曲线

图 5.3　基于跟踪微分器反馈的位置控制

5.1.2　扩张状态观测器

非线性系统在非线性反馈变换下可以转化为积分器串联标准型结构。对非线性系统进行反馈控制律设计（直接反馈线性化方法，DFL）[8]，实质上就是通过设计适当的反馈输入来补偿对象的非线性，使其成为积分串联性非线性系统，进而用线性系统控制方法再进行反馈律设计。

经典 PID 设计注重于通过消除误差来控制过程,却并不对过程本身进行任何预测或估计。PID 控制中的积分环节虽然具有一定的补偿作用,但却难以做到有的放矢,因而鲁棒性差。扩张状态观测器(ESO)[4] 实现了实时估计系统状态并进行补偿的设想,它不但能够得到不确定对象的状态,还能获得对象模型中的内扰和外扰的实时作用量。将这个实时作用量补偿到控制器中去,这个功能就相当于反馈线性化方法,可以将非线性系统转化为积分器串联型标准结构系统。

已知外扰作用的非线性不确定对象为

$$x^{(n)} = f[x, \dot{x}, \cdots, x^{(n-1)}, t] + w(t) \tag{5.5}$$

式中　　$f[x, \dot{x}, \cdots x^{(n-1)}, t]$——未知函数;

　　　　$w(t)$——未知外扰。

状态观测器的任务在于构造不依赖于 $f[x, \dot{x}, \cdots x^{(n-1)}, t]$ 和 $w(t)$ 的非线性系统,能由测量值 $x(t)$ 估计出被扩张的系统状态变量 $x(t), \dot{x}(t), \cdots, x^{(n-1)}(t), x^n(t)$。令

$$a(t) = f[x(t), \dot{x}(t), \cdots, x^{(n-1)}(t), t] + w(t)$$

尽管函数 $f[x, \dot{x}, \cdots, x^{(n-1)}, t]$ 和外扰 $w(t)$ 未知,但系统运行过程中的实时量 $a(t)$ 仍能被估计出来,可在不确定受控对象的控制器设计中实现模型和未知外扰补偿。观测器与不确定系统中具体表达式无关,而只与其实时估计量 $a(t)$ 的变化速率的范围有关。因此,这种观测器的适应性和鲁棒性比一般状态观测器强。

设二阶被控对象为

$$\begin{cases} \ddot{x} = f[x, \dot{x}, v(t)] + bu(t) \\ y = x \end{cases} \tag{5.6}$$

式中　　$f[x, \dot{x}, v(t)]$——不确定函数,是系统的"总扰动";

　　　　$v(t)$——未知干扰。

对象的状态方程可表达为

$$\begin{cases} \dot{x}_1 = x_2 \\ \dot{x}_2 = f[x_1, x_2, v(t)] + bu(t) \\ y = x_1 \end{cases} \tag{5.7}$$

令 $x_3 = f[x_1, x_2, v(t)], \dot{x}_3 = -w(t)$。其中,$w(t)$ 同样为不确定函数,即函数 $f[x_1, x_2, v(t)]$ 对时间 t 的变化率。

将状态方程(5.7)扩展为

$$\begin{cases} \dot{x}_1 = x_2 \\ \dot{x}_2 = x_3 + b \cdot u(t) \\ \dot{x}_3 = -w(t) \\ y = x_1 \end{cases} \tag{5.8}$$

对状态方程构造成连续三阶扩张状态观测器,即

$$\begin{cases} e_1 = z_1 - y \\ \dot{z}_1 = z_2 - \beta_{01}e_1 \\ \dot{z}_2 = z_3 - \beta_{02}fal(e_1,\alpha_1,\delta) + b \cdot u(t) \\ \dot{z}_3 = -\beta_{03}fal(e_1,\alpha_2,\delta) \end{cases} \tag{5.9}$$

式中,$\beta_{01} > 0,\beta_{02} > 0,\beta_{03} > 0,0 < \alpha_2 < \alpha_1 < 1,fal(e,\alpha,\delta)$ 函数表达式为

$$fal(e,\alpha,\delta) = \begin{cases} |e|^{\alpha}\text{sgn}(e), & |e| > \delta \\ |e|/\delta^{1-\alpha}, & |e| \leqslant \delta \end{cases} \tag{5.10}$$

针对误差大小,函数 $fal(\cdot)$ 具有改变增益的特性(小误差对应大增益,大误差对应小增益)特性,在控制工程界是对经验知识的数学拟合。令 $e_1 = z_1 - x_1, e_2 = z_2 - x_2, e_3 = z_3 - x_3$,将式(5.9)与式(5.8)对应方程相减,得到状态重构误差方程为

$$\begin{cases} \dot{e}_1 = e_2 - \beta_{01}f_{c1}(e_1) \\ \dot{e}_2 = e_3 - \beta_{02}f_{c2}(e_1) \\ \dot{e}_3 = w(t) - \beta_{03}f_{c3}(e_1) \end{cases} \tag{5.11}$$

其中　　　　$f_{c1}(e_1) = e_1, f_{c2}(e_1) = fal(e_1,\alpha_1,\delta), f_{c3}(e_1) = fal(e_1,\alpha_2,\delta)$

对式(5.9)的连续三阶扩张状态观测器离散化,即可得对应的离散扩张状态观测器为

$$\begin{cases} e = z_{21}(k) - y(k) \\ z_{21}(k+1) = z_{21}(k) + h \cdot [z_{22}(k) - \beta_{01}e] \\ z_{22}(k+1) = z_{22}(k) + h \cdot \{z_{23}(k) - \beta_{02}fal(e,\alpha_{01},\delta_1) + f_0[z_{21}(k),z_{22}(k)] + b_0 \cdot u(k)\} \\ z_{23}(k+1) = z_{23}(k) - h \cdot \beta_{03}fal(e,\alpha_{02},\delta_1) \end{cases}$$

$$\tag{5.12}$$

连续非光滑扩张观测器的优点主要表现在对模型不确定性和扰动的强适应性及有限时间收敛的快速无震荡特性。使用自稳定域(Self Stable Region,SSR)理论可以分析二阶 ESO 的收敛性和估计误差[9,10]。

ESO 除了能在有限时间内快速、无震荡地观测出被控对象的各个状态或各阶导数外,最重要的一点在于能实时地观测出系统的总不确定或未知总干扰 $a(t) = f(*)$。若利用该观测量实现动态反馈线性化,则整个系统被"线性化"为积分器串联型。

扩张状态观测器作为自抗扰控制器的一部分,在使用时一般放在反馈通道上,实时观测系统状态及其扰动并实现反馈补偿。一种基于 ESO 的假手关节位置控制器,如图 5.4 所示。将 ESO 放在前向通道上,观测的对象是期望位置和位置反馈的误差,将观测的误差和其微分作为控制量,再采用它们的线性组合(PD),将估计的扰动作为补偿量,实现动态反馈补偿。电机系统为二阶系统,因此构造的 ESO 为三阶。

图 5.4 中三阶 ESO 有 3 个输出:z_1 是给定位置与实际位置偏差的跟踪;z_2 是其位置偏差的跟踪微分;z_3 是对系统参数变化和外扰的总的估计。z_1,z_2 和 z_3 采用 PD 方式组合构成了位置控制器。利用 z_3 对系统实施动态反馈补偿($U = U_0 - z_3$),则系统被动态反馈线性化为双积分器系统。对补偿后的系统,可以采用简单的线性比例微分(PD)组合,使得($U_0 = \beta_1z_1 + \beta_2z_2,\beta_1 > 0,\beta_2 > 0$)。该控制器结构简单,不依赖于手指和电机的模型。一般来说,这种系统具有较强的鲁棒性和较大的适应范围。图 5.5 是基于 ESO 的位置控制实验结果。结果显

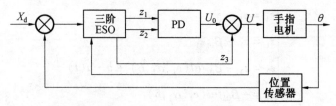

图 5.4　基于 ESO 的位置控制框图

示位置控制精度高,没有超调,控制算法简单。

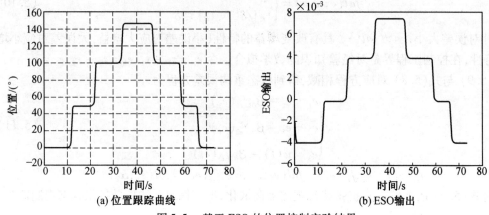

(a) 位置跟踪曲线　　　　　　　　　　　(b) ESO输出

图 5.5　基于 ESO 的位置控制实验结果

5.1.3　非线性 PID 控制器

经典 PID 的一大缺陷在于简单地采用了误差的比例、微分及积分的"线性加权和"的形式,这种线性配置不易解决快速性和超调的矛盾。而非线性反馈结构由于采用误差信息的非线性反馈结构,因此极大地提高了信息处理的效率。

设一阶误差系统为

$$\dot{e} = w + u$$

在线性反馈之下 $u = -k \cdot e(k > 0)$,稳态误差与反馈增益成反比。若对误差系统实施非线性(非光滑)反馈,则

$$u = -k |e|^{\alpha} \mathrm{sgn}(e), \alpha > 0$$

误差方程为

$$\dot{e} = -k |e|^{\alpha} \mathrm{sgn}(e) + w$$

$$\frac{1}{2} \frac{\mathrm{d}e^2}{\mathrm{d}t} < -k|e|(|e|^{\alpha} - \frac{w_0}{k})$$

当 $|e|^{\alpha} > w_0/k$ 时,有 $\frac{\mathrm{d}e^2}{\mathrm{d}t} < 0$,因此系统的静态误差最终要小于 $\left(\frac{w_0}{k}\right)^{1/\alpha}$。当 α 减小时,稳态误差以数量级的方式减小。若取 $\alpha = 0$,则 $\left(\frac{w_0}{k}\right)^{1/\alpha} = 0$,反馈形式为 $u = -k\mathrm{sgn}(e)$,即为变结构控制,其完全抑制了扰动 w。

利用非线性跟踪微分器(TD)和非线性反馈组合构成非线性 PID 控制器来改进经典 PID 控制器,可以提高其适应性和鲁棒性。一种采用非线性 $fal(e, \alpha, \delta)$ 函数(式(5.10))构

成的非线性 PID 控制律可表达为

$$u = \beta_0 \cdot fal(e_0, \alpha_0, \delta) + \beta_1 \cdot fal(e_1, \alpha_1, \delta) + \beta_2 \cdot fal(e_2, \alpha_2, \delta), \alpha_0 \leqslant \alpha_1 \leqslant \alpha_2$$

　　上述非线性 PID(NLPID) 将以数量级方式抑制扰动,并将系统静差(误差)在有限时间内衰减到零。NLPID 对不同对象有很强的适应性,本身也具有很强的鲁棒性,控制器参数在较大范围内变化不影响其适应性。

5.1.4　自抗扰控制器

　　自抗扰控制器(ADRC)是综合非线性跟踪微分器(TD)、扩张状态观测器(ESO)和非线性反馈三者的新型控制器[6]。利用自抗扰控制器进行系统设计时,可以把系统中的许多不同因素归类为对系统的各种扰动,然后用扩张状态观测器进行估计、补偿,使其变为线性系统的标准型(积分串联型),从而实现动态系统的反馈线性化。

　　ADRC 主要针对对象 $y^{(n)} = f(y, \dot{y}, \cdots, y^{(n-1)}, t)$,其中 $f(\cdot)$ 为模型摄动及扰动的作用量。控制器由 3 个环节构成,即非线性跟踪微分器(TD)、扩张状态观测器(ESO)及状态误差的非线性组合(NLSEF)。控制器只需要控制系统的输入量和输出量作为信息来源,其自抗扰的实质是由 ESO 产生不确定模型 $f(\cdot)$ 对输出作用的补偿量,以使对象的不确定性在反馈中加以抵消,从而达到重新构造对象的目的。采用自抗扰控制器设计的控制系统具有超调小、精度高、适应性和鲁棒性强等特点。对二阶控制对象

$$\ddot{x}(t) = f_1[x(t), \dot{x}(t), w(t)] + f_0[x(t), \dot{x}(t)] + b(t)u(t)$$
$$y(t) = x(t)$$

式中　　$f_1(x, \dot{x}, t)$——未知函数;

　　　　$w(t)$——未知外扰;

　　　　$u(t)$——已知控制输入;

　　　　$y(t)$——可量测输出;

　　　　$f_0[x(t), \dot{x}(t)]$——已知函数;

　　　　$b(t)$——不精确已知,其估计值为 b_0。

ADRC 自抗扰控制器的结构如图 5.6 所示。

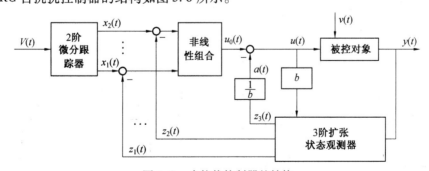

图 5.6　自抗扰控制器的结构

二阶离散跟踪微分器为

$$\begin{cases} e_0 = x_1(k) - V(k) \\ x_1(k+1) = x_1(k) + h \cdot x_2(k) \\ x_2(k+1) = x_2(k) + h \cdot fst[e_0, x_2(k), r, h_0] \end{cases} \tag{5.13}$$

三阶离散扩张状态观测器为

$$\begin{cases} e = z_1(k) - y(k) \\ z_1(k+1) = z_1(k) + h[z_2(k) - \beta_{01}e] \\ z_2(k+1) = z_2(k) + h\{z_3(k) - \beta_{02}fal(e,\alpha_{01},\delta_1) + f_0[z_1(k),z_2(k)] + b_0u(k)\} \\ z_3(k+1) = z_3(k) - h\beta_{03}fal(e,\alpha_{02},\delta_1) \end{cases}$$

$$(5.14)$$

非线性反馈控制律为

$$\begin{cases} e_1 = x_1(k) - z_1(k) \\ e_2 = x_2(k) - z_2(k) \\ u_0(k) = \beta_1 fal(e_1,\alpha_1,\delta) + \beta_2 fal(e_2,\alpha_2,\delta) \end{cases} \tag{5.15}$$

动态反馈补偿律为

$$u(k) = u_0(k) - \{z_3(k) + f_0[z_1(k),z_2(k)]\}/b \tag{5.16}$$

这里预处理 TD 安排过渡过程,并给出输入指令 v_0 的跟踪输出 x_1 和其微分输出 x_2。非线性 PID 控制律中的误差、误差积分、误差微分是由预处理 TD 输出和扩张观测器输出之差产生的,即

$$e_1 = x_1 - z_1, e_2 = x_2 - z_2$$

用这些状态误差和非线性函数 $fal(e,\alpha,\delta)$ 进行"非线性组合"来实现"非线性状态误差反馈律",即

$$u_0(k) = \beta_1 fal(e_1,\alpha_1,\delta) + \beta_2 fal(e_2,\alpha_2,\delta) \tag{5.17}$$

并进一步得到自抗扰控制器的控制律为

$$u(k) = u_0(k) - \{z_3(k) + f_0[z_1(k),z_2(k)]\}/b \tag{5.18}$$

基于 TD,ESO 及 NLSEF 在自抗扰控制器中的作用,可用"分离性原理"来进行这 3 部分的独立式设计。

图 5.7 是基于自抗扰控制器的假手手指位置控制实验。跟踪位置为 $0° \rightarrow 50° \rightarrow 100° \rightarrow 150° \rightarrow 100° \rightarrow 50° \rightarrow 0°$。可以看到位置跟踪精度高,超调小。图 5.8 是自抗扰控制器与常规 PID 控制器性能比较。手指基关节初始位置为 $0°$,给定位置为 $100°$。

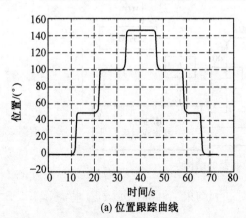

(a) 位置跟踪曲线

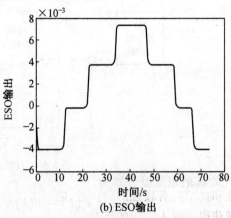

(b) ESO输出

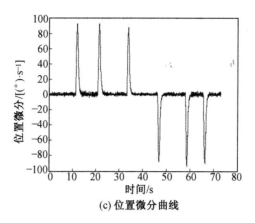

(c) 位置微分曲线

图 5.7　基于自抗扰控制器的位置控制

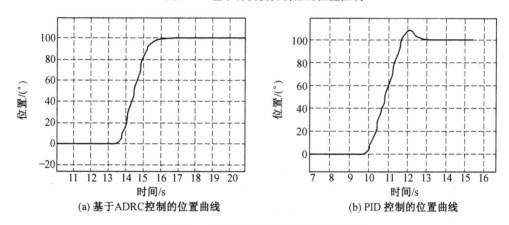

(a) 基于 ADRC 控制的位置曲线　　　　　　(b) PID 控制的位置曲线

图 5.8　ADRC 与常规 PID 控制性能比较

从实验结果可以看出,PID 位置控制器有明显的超调(约 8%),自抗扰控制器几乎没有超调。在稳态误差、超调量方面,自抗扰控制器均优于 PID 控制器(稳态误差 ADRC:$-0.1°$,PID:$-0.2°$),两种控制的响应速度基本相同(约 1.7 s)。

5.2　手指阻抗控制

末端操作器与环境之间的力控制问题是机器人控制的典型问题。稳定性是力控制中的重要环节。在假手操作物体的过程中,必然存在手指与环境从非接触到接触的自然转换,如果没有足够的柔顺环节来吸取能量避免碰撞冲击,就有可能带来破坏和不稳定。因此,力控制最终归结为机器人对接触环境顺从的柔顺控制问题。主动柔顺是机器人根据力反馈信息,采取一定的控制策略对机器人和环境之间的作用力进行主动控制。实现机器人柔顺控制主要有力/位混合控制和阻抗控制两种方法。力/位混合控制在自由空间和约束空间转换时会发生不稳定的问题。阻抗控制充分考虑了被控对象的动力学特性,从而对系统的不确定性和扰动具有较强的鲁棒性,能够实现自由空间和约束空间的稳定过渡,因而在柔顺控制领域获得了深入广泛的研究。

5.2.1　阻抗控制结构

阻抗控制(Impedance Control)[11,12] 在机器人操作中得到了很多应用。阻抗控制不是直接控制期望的位置和力,而是通过调节机器人末端的阻抗(包括刚度、阻尼和惯量)使力与位置满足期望的动力学关系,从而实现机器人的主动柔顺。阻抗控制将力控制和位置控制纳入统一的框架之中,其力跟踪精度依赖于操作者对环境知识的认识程度。目标阻抗模型实际上是一个理想的机器人终端位置和机器人／环境作用力之间的动态关系,控制器的主要任务是调节机器人的行为,以维持这个理想的动态关系。因此根据阻抗的定义,阻抗控制的表达式可以写成

$$M_d(\ddot{X} - \ddot{X}_r) + B_d(\dot{X} - \dot{X}_r) + K_d(X - X_r) = -F \tag{5.19}$$

式中　　$(X - X_r)$——机器人实际笛卡尔位置 X 与参考轨迹位置 X_r 之间的偏差;

　　　　M_d, B_d, K_d——目标惯量、目标阻尼和目标刚度。

阻抗控制的离线任务规划工作量较小,对系统的不确定性和扰动具有较强的鲁棒性,且易于实现自由空间和约束空间之间的稳定过渡。阻抗控制通常可分为基于位置的阻抗控制(Position Based Impedance Control, PBIC) 和基于力的阻抗控制(Force Based Impedance Control, FBIC) 两类。基于位置的阻抗控制一般由位置控制内环和阻抗控制外环组成。根据手指与环境的实际作用力及目标阻抗参数,由控制器的外环产生位置的修正量,将参考位置、位置的修正量和实际位置输入到内环的位置控制器,使实际位置跟踪期望位置,从而实现机器人的目标动力学特性。与力控制相比,机器人位置控制的理论更为成熟,性能更为稳定。在采用步进电机作为驱动器的场合,步进电机的位置控制很容易,因此适合于采用基于位置的阻抗控制。

基于力的阻抗控制一般由内环的力控制器和外环的阻抗计算环节组成。根据系统的期望运动状态、实际运动状态及目标阻抗参数,外环计算出实现目标阻抗关系所需要的期望力,然后通过内环的力控制器使机器人与环境之间的实际作用力跟踪该期望力,从而实现机器人的目标动力学特性。基于力的阻抗控制易于实现大范围的目标阻抗。这种方法对于假手的应用也是十分有效的,由于直流电机驱动的手指力控制较容易,实现基于力的阻抗控制也较容易。

5.2.2　基于位置的阻抗控制

基于位置的阻抗控制方法是以位置控制器作为内环,力矩反馈作为外环。把力矩反馈信号转换为位置和速度的修正量。力矩传感器测量得到的力矩值 F_{con} 通过阻抗滤波器产生一个修正位置 X_f,位置修正量满足

$$F_{con} = K_d X_f + B_d \dot{X}_f + M_d \ddot{X}_f$$

$$X_f(s) = \frac{F(s)}{M_d s^2 + B_d s + K_d} \tag{5.20}$$

修正位置 X_f 与期望位置 X_r 相减得到位置控制命令 X_d,可作为位置控制器的输入,即

$$X_d = X_r - X_f \tag{5.21}$$

手指与环境接触后,若假设位置控制器精确,即 $X \equiv X_d$,则

$$X_f = X_r - X$$

此时,控制律(5.20)(5.21)满足式(5.19),因此,基于位置的阻抗控制的效果依赖于内环的位置控制器特性。图5.9为仿人型假手单手指的阻抗控制器。刚度反映了输出力与输出位移之间的静态关系;阻尼反映了力与速度之间的关系,合理地选择阻抗参数,能保证手指与环境接触后运动的平滑性。手指的质量比较小,手指阻抗中的惯性项 $M_d(\ddot{\theta}_d - \ddot{\theta})$ 对手指的控制影响不大,一般不予考虑。

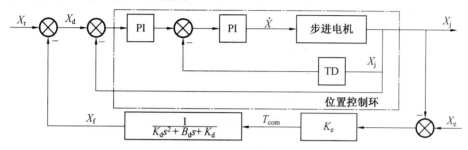

图5.9　仿人型假手单手指的阻抗控制器

文献[13]、[14]指出,在位置控制精确的前提下,当机器人由自由空间向约束空间过渡时,只要满足目标阻抗系数,则

$$\begin{cases} \xi_t \geqslant 0.5(\sqrt{1 + 2K} - 1) \\ \xi_t = \dfrac{B_d}{2\sqrt{K_d M_d}}, K = \dfrac{K_e}{K_d} \gg 1 \end{cases} \tag{5.22}$$

式中　ξ_t —— 阻尼比;

K —— 刚度比;

K_e —— 环境刚度。

可以看出,为了实现系统的稳定,目标刚度应远小于环境刚度,同时目标阻尼要足够大。手指在自由空间运动时,关节力矩传感器为零,这时阻抗控制器的内环起作用,可以实现自由空间的位置跟踪。当手指与物体接触时,关节力矩传感器检测到的力矩传感器信号使阻抗控制的外环起作用,由于存在阻尼特性,因此可以保证过渡过程的稳定性。

5.2.3　基于力的阻抗控制

在基于力矩的阻抗控制中,位置由关节位置传感器得到,力矩参考值由参考位置和实际位置计算得

$$F_r = K_d(X_r - X) + B_d(\dot{X}_r - \dot{X}) + M_d(\ddot{X}_r - \ddot{X}) \tag{5.23}$$

基于力的阻抗控制精度依赖于力矩内环控制器的精度。实现方法是参考力矩 F_r 由式(5.23)计算得到,其控制框图如图5.10所示。首先设计内环的关节力矩控制器,在关节力矩控制器采用电流环调节器。

在直流电机驱动芯片内部集成电流反馈电路,可以利用其构成电机控制的电流环。电流环采用PI调节器进行控制。如果参考值具有较大的扰动,那么积分器就有可能建立一个很大的误差值,并且由于积分器的惯性作用,这个误差会一直保持很长的时间,从而导致积分器输出饱和或者溢出。因此在设计PI调节器时,应当在积分器的输出超过限定值时,减

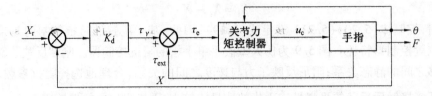

图 5.10　基于力的阻抗控制

少积分作用,这样就可以减少过度超调的影响。因此采用积分项修正的 PI 调节器。修正积分项的算法如下:

$$
\begin{cases}
x_i = x_i + K_i \cdot e_k + K_{cor} \cdot e_{lk} \\
e_k = I_{ref} - I_{feed}, e_{lk} = u_{lk} - u_k \\
u_k = x_i + K_P \cdot e_k \\
u_{lk} = \begin{cases}
u_{max}, u_k > u_{max} \\
u_k, u_{min} \leqslant u_k \leqslant u_{max} \\
u_{min}, u_k < u_{min}
\end{cases}
\end{cases}
\tag{5.24}
$$

式中　　I_{ref}—— 参考电流;

　　　　I_{feed}—— 反馈电流;

　　　　u_{max}, u_{min}—— 限定值;

　　　　e_{lk}—— 电流调节器输出。

电流环的作用是改造内环控制对象的传递函数,提高系统的快速性。引入电流环能及时抑制电流环内部的干扰,特别是反电势干扰,并限制最大电流,保障电机安全运行。

在电流环的基础上采用 PID 控制器设计关节力矩控制器,其方框图如图 5.11 所示,其中 τ_r 和 τ_{ext} 分别为关节的期望力矩和实际外力矩,τ_e 为关节力矩误差。

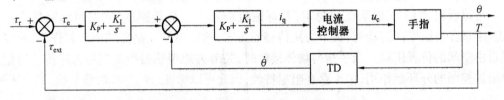

图 5.11　关节力矩控制方框图

5.2.4　基于自抗扰位置控制器的阻抗控制

应用自抗扰控制器设计位置控制器,并作为阻抗控制内环,实现了位置控制和阻抗控制的强鲁棒性。将自抗扰控制器引入到阻抗控制方法中,利用自抗扰控制器作为补偿器来消除力控制中产生的一些不确定因素,从而精确控制期望力,其控制框图如图 5.12 所示。控制假手手指包络一圆柱面物体,物体的位置可以在 3 个轴向方向调整。目标物体有不同半径的圆形表面,可以做不同半径抓取物体的实验。给定食指基关节目标角度为 60° → 110° →150° → 170° → 190° → 170° → 150° → 110° → 60°。在 140° 时,假手手指同目标物体发生触碰并形成包络。目标物体为铁质,支架刚度 K_d = 50 N/m。图 5.13 分别显示了位置曲线、力矩响应曲线及 ESO 输出曲线。手指与物体接触后(25 s 左右),力矩传感器的输出迅速变大。由于欠驱动手指的 3 个关节可以自动调整位置,手指力矩随期望位置而增大时,手指与物体接触表面发生滑动,所以造成基关节位置稍有变化。达到最大接触力矩后(图中 48 ~ 59 s),给定位置减小,接触力矩随之减小,直到手指与物体分离(80 s),由约束空间转为自由空间运动。

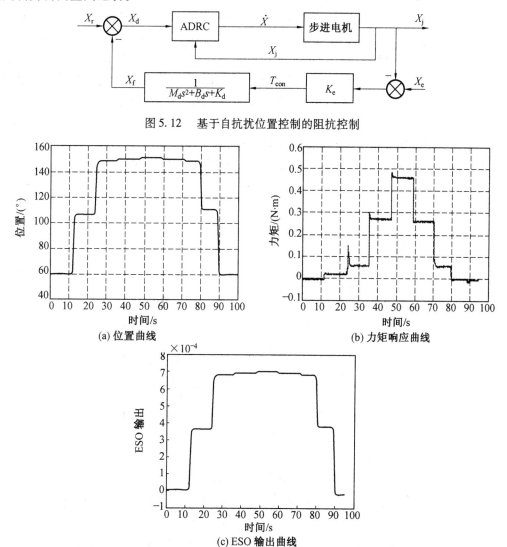

图 5.12　基于自抗扰位置控制的阻抗控制

(a) 位置曲线

(b) 力矩响应曲线

(c) ESO 输出曲线

图 5.13　基于自抗扰位置控制曲线的阻抗控制

5.3　自适应阻抗力跟踪控制

在环境模型不确切的情况下,假手手指同物体交互的过程将更加复杂。为了提高假手控制性能,研究了假手单指的阻抗力跟踪控制方法。首先,对笛卡尔空间基于位置的阻抗控制进行研究,针对其接触力控制精度差的问题进行研究,从引起接触力控制误差的多个方面入手提高控制的精度,通过引入间接自适应参数估计方法估计环境位置及刚度,以生成期望轨迹。针对假手的传感器配置设计了模糊 PD 位置控制器以提高位置控制精度,采用广义动量扰动观测器估计接触力,并通过实验验证上述控制方法的有效性。

5.3.1　环境接触模型

假手抓取物体时需要保证稳定性,因而对环境的动力学特性有必要的了解,按照对环境描述方法的不同可以将环境模型分为两类,即离散接触模型与连续接触模型。其中,连续接触模型建立接触力与环境的局部变形的函数关系,可以有效解决接触及冲击问题。环境接触模型主要包括弹簧阻尼模型、Hertz 模型及非线性阻尼模型。机器人与环境的接触模型如图 5.14 所示,如果将接触的合外力分解为沿接触点的法线及切线方向,则

$$F_e = F_n \boldsymbol{n} + F_t \boldsymbol{t} \tag{5.25}$$

式中　$\boldsymbol{n}, \boldsymbol{t}$——沿接触点的法向及切向单位向量。

在一维接触的情况下,将环境简化为线性弹簧模型,如图 5.14 所示,则接触力表示为

$$f_e = k_e(x_e - x) \tag{5.26}$$

式中　x_e——环境位置;

　　　x——实际位置;

　　　k_e——环境刚度。

切向力 F_t 通常用 Bristle 模型描述[15],由于该模型需要检测相对滑动速度,基于目前传感器配置无法实现,因而不予考虑。

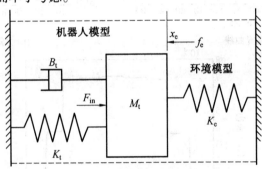

图 5.14　机器人与环境的接触模型

根据阻抗控制的原理,假手所受的外力与其位置偏差之间的关系可以用目标阻抗来描述。下面以 HITAPH Ⅳ 为例,由于假手各手指仅有一个自由度,因此在下面的推导中将矩阵形式简化成标量形式,且只考虑一维阻抗的情况。设定期望的惯量、阻尼及刚度分别为 m_t, b_t, k_t,则在笛卡尔坐标下,假手的阻抗控制规律表示为

$$m_t(\ddot{x} - \ddot{x}_t) + b_t(\dot{x} - \dot{x}_t) + k_t(x - x_t) = f \tag{5.27}$$

式中　x_t——期望位置。

当假手与环境交互时,二者构成一个耦合的二阶系统,联立式(5.26)及式(5.27)得耦合系统方程为

$$m_t \ddot{x} + b_t \dot{x} + (k_t + k_e)x = f \tag{5.28}$$

5.3.2 阻抗力跟踪

如前面章节所述,阻抗控制将约束及非约束方向的柔顺控制纳入统一的框架内,其核心思想在于通过将末端执行器建为质量 – 弹簧 – 阻尼系统来调节末端的动态响应。该控制器必须具有如下特性:

(1)能够接收上层控制器的输入并产生合适的控制力矩。

(2)能够在接触与非接触之间平滑过渡。

(3)能够适应不同的环境刚度。

(4)必须具有稳定性。

由于位置控制理论更为成熟、稳定,因此,基于位置的阻抗控制方法(PBIC)具有广泛的应用。按照位置控制器实现的方式不同,可以将基于位置的阻抗控制方法分为笛卡尔阻抗控制及关节空间阻抗控制,其控制结构分别如图 5.15 和图 5.16 所示。图中,Z_T 为期望的阻抗关系,由于实际系统中通常无法测量加速度信号,因此期望的阻抗关系通常设定为刚度以及阻尼;Z_r 为机器人的阻抗;x_t 为期望的笛卡尔位置;C_x 为笛卡尔位置控制器;J 为机器人雅克比矩阵。

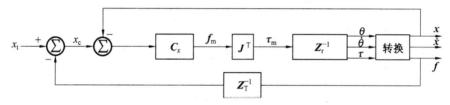

图 5.15 基于位置的笛卡尔空间阻抗控制

根据图 5.15 可以得到基于笛卡尔空间 PD 位置控制的阻抗控制律,即

$$\begin{cases} \boldsymbol{\tau}_m = \boldsymbol{J}^T(\theta)\left[k_p(\boldsymbol{x}_c - \boldsymbol{x}) + k_d(\dot{\boldsymbol{x}}_c - \dot{\boldsymbol{x}}) \right] \\ \boldsymbol{x}_c = \boldsymbol{x}_t - \dfrac{\boldsymbol{f}}{\boldsymbol{Z}_T} \end{cases} \tag{5.29}$$

基于位置的关节空间阻抗控制如图 5.16 所示,C_θ 为关节空间位置控制器。

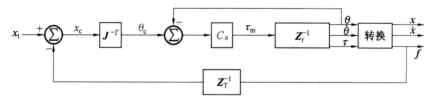

图 5.16 基于位置的关节空间阻抗控制

由于上述控制律都是通过调节末端位置与力之间的动态关系来间接控制接触力,因而无法实现接触力的直接控制,从而不具备约束空间的力跟踪能力。为了实现阻抗力跟踪,在式(5.27)的阻抗关系式引入参考力 f_t,得到新的阻抗关系模型为

$$m_t(\ddot{x} - \ddot{x}_t) + b_t(\dot{x} - \dot{x}_t) + k_t(-x_t) = f_t - f \tag{5.30}$$

通过式(5.26)表示出 x,代入式(5.30),则可以求解出稳态时的力跟踪误差为

$$e_{\text{fss}} = \frac{kk_{\text{e}}}{k + k_{\text{e}}}\left(\frac{f_{\text{t}}}{k_{\text{e}}} + x_{\text{e}} - x_{\text{t}}\right) \tag{5.31}$$

如果 e_{fss} 收敛到 0,则接触力最终将收敛到 f_{t}。因此可以通过实时修正参考轨迹 x_{t} 满足

$$x_{\text{t}} = \frac{f_{\text{t}}}{k_{\text{e}}} + x_{\text{e}} \tag{5.32}$$

采用间接自适应方法估计环境位置及刚度。实际应用中无法直接测量接触力 f,因此本书采用基于广义动量的扰动观测器加以估计[16]。该方法可以获得较高质量的力信号,从而有利于进一步提高控制精度。其控制框图如图 5.17 所示,其中 C_θ 为模糊 PD 位置控制器。

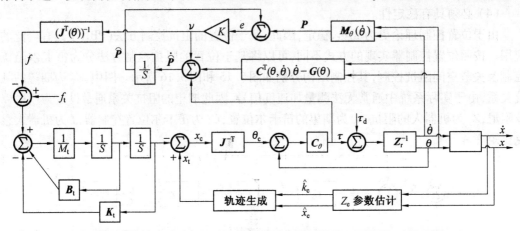

图 5.17　自适应阻抗力跟踪控制

5.3.3　广义动量扰动观测器

当假手与外界环境接触后,其动力学模型可以转化为

$$M(\theta)\ddot{\theta} + C(\theta,\dot{\theta})\dot{\theta} + G(\theta) = \tau + J^{\text{T}}(\theta)f \tag{5.33}$$

将 $J^{\text{T}}(\theta)f$ 定义为扰动力矩 τ_d,则式(5.33)可以转化为

$$M(\theta)\ddot{\theta} + C(\theta,\dot{\theta})\dot{\theta} + G(\theta) = \tau + \tau_{\text{d}} \tag{5.34}$$

定义假手系统的广义动量为

$$P = M(\theta)\dot{\theta} \tag{5.35}$$

对其求导可得

$$\dot{P} = M(\theta)\ddot{\theta} + \dot{M}(\theta)\dot{\theta} \tag{5.36}$$

将式(5.34)代入式(5.36),得

$$\dot{P} = \tau - C(\theta,\dot{\theta})\dot{\theta} - G(\theta) + \tau_{\text{d}} + \dot{M}(\theta)\dot{\theta} \tag{5.37}$$

实际应用中 $C(\theta,\dot{\theta})$ 通常满足关系

$$\dot{M}(\theta) = C(\theta,\dot{\theta}) + C^{\text{T}}(\theta,\dot{\theta}) \tag{5.38}$$

联立式(5.37)与式(5.38)可得

$$\dot{P} = \tau + C^{\text{T}}(\theta,\dot{\theta})\dot{\theta} - G(\theta) + \tau_{\text{d}} \tag{5.39}$$

至此,可以根据线性系统的方法设计关于广义动量 P 的观测器。假设 $\hat{P}$ 为 P 的估计,定义估计误差为

$$e = P - \hat{P} \tag{5.40}$$

广义动量估计的导数为

$$\dot{\hat{P}} = \tau + C^T(\boldsymbol{\theta},\dot{\boldsymbol{\theta}})\dot{\boldsymbol{\theta}} - G(\boldsymbol{\theta}) + K \cdot e \tag{5.41}$$

式中　　K——正实数增益对角阵,$K \cdot e$ 对应于 τ_d。

重新定义 $\boldsymbol{v} = K \cdot e$,得

$$\dot{\boldsymbol{v}} = K(\dot{P} - \dot{\hat{P}}) = K(\tau_d - \boldsymbol{v}) \tag{5.42}$$

将式(5.42)转化到拉式空间,得

$$V(s) = \frac{K}{s + K} T_d(s) \tag{5.43}$$

$\boldsymbol{v}$ 实际为 τ_d 经过一阶低通滤波后得到,对式(5.41)积分,假设为零初始条件,得

$$\boldsymbol{v} = K(P - \hat{P}) = K\left\{P - \int_0^t \left[\tau + C^T(\boldsymbol{\theta},\dot{\boldsymbol{\theta}})\dot{\boldsymbol{\theta}} - G(\boldsymbol{\theta}) + \boldsymbol{v}\right]dt\right\} \tag{5.44}$$

当需要得到精确的估计值时,K 通常取较大的数值,但由于实际中测得的力矩信号具有较大的噪声,因此 K 通常取较小的数值,也能够提高控制系统的响应速度。最终可得 f 为

$$f = \left[J^T(\boldsymbol{\theta})\right]^{-1} \boldsymbol{v} \tag{5.45}$$

5.3.4　动力学参数的等效转化

通过对动力学分析可知,动力学模型具有较为复杂的结构,相对于采用的 DSP 的计算性能,难以实时运算,需要对动力学参数加以转化。以惯性参数 $M(\boldsymbol{\theta})$ 的转化方法为例,结合 HITAPH Ⅳ 手指机构的特点,采用等效转动惯量的方法,其基本思想是手指机构的动能与等效后的手指动力学模型相等[17]。根据杆件质心的位置矢量方程式及其变分式,可以得到矩阵

$$[\delta r_G]_5 = A_5^5 [\delta \varphi]_5 \tag{5.46}$$

式中　　δr_G——杆件质心的位置矢量,$[\delta r_G]_5 = (\delta r_{G1} \quad \delta r_{G2} \quad \delta r_{G3} \quad \delta r_{G4} \quad \delta r_{G5})^T$;

$\delta \varphi$——杆件与 x 轴的夹角,$[\delta \varphi]_5 = (\delta \varphi_1 \quad \delta \varphi_2 \quad \delta \varphi_3 \quad \delta \varphi_4 \quad \delta \varphi_5)^T$;

A_5^5——杆件质心关于 φ 的雅克比矩阵。

连杆机构的位移约束方程为

$$\begin{cases} l_2\cos(\varphi_1) + l_4\cos(\varphi_3) - l_3\cos(\varphi_2) + x_A - x_B = 0 \\ l_2\sin(\varphi_1) + l_4\sin(\varphi_3) - l_3\sin(\varphi_2) + y_A - y_B = 0 \\ l_8\cos(\theta_2 - \varphi_3) + l_6\cos(\varphi_5) - l_5\cos(\theta_1 - \varphi_1) - l_7\cos(\varphi_4) = 0 \\ l_8\sin(\theta_2 - \varphi_3) + l_6\sin(\varphi_5) - l_5\sin(\theta_1 - \varphi_1) - l_7\sin(\varphi_4) = 0 \end{cases} \tag{5.47}$$

对式(5.47)取变分并写成矩阵的形式为

$$B_4\delta\varphi_1 + B_4^4 [\delta\varphi_2 \quad \delta\varphi_3 \quad \delta\varphi_4 \quad \delta\varphi_5]^T = 0_4 \tag{5.48}$$

通过式(5.48)中的参数 B_4 及 B_4^4 可以计算出 E_4 为

$$E_4 = -(B_4^4)^{-1} B_4 \qquad (5.49)$$

进一步可以得到

$$E_5 = \begin{pmatrix} 1 \\ E_4 \end{pmatrix}, E^5 = (E_5)^{\mathrm{T}} \qquad (5.50)$$

定义各杆件的质量以及转动惯量为

$$\boldsymbol{\Lambda}_{\mathrm{m}} = \mathbf{diag}(m_{G1} \quad m_{G2} \quad m_{G3} \quad m_{G4} \quad m_{G5}) \qquad (5.51)$$

$$\boldsymbol{\Lambda}_{\mathrm{J}} = \mathbf{diag}(J_{G1} \quad J_{G2} \quad J_{G3} \quad J_{G4} \quad J_{G5}) \qquad (5.52)$$

综上,可以得到等效转动惯量为

$$d(t) = J_{\mathrm{eq}} = E^5 \cdot (A_5^5)^{\mathrm{T}} \boldsymbol{\Lambda}_m A_5^5 \cdot E_5 + E^5 \boldsymbol{\Lambda}_{\mathrm{J}} E_5 \qquad (5.53)$$

5.3.5　间接自适应参数估计

为了估计环境的位置及刚度,采用文献[18]提出的间接自适应估计方法。根据式(5.26)估计的环境作用力为

$$\hat{f}_e = \hat{k}_e(\hat{x}_e - x) \qquad (5.54)$$

联立式(5.26)及式(5.54)可以得到环境作用力的误差为

$$e_{\mathrm{f}} = \hat{f}_e - f_e = [-x, 1] \begin{bmatrix} \hat{k}_e - k_e \\ \hat{k}_e \hat{x}_e - k_e x_e \end{bmatrix} \qquad (5.55)$$

如果能够设计自适应率使得当 $t \rightarrow \infty$ 时,$e_{\mathrm{f}} = 0$。此时可以保证 $\hat{k}_e \rightarrow k_e$ 及 $\hat{x}_e \rightarrow x_e$。为实现上述目标,首先定义 η_e 及 k_x 具有如下形式:

$$\begin{cases} \boldsymbol{\eta}_e = [k_e, k_e x_e]^{\mathrm{T}} \\ k_x = k_e x_e \end{cases} \qquad (5.56)$$

根据式(5.56)可以得到 η_e 的估计值 $\hat{\boldsymbol{\eta}}_e$ 为

$$\hat{\boldsymbol{\eta}}_e = [\hat{k}_e, \hat{k}_e \hat{x}_e]^{\mathrm{T}} \qquad (5.57)$$

根据式(5.56)及式(5.57)可以将式(5.55)表示为

$$\begin{cases} \boldsymbol{e}_{\mathrm{f}} = [-x, 1]\tilde{\boldsymbol{\eta}}_e \\ \tilde{\boldsymbol{\eta}}_e = \hat{\boldsymbol{\eta}}_e - \boldsymbol{\eta}_e \end{cases} \qquad (5.58)$$

定义李雅普诺夫函数为

$$V_e = \frac{1}{2} \tilde{\boldsymbol{\eta}}_e^{\mathrm{T}} \boldsymbol{\Gamma}_e \tilde{\boldsymbol{\eta}}_e \qquad (5.59)$$

式中　　$\boldsymbol{\Gamma}_e$——实对称正定矩阵,$\boldsymbol{\Gamma}_e = \mathbf{diag}[\gamma_{e1}, \gamma_{e2}]$;

　　　　η_e——常数。

对式(5.59)微分可得

$$\dot{V}_e = \tilde{\boldsymbol{\eta}}_e^{\mathrm{T}} \boldsymbol{\Gamma}_e \dot{\hat{\boldsymbol{\eta}}}_e \qquad (5.60)$$

定义自适应率的形式为

$$\dot{\hat{\boldsymbol{\eta}}}_e = -\boldsymbol{\Gamma}_e^{-1}\left[-x,1\right]^T e_f \tag{5.61}$$

可以得到李雅普诺夫函数的导数满足 $\dot{V}_e = -(\hat{f}_e - f_e)^2 \leqslant 0$，至此可以得到环境参数估计的自适应率为

$$\begin{cases} \dot{\hat{k}}_e = \gamma_{e1}(\hat{f}_e - f_e) \\ \dot{\hat{x}}_e = \dfrac{\hat{f}_e - f_e}{\hat{k}_e}(-\gamma_{e2} - \gamma_{e1}x\hat{x}_e) \end{cases} \tag{5.62}$$

5.3.6　模糊 PD 位置控制器

在抓取操作过程中需要确保手指到达预定的位置后施加期望的接触力。相对于笛卡尔空间，基于关节空间的位置控制具有实时计算量小、算法简单的优点，因而采用关节空间的位置控制。关节期望位置根据三次多项式路径插补算法规划[19]。

关节位置的测量误差将直接决定指尖误差的大小，绝对位置传感器的理论测量精度为 ±1°，但芯片与磁钢的对中精度会导致其测量精度下降。相比较而言，由于霍尔传感器直接集成在电机后部，因此，在分辨率一定时，其测量精度更高。为了提高关节位置的测量精度，采用如图 5.18 所示的低通滤波器对绝对位置传感器信号进行滤波，其截止频率的大小正比于 K。以霍尔位置作为前馈信号，通过调节 K 值的大小，得到不同质量的滤波信号，此外，反馈环的存在保证了滤波后的位置信号最终收敛到真实信号值。

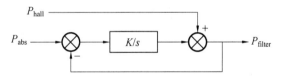

图 5.18　绝对位置信号融合方法

滤波后的绝对位置信号 P_{filter} 如图 5.19 所示。图中，P_{hall} 为电机霍尔信号；P_{abs} 为关节绝对位置信号，当 K 值由 0.1 减小到 0.001 时，滤波后的信号越来越接近电机霍尔信号。综合考虑机构误差及位置信号的线性度，现选取 K 值为 0.1。

由于假手具有 5 个手指，且各手指的驱动元件及执行机构均相同，但由于加工及装配的误差会造成各手指系统状态参数的差异，如果采用常规的增量式或是全量式 PID 控制及参数整定方法，各手指需要分别调参，较为烦琐；此外，在假手的操作工程中随着手指的弯曲其动力学参数会发生变化，且手指弯曲到不同位置时，关节阻尼也会发生变化，如果能够对 PID 参数进行实时自动调整，将极大地提高控制系统的品质。因此，利用模糊 PD 对系统参数变化鲁棒性强的特点，设计了基于模糊 PD 的手指基关节位置控制方法。

模糊 PD 以位置误差 e 及误差的变化 e_c 作为输入，k_p，k_d 的变化作为输出，通过检测 e 和 e_c，根据模糊推理规则对 k_p，k_d 进行实时调整，以使被控对象具有良好的动、静态性能。控制器结构如图 5.20 所示。

PD 参数的整定必须考虑各参数的作用及相互之间的关系，建立模糊推理规则如下：R_l：

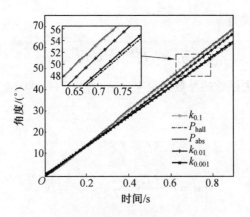

图 5.19　绝对位置信号补偿

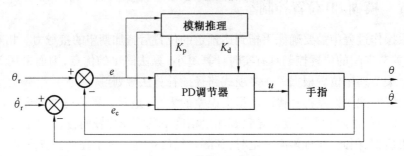

图 5.20　模糊 PD 控制

if e is A_l and e_c is B_l, then $k_{(p,d)}$ is U_l。其中,$l \in [1, n]$,n 为模糊规则的总数;A 为 e 的模糊集;B 为 e_c 的模糊集,推理规则采用文献[21] 方法的确定。

　　关节角度误差 e 及角速度误差 e_c 的模糊子集均为 $\{NB, NM, NS, O, PS, PM, PB\}$,论域为 $\{-3, -2, -1\ 0, 1, 2, 3\}$,采用三角形隶属度函数。$k_p, k_d$ 的模糊推理输出曲面如图 5.21 所示。

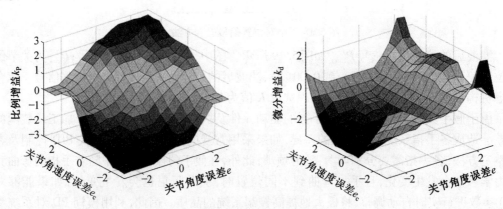

图 5.21　模糊推理输出曲面

5.4　假手控制实验

5.4.1　轨迹跟踪实验

轨迹跟踪试验曲线如图 5.22 所示,其中规划轨迹为虚线,实际轨迹为实线。手指基关节在 0 ~ 1.2 s 加速运动,在 1.2 ~ 1.88 s 静止,在 1.88 ~ 3.08 s 减速运动,3.08 ~ 3.6 s 静止。基关节的运动范围为 0 ~ 50°。

由图 5.22 可见,模糊 PD 可以很好地实现基关节的位置跟踪,整个运动过程中的关节位置误差最大约为 0.2°,转换到笛卡尔空间得到指尖处误差为 0.5 mm,满足假手的位置控制要求。通过正运动学分析可知基关节角度与指尖位置存在唯一的对应关系,已知指尖在笛卡尔空间轨迹,可以通过逆运动学的解算得到关节的位置,通过上述控制算法得到较为准确的指尖位置。

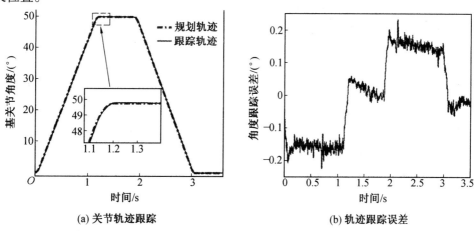

(a) 关节轨迹跟踪　　　　　　　　　(b) 轨迹跟踪误差

图 5.22　模糊 PD 轨迹跟踪

基关节速度的对比如图 5.23(a) 所示,其中速度信号为直接微分所得,具有一定的噪声,可采用前述追踪微分器进一步提高精度。模糊 PD 的增益变化如图 5.23(b) 所示。由此可以看出,不同时刻随系统阻尼的变化增益参数可以自适应调整。

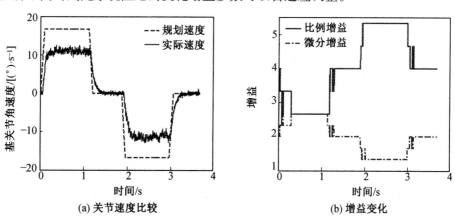

(a) 关节速度比较　　　　　　　　　(b) 增益变化

图 5.23　模糊 PD 参数变化

5.4.2　阻抗控制实验

为了验证上述算法的效果,搭建了假手手指控制验证平台,包括 HITAPH Ⅳ 假手、PC 机、直流电源、仿真器及物体(凸轮)等,如图 5.24 所示。

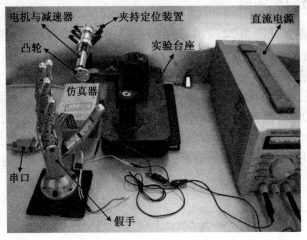

图 5.24　实验装置

实验台位置固定,其上有 6 个点夹持定位装置,通过 6 个螺钉夹紧。实验物体可以根据目的更换,本书实验 1 中采用铸铁块,实验 2 采用横截面为 3 × 3 硬塑料块,实验 3 采用横截面为 3 × 3 的软塑料块,实验 4 采用电机 + 凸轮装置。实验 4 中的电机 + 凸轮装置用于主动改变指尖接触点的位置。需要用到软件平台为基于 CCS 的控制平台、嵌入式 C 算法。仿真器用于将 CCS 中的程序下载到假手的 DSP 控制板中,假手的力矩和位置信息通过串口传输到 PC 机。

在位置控制的基础上,利用图 5.16 关节空间阻抗控制律进行阻抗控制实验。图 5.25 为 PBIC 控制方法在期望刚度不变而阻尼变化的情况下的位置及力矩响应。

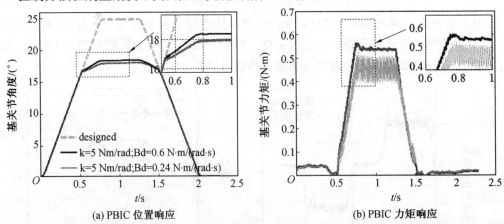

(a) PBIC 位置响应　　　　　　　　(b) PBIC 力矩响应

图 5.25　常规 PBIC 实验结果

假手基关节转动到 17° 左右时与物体接触,接触后的轨迹偏离期望轨迹,由于位置偏差产生接触力,其大小随期望阻抗参数的变化而变化。在 1.7 s 左右手指与物体脱离接触,手指能够很好地跟踪期望轨迹。由力矩的响应曲线可以看出,在同样的期望刚度下,当期望的阻尼系数为 0.24 N·m/(rad·s) 时接触力震荡剧烈,这主要在于此时环境与手指之间的动态关系中刚度项起主导作用,随阻尼系数的增大震荡趋于稳定,但系统的响应速度变慢,同时还可以看出随着期望阻抗参数的变化,接触力的大小也发生变化,因而,通常的阻抗控制方法不具备对接触力的跟踪性能。

5.4.3　自适应阻抗力跟踪控制实验

根据阻抗力跟踪算法,进行了手指接触不同硬度物体的实验(此时的接触力通过静力学关系转化得到),期望的接触力为 5 N。图 5.26 为指尖接触较硬的物体时的位置以及接触力响应通过图 5.26(a) 位置响应可以看出,实际的指尖位置要"侵入"环境位置大约 3 mm,根据环境模型(5.26)可知二者之间会一直保持接触,期望的指尖位置与实际的指尖位置具有很小的误差,根据阻抗关系式(5.30)可知,接触力收敛于期望力。通过图 5.26(b) 可以看出,在稳态时接触力能够较好地跟踪期望力。

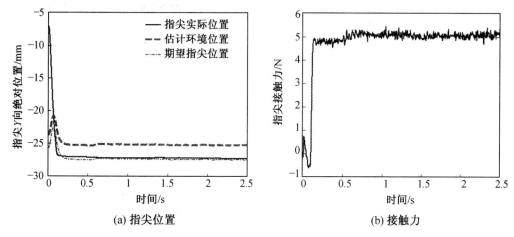

图 5.26　指尖接触较硬的物体时的位置以及接触力响应

图 5.27 为自适应阻抗控制下指尖接触柔软的塑料块时的位置及接触力响应。不难看出,由于实际位置与期望位置之间存在较大偏差,因此,期望力与接触力之间有大约有 0.5 N 的误差,上述误差与环境参数的估计偏差有关,也与接触力的计算、扰动及噪声有关。

为了验证加入动量扰动观测器后的阻抗力跟踪效果,重复上述两个步骤,让手指接触不同硬度的物体,为了便于比较,将两种情况下的实验曲线综合在同一个坐标系中,如图 5.28 所示。在 1 ～ 2.7 s,左右手指接触较硬的物体,2.7 s 之后为手指接触较软的物体。实际接触力均能较好地跟踪期望的参考力。

继续进行在环境位置变化情况下的阻抗力跟踪实验。当手指与凸轮接触后,通过电机带动凸轮,使手指沿凸轮的外表面划过,实验结果如图 5.29 所示。通过位置变化曲线可以看出,在 1.5 s 之前手指与物体之间保持相对静止,能够较好地跟踪期望的接触力;在 1.5 ～ 3.3 s 二者相对滑动并保持接触,此时力跟踪效果变差;在脱离接触之前,抖动变大。尤其是在物体与手指脱离时,由于手指的工作空间无法达到凸轮的后半部,指尖位置在短时间内产生较大变化,引起一定的冲击,凸轮转动停止后很快恢复对期望接触力的跟踪。

由实验可以看出上述算法仍然存在局限性,对于恒定期望力以及环境位置固定不变的

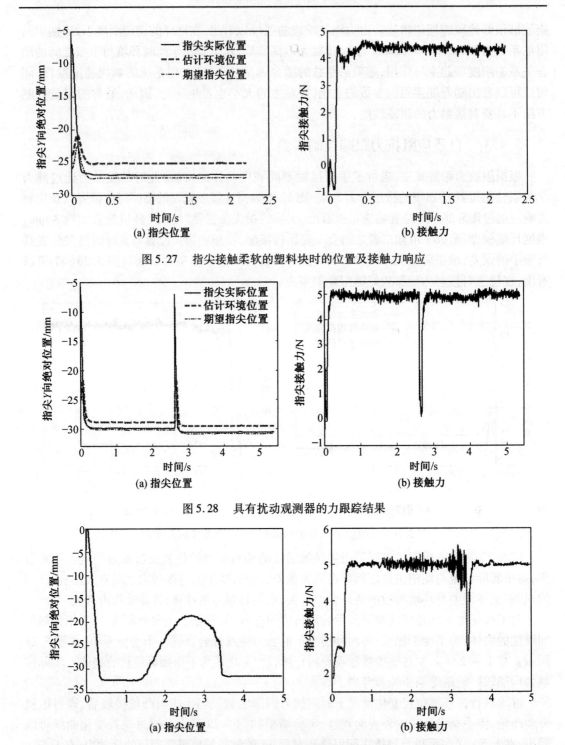

图 5.27　指尖接触柔软的塑料块时的位置及接触力响应

图 5.28　具有扰动观测器的力跟踪结果

图 5.29　环境位置改变时的恒力跟踪结果

情况较为有效,但当环境位置变化或是期望力连续变化时就不具备良好的力跟踪性能,此时,需要在控制律中对环境位置的变化加以补偿,以期达到更好的控制效果。

知识拓展

假手的基本任务是代替人手进行抓取任务,在抓取时假手通过控制各个手指的位置和抓取力来实现对物体的稳定抓取。假手是一个串并联混合机器人,每个手指均相当于一个独立的串联机器人,多个手指并联安装在手掌上。假手采用位置控制可以实现对物体的抓取操作,但是位置控制不能确定各个手指对物体接触力的大小,容易造成接触脱离或者因为接触力过大而破坏物体。因此,假手需要对各个手指进行精确的力控制以保证抓取的成功率。

为了避免由于手指与物体冲击过大而造成抓取失败,假手各个手指需要具有一定的柔顺性。实现串联机器人的柔顺性主要分为主动柔顺和被动柔顺[22]。其中,为了实现被动柔顺需要机器人的结构具有柔性或者借助附加的柔顺装置,而主动柔顺可以通过自身传感器配置结合使用一些控制策略使得整个机器人表现出柔顺性能。

主动柔顺控制策略主要包括混合位置／力控制[23]和阻抗控制。研究发现,混合位置／力控制方法需要在自由空间采用高增益来实现位置控制,而在约束空间机器人采用较低的刚度保持与环境的柔顺性,这在机器人与环境接触的过程中需要位置控制和力控制的切换,容易引起系统的不稳定[24]。Hogan 于 1985 年提出了阻抗控制[25]的概念,在力和位置之间建立了一种期望阻抗关系,通过"目标阻抗"调整机器人的性能,实现了自由空间的位置控制以及在约束空间的柔顺性能,同时给出阻抗参数的选择方法,指出了目标阻抗依赖于任务进行相应的选择,并且应该随着机器人接触环境的不同而改变。Hogan 指出机器人与接触环境之间要具有互补特性,机器人和环境一方表现阻抗特性时,另一方需要具有导纳特性。例如,需要较高的位置控制精度时,阻抗参数的选择应该使机器人具有较大的刚度;而机器人需要接触刚性较大的环境时,阻抗参数的选择应该使机器人具有较大柔顺性以保证与环境的接触稳定性。

业已研究的阻抗控制方法,按照实现目标阻抗方式的不同主要分为两类,即基于位置的阻抗控制[26]和基于力的阻抗控制[27]。基于位置的阻抗控制如图 5.30 所示,主要包括位置控制内环和阻抗控制外环,阻抗控制外环根据预设的阻抗关系通过力矩传感器反馈的接触力信息计算出位置修正量;位置控制内环以期望位置和阻抗控制外环计算出的位置修正量为输入控制机器人运动实现阻抗控制。基于力的阻抗控制如图 5.31 所示,主要包括力控制内环和阻抗控制外环,阻抗控制外环根据预设的阻抗关系通过力矩传感器反馈的接触力信息计算出力信息后输入到力控制内环实现阻抗控制。基于位置的阻抗控制可以实现机器人稳定的高刚度控制,但是不能实现非常"软"的目标阻抗;基于力的阻抗控制可以实现机器人具有非常"软"的目标阻抗,并且在理想条件下机器人可以实现"零力"控制,但是很难实现机器人具有稳定的高刚度控制。由于基于力的阻抗控制采用力控制内环,力矩传感器的噪声对机器人控制性能影响较大,在实际应用中,基于位置的阻抗控制相对基于力的阻抗控制具有较好的稳定性,应用也相对较多。

多指手在对物体进行操作时,往往根据抓取规划得到的抓取力,对物体施加指定的力。而阻抗控制是通过调整参考位置间接地实现力控制的,虽然提供了一种手指从自由空间到约束空间连续的平稳转换控制方法,但这种阻抗策略由于没有引入参考力矩,没有力跟踪能

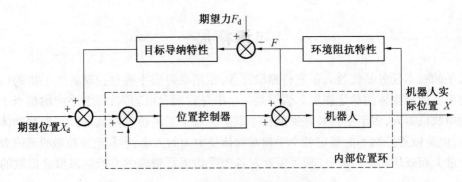

图 5.30　基于位置的阻抗控制策略

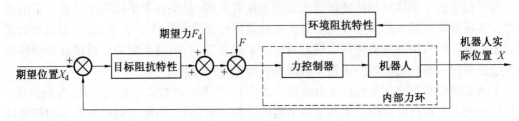

图 5.31　基于力的阻抗控制策略

力,无法实现对接触力大小的精确控制,从而不能满足抓取的稳定性要求,甚至抓不住物体。为了解决阻抗控制中的力跟踪问题,文献[28]将参考力跟踪误差引入阻抗控制,将阻抗控制中的参考位置表示为力误差的函数,采用直接自适应方法实现了力跟踪。同时研究了采用间接自适应方法实时地对环境参数进行估计,通过估计环境参数信息对阻抗控制的期望位置进行调整实现力跟踪。文献[29]将环境模型建立为质量、弹簧、阻尼模型,通过双线性变换把机器人与环境的作用力变换到时域中,采用递归最小二乘法估计环境信息进而实现阻抗力跟踪控制。文献[30]将环境模型建立为弹簧、阻尼模型,将机器人的目标阻抗表示为参考模型,采用模型参考自适应方法实时估计环境刚度和阻尼性,通过调整目标阻抗实现阻抗力跟踪控制。Jung 等人[31]为了解决阻抗控制中的力跟踪问题,提出了一种参考轨迹生成的方法,可以适用于环境位置信息未知的情况,采用机器人末端执行器的力和位置信息的函数近似代替环境的刚度,通过力传感器和位置传感器的信息反馈实时地对参考轨迹进行修正,实现阻抗力跟踪控制。文献[32]和[33]将神经网络算法应用于力跟踪阻抗控制,针对机器人在自由空间和约束空间分别通过神经网络信息环境位置和刚度信息的不确定性,实现阻抗力跟踪控制。由于以上控制方法没有考虑期望阻抗的弹性项,忽略了机器人与环境接触时的位置误差,机器人与刚性环境接触时容易引起系统的不稳定。多指手通常采用数字控制系统,直接将模拟控制方法应用于数字系统,数字系统的计算延迟将引起系统的不稳定[34]。文献[35]提出了一种联合离散自适应控制器和离散阻抗动态轨迹生成器的控制构架。文献[36]提出了一种离散自适应滑模阻抗控制应用于压电记忆合金驱动的微型钳子。

随着机器人技术及新型人机交互技术的发展,机器人与人之间的距离越来越近。传统刚性机器人容易对人体造成潜在损害[37],将不再适用仿生假肢等康复机器人的应用场景。采用被动元件柔顺或者主动控制柔顺的"柔性"机器人[38]成为今后机器人发展的一大方向,如德国宇航中心研制的一种新型 Hand – ARM System[39]。

本章小结

本章讨论了仿人型假手手指的位置控制、柔顺控制以及自适应阻抗力跟踪控制方法。针对步进电机控制系统非线性等问题,引入了自抗扰控制器提高位置控制的精度;针对假手与物体之间的动态交互问题,引入了阻抗控制提高交互过程中柔顺性;针对阻抗控制方法不具备接触力跟踪的问题,引入了间接自适应估计方法,通过估计的环境位置以及刚度实时修正期望轨迹;针对假手不具备直接接触力测量的问题,引入广义动量扰动观测器,通过基关节的力矩传感器来估计笛卡尔空间接触力,同时对其进行低通滤波,提高力信号的质量。通过假手接触不同硬度物体的实验表明,基于扰动观测器的自适应阻抗力跟踪方法对恒定接触力具有较好的力跟踪效果。

参考文献

[1] 梅生伟,申铁龙,刘康志. 现代鲁棒控制理论与应用[M]. 北京:清华大学出版社,2003.

[2] 高为炳. 变结构控制理论及其设计方法[M]. 北京:科学出版社,1996:10-50,278-299.

[3] 韩京清,王伟. 非线性跟踪-微分器[J]. 系统科学与数学, 1994,14(2):177-183.

[4] 韩京清. 一类不确定对象的扩张状态观测器[J]. 控制与决策,1995,24(6):353-363.

[5] 韩京清. 非线性状态误差反馈律——NLSEF[J]. 控制与决策, 1995,10(3): 221-225.

[6] 韩京清. 自抗扰控制器及其应用[J]. 控制与决策, 1998,13(1):19-23.

[7] 黄焕袍,万晖,韩京清. 安排过渡过程是提高闭环系统"鲁棒性、适应性和稳定性"的一种有效方法[J]. 控制理论与应用,2001,18:89-94.

[8] HAN J Q. State feedback-a method of system identification[J]. Control and Decision,1900, 5(1):13-17.

[9] HAN Y H, JING Q. Analysis and design for the second order nonlinear continuous extended states observer[J]. Chinese Science Bulletin, 2000,45(21):1938-1944.

[10] 黄一,韩京清. 非线性连续二阶扩张状态观测器的分析和设计[J]. 科学通报, 2000, 45(13):1373-1379.

[11] 韩京清. 自抗扰控制器及其应用[J]. 控制与决策, 1998,13(1):19-23.

[12] WHITNEY D E, ROURKE J M. Mechanical behaviour and design equations for elastomer shear pad remote center compliance[J]. ASME Journal of Dynamic Systems, Measurement and Control,1986(108):223-232.

[13] HOGAN N. Impedance control: an approach to manipulator: Part I, II, and III[J]. Transactions of the ASME Journal of Dynamic Systems, Measurement, and Control,1985, 107:1-24.

[14] SURDILOVIC D. Contact dtability issues in position based impedance control: theory and experiments[C]. Minneapolis:Proceedings of the 1996 IEEE International Conference on Robotics and Automation, 1996:1675-1680.

[15] SURDILOVIC D. Robust robot compliant motion control using intelligent adaptive imped-

ance approach［C］. Michigan：Proc. of IEEE Int. Conf. on Robotics and Automation,
1999：2128-2133.

［16］STRONGEW J. Unraveling paradoxical theories for rigid body collisions［J］. Journal of Applied Mechanics,1991,58(4)：1049-1055.

［17］De LUCA A, MATTONE R. Actuator failure detection and isolation using generalized moment［C］. Taipei：Proceedings of the IEEE International Conference on Robotics and Automation,2003：634-639.

［18］曲秀全. 基于 MATLAB/Simulink 平面连杆机构的动态仿真［M］. 哈尔滨：哈尔滨工业大学出版社,2007：24-38.

［19］TZAFESTAS C S, MSIRDI N K, MANAMANI N. Adaptive impedance control applied to apneumatic legged robot［J］. The International Journal of Robotics Research,1997,20(2-4)：105-129.

［20］理查德 P 保罗. 机器人操作手：数学、编程和控制［M］. 郑时雄, 谢存禧,译. 北京：机械工业出版社,1991：130-134.

［21］LIU J K. Advanced PID control algorithm and MATLAB simulation［M］. Beijing：Electronics Industry Press,2002：68-70.

［22］VUKOBRATOVIC M,TUNESKI A. Contact control concepts in manipulation roboticsan overview［J］. IEEE Transactions on Industrial Electronics, 1994, 41(2)：12-24.

［23］KUMAR N,PANWAR V,SUKAVANAM N,et al. Neural network based hybrid force/position control for robot manipulators［J］. International Journal of Precision Engineering and Manufacturing, 2011, 12(3)：419-426.

［24］CHIAVERINI S , SCIAVICCO L. The parallel spproach to gorce/position control of robotic manipulators［J］. IEEE Transactions on Robotics and Automation, 1993, 9(2)：361-373.

［25］HOGAN N. Impedance control：an approach to manipulation：PartsI−III［J］. ASME Journal of Dynamic System, Measurement and Control,1985,107(11)：1-24.

［26］LAN T,LIU Y W,JIN M H,et al. DSP FPGA-based joint impedance controller for DLR/HIT dexterous robot hand［C］// Proceedings of the IEEE/ASME International Conference on Advanced Intelligent Mechatronics, AIM. Singapore：IEEE, 2009：1594-1599.

［27］BONITZ R,HSIA T. Internal force-based impedance control for cooperating manipulators ［J］. IEEE Transactions on Robotics and Automation,1996(1)：20.

［28］SERAJI H, COLBAUGH R. Force tracking in impedance control［J］. The International Journal of Robotics Research, 1997, 16(1)：97-117.

［29］LOVE L J, BOOK W J. Environment estimation for enhanced impedance control［J］. Nagoya：Proceedings of IEEE International Conference on Robotics and Automation, 1995, 2：1854-1859.

［30］SINGH S,POPA D. An analysis of some fundamental problems in adaptive control of force and impedance behavior：Theory and experiments［J］. IEEE Transactions on Robotics and Automation,1995, 11(6)：912-921.

［31］JUNG S,HSIA T C. Robust neural force control scheme under unertainties in robot dynamics

and unknown enviroment[J]. IEEE Transactions on Industrial Electronics,2000,47(2):
403-412.

[32]JUNG S, HSIA T C. Neural network impedance force control of robot manipulator[J]. IEEE
Transactions on Industrial Electronics, 1998, 45(3): 451-461.

[33]JUNG S,HSIA T C. Reference compensation technique of neural force tracking impedance
control for robot manipulators[C]//Proceedings of the 8th World Congress on Intelligent
Control and Automation. Piscataway:IEEE, 2010: 650-655.

[34]REDDY A N,MAHESHWARI N,SAHU D K, et al. Ananthasuresh, miniature compliant
grippers with vision-based force sensing[J]. IEEE Transactions on Robotic,2010, 26(5):
867-877.

[35]CHEN S,HARWIN W,RAHMAN T. The application of discrete-time adaptive impedance
control to rehabilitation robot manipulators[C]// Proceedings of the IEEE International
Conference on Robotic and Automation. San Diego:IEEE, 1994, 1: 636-642.

[36]XU Q. Adaptive discrete-time sliding mode impedance control of a piezoelectric microgrip-
per[J]. IEEE Transactions on Robotics, 2013, 29:663-673.

[37]WOODMAN R, WINFIELD A F T,HARPER C,et al. Building safer robots: safety driven
control[J]. The International Journal of Robotics Research, 2012,31: 1603-1626.

[38]ALBU-SCHAFFER A, EIBERGER O, GREBENSTEINM,et al. Soft robotics-from torque
feedback-controlled lightweight robots to intrinsically compliant systems[J]. IEEE Robotics
& Automation Magazine,2008,15:20-30.

[39]GREBENSTEIN M,CHALON M,FRIEDL W,et al. The hand of the DLR hand arm system:
designed for interaction[J]. The International Journal of Robotics Research,2012,31:1531-
1555.

第6章 假手生机交互——姿态控制

本章要点:仿人型假手不但需要能稳定地抓取各种物品,而且要求能快速地遵循人的控制意图进行多种动作,这就需要一种能实时转换人手手指姿态的肌电控制方法。研究表明,使用稳态肌电信号能够成功识别多种手指姿态。借助于分类器的泛化性能,能较好地处理不同姿态发起时的复杂特征,有利于假手的实时姿态控制。然而,由于人手自由度较多,姿态模式琳琅满目,仅靠几枚表面肌肤电极很难全部识别。另外,使用稳态肌电信号容易造成动作发起以及转换状态之间的模式错分,需要采用合适的算法来消除这些不确定模式的影响。本章首先对人手进行合理的自由度分配及姿态规划,然后分析不同姿态下的肌电模式,最后基于模式识别算法实现假手的动作模式控制。

6.1 手部姿态的规划

人手作为人同外界进行实体交互的介质,经历了漫长的进化过程。仿人型灵巧手 Stanford/J PL,Utah/ MIT,NASA Robonaut,DLR hand 等均具有同真实人手相类似的结构,但无论是在体积、质量还是灵巧程度上,都还不能与人手相媲美。特别地,针对残疾人应用,仿人型假手要求体积小、质量轻、控制方法简单,并且能够完成一些基本操作以辅助残疾人的日常生活。这就需要对人手自由度进行合理简化,并借助于先进的机械设计方法来实现。从控制角度出发,新型仿人型假手的肌电控制同样需要对人手的自由度进行重新配置,以便更好地利用肌电信号所蕴含的信息。对人手的自由度进行重新配置及适当简化,规定所能实施的动作及姿态,是实现多自由度假手控制的有效途径。

6.1.1 正常人手的自由度

第2章详细讨论了人手的骨骼解剖学结构。仿人型假手的关节设计普遍采用如图 6.1 所示的健康人手关节分布作为模板。图 6.1 中,每个手指均由 3 个关节及 3 个指节组成。除拇指外,其余 4 指均由远指节、中指节及近指节构成,而指节之间的关节则命名为远指关节(DIP)、近指关节(PIP)及掌指关节(MCP)。拇指没有中指节,但是其掌骨能够脱离其他4 指的掌骨单独运动,具有很好的灵活性。

普遍认为,人手手指的掌指关节具有两个自由度以完成侧摆和弯曲/伸展运动,拇指的腕掌关节同样具有两自由度以完成外展/内收和弯曲/伸展运动[1]。因此,正常人手可以用21 个自由度来进行描述(不包括腕部)。如此多的自由度保证了人手同外界环境进行良好的交互,但这种交互并不需要操作者付出较大的心理关注。

6.1.2 人手自由度简化及模式规划

目前,采用表面肌电信号(Surface Electromyography,sEMG)还不能对人手全部自由度进

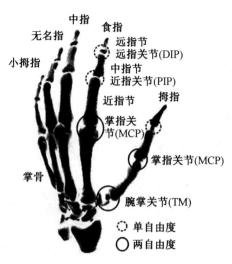

图 6.1　人手关节及自由度分布

行单独的控制。仅以拇指为例,如果其 5 个自由度全部按照伸展、放松以及弯曲的 3 种姿态来计算,则仅拇指总共有 $3^5=243$ 个姿态。显然,采用肌电信号来识别这些姿态是不切实际的,必须对人手自由度进行大幅简化。

　　首先,由于很难分辨中指、无名指及小指动作时所各自对应的肌肉(指总伸肌与指浅屈肌),而一般表面肌肤电极尺寸较大,不能实现精确的肌肉定位,因此移除无名指及小拇指的自由度,采用了拇指、食指及中指的 3 指手联动方案。这种"3 指手"的配置方式业已被许多机器人手设计所采纳,如 RTR Ⅰ,RTR Ⅱ,Okada Hand[2], Stanford/JPL Hand[3] 以及 UB Hand Ⅱ[3] 等。研究表明,3 指即可实现物体的稳定抓取[4]。

　　其次,将剩下的拇指、食指、中指配置成单自由度手指,即它们的指间关节同基关节处于一种耦合联动状态。这种配置方式一方面能够减少假手系统的驱动复杂性,使得使用少数电机就可以近似人手的功能;另一方面则能够降低肌电识别系统的复杂性,使得使用少数几个电极就可以实现假手的控制。

　　具体地,定义每个自由度(手指)3 种状态,即放松、弯曲及伸展,分别用 0,-1,1 来表示,如使用(0,-1,1)来代表拇指放松、食指弯曲、其余 3 指伸展的姿态,它们的排列组合将得到27 种不同的手部姿态模式。按照模式的难度将所有模式分为 4 列,如图 6.2 所示。图中不仅包括单一手指的弯曲、伸展模式,而且具有两指或 3 指联动模式。

　　在所有规定的动作模式中,一些手部姿态的实现难度较大(如图 6.2 中第 4 列模式),即便是正常人手也很难实现这些姿态。另外,在模式 12 及模式 16 在前期实验中,严重干扰模式 11 与模式 15。因此着重于其他 19 种姿态模式的识别(包含无动作模式,下文无特别声明时,统称 19 模式)。另外,称无动作发生时的手部姿态(模式 1)为放松态(IDLE),其他手臂姿态为激活态(ACTIVE)。在成功识别人手姿态模式的前提下,人手的动作可以看成由放松态发起转换至激活态,或者是激活态之间相互转换的过程。

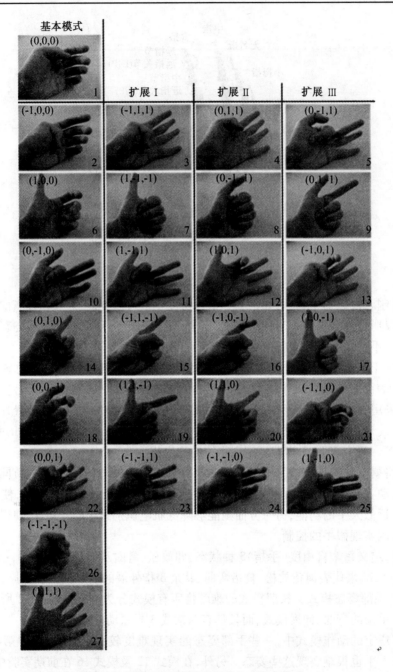

图 6.2 按照执行难度排列的人手姿态模式

6.2 基于稳态肌电的人手姿态识别

为了使假手控制更加直观,能够让患者感觉假手就是自己身体的一部分(外延生理本体感受,EPP),要求肌电控制决策符合正常人体输出通路[5]。因此,基于肌电信号建立手部各种关键动作模式的识别是假手感官性控制的关键所在。早期较成功的肌电信号识别系统一般是针对肌肉的每次收缩提取瞬态肌电信号特征,尽管也能获得很高的识别率[6],但假手控制起来实时性较差,灵活度不高。此时,一种新型的基于稳态肌电信号(Steady-state EMG)的实时识别方法脱颖而出[7-9],它使用各种稳定模式特征训练分类器,从而能够实时识别人手及前臂的各种姿态。基于稳态肌电信号的控制方法无论从控制的感官性还是实时性,都要优于瞬态的方法。然而,使用稳态特征训练的分类器并不能很好地分辨实时系统中各模式发起以及结束时产生的特征,从而在模式转换过程中引入少许的错误分类来影响假手实时控制。

6.2.1　稳态肌电信号的采集

瞬态肌电信号(Transient EMG)指的是在肌肉动作发起(Onset)之后采集到的一定长度信号,而稳态肌电信号(Steady-state EMG)是指维持肌肉一定收缩强度时的信号,如图 6.3 所示。一般认为,瞬态肌电信号主要对应动态的肌肉收缩(肌肉力变化),而稳态肌电信号主要对应静态的肌肉收缩(肌肉力恒定)。在早期研究中,一般采用瞬态信号进行手指动作以及抓取模式的识别,如 Hudgins 等人[10]使用长度 200 ms 的单通道瞬态肌电信号识别 4 种不同的前臂肌肉收缩模式,Ito 等人[11]使用人手动作发起时的 4 通道 75 ms 瞬态肌电信号进行人手 6 种动作的识别,以及 Vuskovic[12]使用 200 ms 瞬态信号进行 4 种人手基本的抓取模式进行识别等。然而,对于肌肉活动发起时瞬态信号的长度却没有统一的定义。另外,瞬态肌电信号中包含动态的外部环境干扰,如因肌肉活动而引起的电极接触界面电化学环境改变、电极传动等。

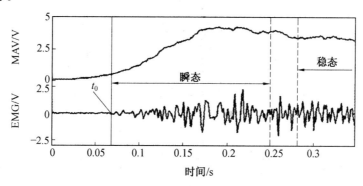

图 6.3　肌肉收缩时的瞬态及稳态信号

Kevin Englehart[13]详细地比较了使用暂态及稳态肌电信号手部动作分类情况,指出使用稳态肌电信号的特征同样可以获得很高的成功率,而且由于其是实时检测肌电信号的各种可能模式,因此非常易于实现假手的实时感官控制。下面着重探讨使用稳态肌电信号进行人手姿态的识别。为了能够采集到稳态肌电信号,对应图 6.2 各姿态,人手需要控制相应肌肉做出稳态收缩,收缩幅度为 60% ~ 80% 最大随意收缩(Maximum Voluntary Contraction, MVC)。对于 IDEL 模式,肌电信号在手臂肌肉放松状态下采集。

采用德国 Otto Bock 型电极采集各手部姿态进行中的多通道肌电信号。电极型号为 13E200 = 50,DC 型,内置放大、滤波及矫正电路,具有较高的灵敏度及噪声过滤性能,业已应用于诸多商业肌电假手,详细参数见表 6.1。由于 Otto Bock 电极特殊的输出带宽(图 6.4,算法采用基于特征向量的功率谱估计算法[14]),并不需要较高的采样频率。但为了获得足够细致的训练数据,采样频率也不能太低,以防丢失信号细节。通过实验发现,在肌肉收缩时使用 Otto Bock 电极所得 EMG 信号的频带宽度一般小于 50 Hz,因此本章采用的各通道采样频率为 100 Hz。

表 6.1　Otto Bock 电极 13E200＝50 及参数

图　片	属　性	
	尺寸:	27.5 mm×13.5 mm×9.6 mm
	电极材料:	Ag–AgCl
	放大比:	2 000 ~ 100 000
	频率宽度:	90 ~ 450 Hz
	供电电压:	4.5 ~ 8.5 V
	输出:	0 ~ 5 V
	陷波频率:	50 Hz

图 6.4　稳态肌电信号带宽(Otto Bock 电极)

基于人手三自由度配置,确定各自由度运动所对应的肌肉(主动肌与对抗肌)。根据人手前臂的生物解剖学知识,选取了 5 块肌肉放置 6 枚电极,分别对应 6 种最基本的手部姿态模式。由于指浅屈肌能够进行不同手指功能及解剖学上的细分[15],因此针对食指以及 3 指,选择指浅屈肌的不同位置用以分辨它们的弯曲。电极位置、肌肉名称以及所对应的人手基本模式见表 6.2。

表 6.2　电极位置、肌肉名称以及所对应的人手基本模式

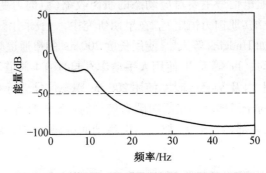

图片	标号	肌肉名称	基本模式
	1	拇短伸肌	拇指伸展
	2	拇长屈肌	拇指弯曲
	3	食指固有伸肌	食指伸展
	4	指浅屈肌(食指)	食指弯曲
	5	小指固有伸肌	3 指伸展
	6	指浅屈肌(3 指)	3 指弯曲

在电极安放过程中,首先根据前臂肌肉解剖学确定电极的大致位置。然后根据实时 EMG 信号幅值进行细微调整,使得每通道 EMG 信号在其所对应的基本模式动作时,信号幅值变化最大。而在非对应模式动作时,幅值变化尽量小。

邀请多名受试者参与实验,均无前臂肌肉损伤病史。为了采集稳态肌电信号,人手实施

特定姿态并保持1 s后进行肌电采集,各姿态持续采集5 s,采样频率为100 Hz。各姿态按照模式顺序(图6.2中的19个姿态)进行采集,每姿态间隔10 s。全部姿态按顺序各完成一次采集,称为一个组次。一个采集组次后,约3 min后进行下一组次的采集。连续采集10个组次EMG数据,称为一个采集期次。完成一个期次的采集,需要进行肌电电极的重新配置。

6.2.2 肌电特征提取及分类

1. 特征提取

普遍认为,肌电信号是一非稳态随机过程,它的幅值、方差、能量及频率因收缩等级的不同而相异。直接将原始时序肌电信号(Raw EMG)输入至模式分类器进行模式训练是不切实际的做法,需经特征提取或映射操作得到低维特征向量,如图1.7所示。特征向量在一定程度上代表了原始肌电信号,它决定了识别器分类结果的正确性。除信号典型时域特征、频域特征、时频域特征外,还可以使用非线性分析方法中的熵值、复杂度特征等。一般认为,特征向量的建立可以基于对肌电信号进行模型建构和唯象分析两种不同的方法[16]。其中前者是将肌电信号作为一种信号发生过程,建立其物理及生理的数学模型,以提取单一的诸如方差及信噪比等特征。而后者主要是通过实验方法寻找识别成功率较高的、稳定的特征搭配,即特征的二次选择或向低维度投影。

在对表面肌电信号进行建模分析时,普遍采用Merlo提出的数学模型[1]。基于大量动作电位(Motor Unit Action Potentials,MUCP)的重叠及运动单元放电的非对称特性,表面肌电可以看成复杂的、非稳定的随机信号。在一定窗口长度上计算得到的特征量是真实信号模型特征的一种近似,并取决于信号的处理长度及特征提取方法。幅度、功率谱及小波系数仍是常用的肌电特征,分别作用在信号的时域、频域及时频域。若将肌电信号看成是零均值随机信号,那么它的幅度可以通过标准差(Standard Deviation,STD)估计,并直接跟活动中动作单元的个数及发放率成一定的比例关系。信噪比(Signal-to-noise Ratio,SNR)代表信号幅度特征中的随机成分,信噪比越大,肌电信号幅度特征表现就会越好。

均方根(Root Mean Square,RMS)和绝对均值(Mean Absolute Value,MAV)是经常使用到的两种时域特征。理论上,如果将肌电信号看成是高斯随机过程或者是拉普拉斯随机过程,RMS和MAV则分别是肌肉等力收缩(无疲劳)时信号幅值的极大似然估计。Clancy[18]指出,正常肌电模型(等力、定姿态、无疲劳)位于高斯及拉普拉斯随机模型之间,且高斯模型稍优,但是使用MAV特征估计肌电幅值并不会亚于使用RMS特征。对于多通道原始肌电信号,可以采用基于3~5阶AR模型的滤波器对信号进行白化(Pre-whitening)处理,以提高幅度特征的置信度[19]。Phinyomark[24]指出,EMG信号时域特征提取包括4个基本方法:①能量(MAV)和复杂度(WL)信息方法;②频率信息方法(WAMP);③预测模型方法(AR);④时间依赖性(MAVS)方法。并通过比较多种时域特征指出,方法①和②要优于③和④。

频谱是频域分析里最常使用的特征提取方法常用于分析肌肉的疲劳特性以及动作单元募集的内部变化。EMG频谱是一种时变的信号,它与肌肉的收缩强度、肌肉疲劳以及电极极片间隔相关。研究者指出,当肌肉位于不同等级收缩强度时(小于80% MVC),500~1 500 ms内的肌电信号可以近似看成是局部稳态的[20,21],因此有关频谱的一些特征可以应用于肌电信号实时处理中。功率谱估计(Power Spectral Density,PSD)是最常使用的一种谱分析方法,其两个主要特征变量即中值频率(Median Freqency,MDF)和平均频率(Mean Frequency,MNF),能够提供肌电信号谱的基本信息及变化规律。AR 模型是用来计算 PSD 的方法之一,其阶数的确定可以依靠 AIC 准则或者是最小描述长度(MDL)的方法。

传统傅里叶变换完全丢失了信号时域信息,因此无法很好地应用其对瞬态 EMG 进行分析。而小波变换(Wavelet Transform,WT)被誉为数学世界的"显微镜",是信号时频域分析的代表方法。小波变换能够反映信号局部特性,通过平移基本子波及变换比例尺就可以实现信号的多分辨率变换。Karlsson[20]对静态及动态 EMG 作小波(包)分析,发现使用小波压缩算法对肌肉静态分析相当有效,而使用连续小波变换(Continue Wavelet Transform,CWT)则对肌肉动态收缩信号表现出良好的分析精度及可靠性。然而,由于 CWT 计算效率不高,使其很少应用于肌电信号的实时分析。Englehart[22]采用小波及小波包变换获取肌肉收缩时瞬态特征,并指出 4 阶次 Coiflet 母小波变换同 5 阶次 Symmlet 母小波包变换能取得较好的分类结果。一般地,使用小波(包)分析提取的 EMG 特征(分解系数),需要搭配特征选择方法进行减维后,才能输入至分类器。

特征提取的唯象学方法认为特征组合将要比单一特征获得较高的识别成功率,这其中又包括特征选择(Feature Selection)及特征投影(Feature Projection)两种基本方法。其中,特征选择是指从原始特征向量维度中选择最优的子集(如 Hudgins 所采用的 4 种时域特征的组合),而特征投影是指将原始特征向量进行组合(线性、非线性)得到新的特征集,如主从分量分析(Principal Component Analysis,PCA)[23,24]和自组织特征映射(Self-organizing Feature Map,SOFM)[25]等。通过特征减维操作,一方面可以获得更高的肌电模式识别率,另一方面可以减轻分类负担,提高识别系统的反应速度。

大量文献指出,EMG 信号的幅度特征(MAV,WL 或 RMS 等)能够作为不同肌电模式分类的有效特征,而且由于其计算效率高,普遍应用于仿人型假手的实时控制中。因为 Otto Bock 电极直接输出 EMG 幅度信息,因此不需要任何窗口算法,直接使用其信号样本点(100 Hz)作为肌电特征,特征向量长度等于所采用的肌电信号通道数。

2. 特征分类

在提取到肌电特征后,需要将其输入至分类器得到正确的、与人手动作或姿态相对应的肌电模式。对于每一类别的特征,总是希望其具有最大的模式可分性。但由于 sEMG 是一种非稳态信号,并可能受到电极位置改变、疲劳、出汗等诸多因素的影响,提取的特征可分性和适应性一般较差,这就要求分类器具有较强的泛化能力。另外,分类器还需要快速的训练和识别速度,以满足假手控制实时性的要求。目前,肌电模式的分类主要有线性判别分析、神经网络、模糊算法、概率估计及支持向量机等。

线性判别分析(Linear Discriminant Analysis,LDA)也称 Fisher 线性判别(Fisher Linear Discriminant,FLD),是最初[26]也是目前应用最广泛的一种肌电模式识别器。LDA 通过映射压缩特征空间的维数,将高维样本投影至最佳的鉴别矢量空间,用以抽取分类模式信息。使用 LDA,能够使 EMG 特征向量投影后在新的子空间有最大的类间距离(类间散布矩阵最大)和最小的类内距离(类内散布矩阵最小),即具有最佳的可分离性。LDA 分类器识别速度更快,算法也较易实现。

人工神经网络(Artificial Neural Network,ANN),如径向基 ANN[27]、时延 ANN[28]等,可通过学习拟合输入/输出数据的线性及非线性关系。而且网络权值一旦确定则无须更改,识别计算量较小,满足系统实时性的要求。ANN 也是较早应用至肌电模式识别的方法之一[29],但一般认为,LDA 搭配 PCA 的方法要优于 MLP(时域特征)[23]。

模糊逻辑(Fuzzy Logic,FL)分类器容易建立数据中难以察觉的模式,而且在处理数据及识别模式的过程中较易植入专家经验。FL 研究事物的不确定性,为肌电模式分类提供了一种容易处理及鲁棒的解决方案。同时结合 ANN 和 FL,能够产生更多的 EMG 识别算法,如神经模糊控制器[30]、模糊聚类神经网络[31]、高斯模糊神经网络[32]等。

考虑到 EMG 是一种随机信号,基于类别概率估计的算法可能会获得更好的分类效果。高斯混合模型(Gaussian Mixture Model,GMM)[33]和隐马尔可夫模型(Hidden Markov Model,HMM)[34]是典型的基于概率估计的分类算法。在特定的实验条件下,HMM 要比 MLP 获得更高的精度,而且维持了假手控制的感官性及快速反应性[35]。

另外,基于统计分类原理建立的支持向量机(Support Vector Machine,SVM)算法[36],也逐渐成为一种主流肌电模式分类器。SVM 属于非线性分类器的一种,有突出的特征映射能力。SVM 基于结构风险最优化理论,理论上可以保证样本误差以及学习机的泛化能力,在一定程度上避免了 ANN 等的网络选择问题,且易于训练。对于规划后的人手姿态来说,由于参与分类的肌电模式较多(19 种),样本相对较少(不可能得到全部模式描述特征),因此考虑使用 SVM 作为分类器来实现模式的识别操作。

为了便于对数据进行分类,首先借助高斯核函数[37]将待分类数据映射到高维线性空间。

$$K(x_i, x_j) = \exp(-\gamma \parallel x_i - x_j \parallel^2) \tag{6.1}$$

式中　　γ——核参数,$\gamma > 0$。

由于 SVM 的分类问题实质为二次规划问题,为了求解方便,通常采用拉格朗日乘子法将其转化为对偶问题,求解得到两类姿态模式的分类决策函数为

$$f_l(x) = \mathrm{sgn} \Big[\sum_{i=1}^{l} \alpha_i y_i K(x_i, x) + b \Big] \tag{6.2}$$

式中　　α_i——拉格朗日乘子,上界为 C;

　　　　y_i——样本模式编号,"+ 1"或"- 1",分别代表两种不同模式;

　　　　K——核函数,这里取 RBF 核;

　　　　x_i——原始分类问题内的全部样本特征向量;

　　　　x——待分类样本特征向量;

　　　　b——分类阈值。

决策函数中的 C,γ 采用指数型网格搜索方法确定,采用"一对一"算法[38]进行多类模式之间的识别;根据"投票法",统计所有两类分类(共 C_{19}^2 个)结果中得票最多的姿态模式,将其作为最终的识别结果。

6.3.3　姿态模式识别

在实验各期次内,考虑采用不同组次以及不同组次的组合对分类器进行训练,使用其他组次数据进行验证。定义验证成功率 p_v 为分类器输出的正确模式标签数目 N_C 同总标签数目 N_T 之间的比值,即

$$P_v = \frac{N_C}{N_T} \times 100\% \tag{6.3}$$

图 6.5 显示了采用单一组次以及多种组次组合进行分类器训练(SVM 参数:$C = 32,\gamma = 0.125$),其余组次进行验证的成功率。图 6.5 中还显示了采用不同数据长度(各模式内 100,200,500 样本数)训练分类器所得的平均验证识别成功率。

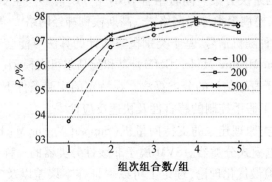

图 6.5　不同组次数目及训练数据长度组合情况下的验证成功率

由图 6.5 可见,如果能结合不同组次的训练数据,如采用两组、三组数据对分类器进行训练,将有助于提高姿态模式识别成功率(针对稳态肌电信号而言)。相对地,增加组内各姿态模式的数据长度对成功率的提高贡献不大。这是由于在训练过程中,一旦稳态信号发起,人手相应肌肉为了维持这种收缩状态,会将肌电幅度限定在一定范围以内,从而使肌电特征向量处于一种"紧邻"的状态,造成样本分布较集中且含信息量较少,不能对其模式进行较好的描述。如果采用各模式训练数据 100 点,进行 4 期次实验结合对 SVM 进行训练,经短期肌能训练后的受试者的验证成功率能达到 97.62%。

6.3　基于复合决策的人手动作识别

对人手姿态的稳态肌电模式进行分类的高成功率表明,使用 Otto Bock 电极信号样本能够基于支持向量机进行手部多种规定姿态的识别。然而,人手在执行各种姿态(动作)过程中,瞬态及稳态信号是同时存在的。仅使用稳态信号进行分类器的训练,势必不能对动作发生时的瞬态信号进行很好的识别,因此在动作开始、结束或者转换阶段引入较多的错误分类。平滑窗口的方法[39]虽然能够在一定程度上提高模式输出的可靠性,但是同时也引入了较大的控制延迟。本节通过引入复合决策规则,使得 EMG 训练数据同实时数据处于相同的样本空间内,以提高人手姿态过渡状态下的 EMG 模式识别成功率,并能有效地提高系统的反应速度。

6.3.1　复合决策规则

人手经规划的所有姿态模式大致分为两类,即放松态(IDEL,模式 1)及激活态(ACTIVE,除模式 1 的其他模式),如图 6.2 所示。借助于肌肉活动发起检测方法,考虑先确定人手是否处于激活态;然后考虑使用模式识别算法进行具体激活态模式的识别。称这种 EMG 活动发起决策与模式分类决策的方法为复合决策规则,如图 6.6 所示。

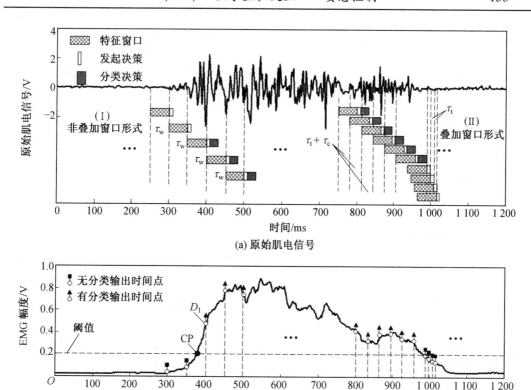

(a) 原始肌电信号

(b) EMG 幅度信号

图 6.6 基于复合双层决策的肌电模式在线识别

图 6.6 给出了复合决策规则作用在 EMG 原始信号及 MAV 幅度信号的两种情况。图中，τ_t,τ_c 分别为 EMG 发起决策及分类决策所花费的时间；τ_w 为处理窗口长度（普遍认为，$\tau_t <\tau_c <\tau_w$）。窗口的不同步进形式可根据窗口长度及处理器计算能力进行选择，如图中在信号发起阶段，信号窗口采用无重叠方式移动；而在信号结束阶段，每个信号处理窗口的步进长度等于决策时间（τ_t 或 $\tau_t +\tau_c$）。一般认为，使用重叠式窗口方式（如重叠长度为 τ_t）能够获得更高的采样频率（$1/\tau_t$），从而减小发起点检测的误差（图 6.6(b) 中激活态第一输出点 D_1 同过阈点 CP 之间的距离）。

发起决策主要用于检测 EMG 活动是否发起。针对原始肌电信号，可用的方法有 EMG 幅度估计（如 MAV,RMS,WL 等）、极大似然估计[40]、TKE 能量算子[41] 等。针对所采用的具体 EMG 配置及特征形式，这里采用简单的阈值函数 $f_1(\boldsymbol{x})$ 为

$$f_1(\boldsymbol{x}) = \mathrm{sgn}\left\{\sum_{i=1}^{6} \mathrm{sgn}\big[\boldsymbol{x}(i) - \boldsymbol{Thd}(i)\big] + 4\right\} = \begin{cases} 1, & \text{激活态} \\ -1, & \text{放松态} \end{cases} \qquad (6.4)$$

式中　$\boldsymbol{x}$——肌电当前特征向量（这里指各通道采样值），i 代表通道；

　　　$\boldsymbol{Thd}(\cdot)$——通道内阈值向量；

　　　$\mathrm{sgn}(\cdot)$——标准符号函数，$\mathrm{sgn}(0) = 1$。

通过式 (6.4) 可知，只要任何通道内采样样本值大于其阈值，即 $f_1(\boldsymbol{x})=1$，表示此刻样本为激活态。然而，通过决策 $f_1(\boldsymbol{x})$，并不知道具体的激活态模式，需要再次引入基于支持向量机的决策组 $f_{II}(\boldsymbol{x})_{m,n}$ 进行分类：

$$f_{II}(\boldsymbol{x})_{m,n} = \text{sgn}\Big[\sum_{i=1}^{l}\alpha_i y_i K(\boldsymbol{x}_i,\boldsymbol{x}) + b\Big] = \begin{cases} 1, & \text{激活态 } m \\ -1, & \text{激活态 } n \end{cases} \tag{6.5}$$

式(6.5)中各参数定义同式(6.2),其中m,n为各激活态模式标号,且$m \neq n$。式(6.5)表示两类激活态模式之间的判别函数,对于图6.2中的18种激活态模式,两类识别函数共有C_{18}^2个。

通过以上复合决策,即可以对人手全部18种激活态的发起及持续阶段进行检测。在具体应用中,需要首先基于决策$f_I(\boldsymbol{x})$采集各激活态数据,以训练各两类分类器$f_{II}(\boldsymbol{x})_{m,n}$,然后将训练完毕的分类器应用至实时肌电数据,按照复合决策规则得到人手激活态模式,控制仿人型假手进行相似动作。

6.3.2　阈值控制

在复合决策控制方法中,发起决策的准确性控制了瞬态 EMG 在训练数据中所占据的成分,从而影响到动作发起时的识别成功率。以阈值方法举例,阈值越大,各通道瞬态肌电信息越少,在动作转换过程中识别成功率下降;另外,由于肌肉动作发起的检测延迟较大,系统对快速动作的反应能力也将变弱。表 6.3 显示了实验中使用不同阈值采集各激活态训练数据,然后分别进行分类器训练及验证时的成功率。阈值按 EMG 峰值范围的百分比计算,各通道阈值相同,每列代表采集训练数据时使用的阈值,每行代表验证数据阈值。成功率定义为验证数据分类正确的百分比,如式(6.3)所示。由表 6.3 可见,阈值越大,由于此时肌电信号更接近稳态,成功率可以达到很高,然而对于更加接近实时数据的低阈值数据,识别率却很低。

表 6.3　不同阈值分类器交叉验证成功率

	2%(训练)	6%(训练)	10%(训练)	15%(训练)
2%(验证)	84.4%	83.4%	78.1%	78.3%
6%(验证)	92.1%	92.1%	89.8%	90.2%
10%(验证)	95.3%	95.3%	95.7%	94.6%
15%(验证)	96.5%	96.8%	96.0%	96.2%

另外,为了避免动作发起检测过于敏感,阈值的选择也不宜过小。在手指联合动作执行时,因为手指运动先后顺序的影响,在动作发起阶段可能存在一定数目的模式交叉样本。模式交叉样本(噪声)的含量将影响 SVM 分类器的结构(支持向量个数及分布)。通过数据拟合,图 6.7 显示了各种阈值情况下人手动作发起检测的延迟时间。延迟时间要尽量小,以保证假手实时应用中的控制滞后感觉。综合以上成功率以及动作检测延时的考虑,选取$f_I(\boldsymbol{x})$决策各通道阈值为 10% 峰值(0.5 V),并将此阈值同时应用至分类器训练数据的采集及肌电样本的动作识别。此时,动作检测延迟在 80 ms 左右,加上复合决策时间仍将小于300 ms,不会影响假肢控制的直观性[42]。

6.4　EMG 动态训练范式

前面讨论了使用稳态肌电信号进行人手姿态的识别以及使用复合决策进行人手动作判别的方法,本节希望能借助这种将瞬态信号及稳态信号共同参与训练的方法,提高动作识别

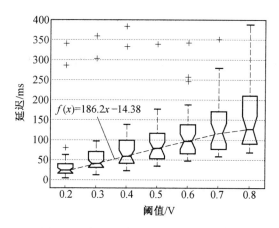

图 6.7　各种阈值情况下动作检测延迟

的实时成功率。通过肌肉不同幅度的收缩,有意提高肌电信号采集过程中瞬态 EMG 的含量,提高分类器训练数据的模式信息含量,保证假手 EMG 控制的实时成功率。

6.4.1　复合决策的实验验证

普遍认为,残疾人前臂处的完整肌肉有能力产生与健康者基本无异的肌电信号[43]。基于此假设,实验选取健康受试者,其中有些受试者(M) 已经进行相关肌肉训练,对算法本身也有深入了解,而有些(F) 则无任何训练经验。

实验在 5 个连续工作日进行,每期实验前需要进行各通道肌电信号的相关性检测,并以此来调节各电极至最理想的位置。每期实验按照模式序列顺序交替进行 5 组,每次各模式采集时间 5 s,采样频率 100 Hz。采样过程中要求手臂自然放松,根据提示进行各模式“放松 → 收缩 → 持续 → 放松”动作,持续状态要占数据总长度一半以上。将各模式数据划分为不同的集合,如图 6.8 所示。

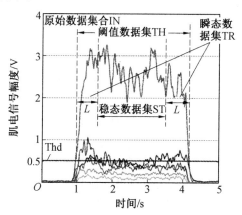

图 6.8　模式内不同样本集合的划分

对于每次采集,得到各模式内数据长度为 500 点,记为原始数据集合 IN。将 IN 进行阈值处理:如果每一样本各通道内数据均无超越 0.5 V,即将此样本从 IN 中删去,得到阈值数据集 TH。将 TH 中手部各模式收缩及放松时的样本删去,即在 TH 中前后各截断一定长度为 L 的瞬态数据集数据 TR,得到稳态数据集 ST。针对以上不同数据集合进行 SVM 的训练以及验证操作。

（1）训练。

每期实验使用前 4 组数据进行 SVM 的训练,训练数据分别使用以下各模式。

① 阈值数据集合 TH。对于模式 1(放松态),没有其对应的 TH 集,不参与训练,故采用阈值数据集训练时总 SVM 的数目为 C_{18}^2 个,进行 18 类激活态的分类。

② 稳态数据集合 ST。模式 1 使用 IN 集代替 ST,共需要 C_{19}^2 个 SVM,进行包括放松态在内的 19 类分类。

（2）验证。

每期实验使用第 5 组数据进行 SVM 的验证,验证数据分别使用以下各模式。

① 阈值数据集合 TH。全部激活态模式特征,串接在一起用于模拟实时特征。

② 瞬态数据集合 TR。各激活态模式过渡点数 L 为 25,如图 6.8 所示。

训练前需要首先确定分类误差的惩罚参数 C 以及 RBF 核的核参数 γ。采用指数尺度网格搜索方法,令 $C = 2^2, 2^3, \cdots, 2^8$,$\gamma = 2^{-4}, 2^{-3}, \cdots, 2^2$,受试者 M 第一期（Ⅰ,Ⅲ）组合,训练及验证成功率显示于图 6.9 中。

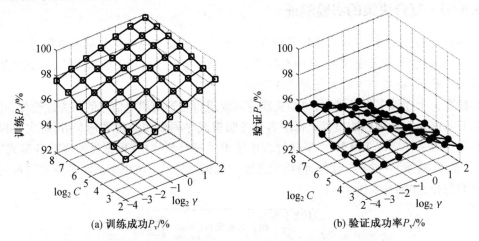

(a) 训练成功P_v/%　　　　　　　　　　(b) 验证成功率P_v/%

图 6.9　受试者 M 第一期（Ⅰ,Ⅲ）组合训练及识别成功率

在训练 SVM 时结合了 4 折交叉验证方法以防止过拟合,但是训练及验证成功率并非同时达到最高点。因此,训练过程中不能过分追求成功率,从而确定 C 与 γ 值。本书通过实验最终确定的 C 与 γ 有效搜索范围(以 2 为底的幂指数)分别为 $[2, 8]$ 与 $[-4, 2]$,典型有效的 C 与 γ 的组合为 2^6 与 2^{-3}。

图 6.10 显示了受试者 M,F 所有 5 期实验中,使用 Ⅰ、Ⅱ 训练及 Ⅲ 验证的成功率。由图 6.10 可见,虽然特征集 Ⅱ 的训练成功率较高,但是对于验证特征 Ⅲ,总体识别成功率普遍低于采用 Ⅰ 特征训练时的识别结果。有经验受试者 M 比没有经验受试者 F 的成功率高,F 的成功率具有升高趋势,说明长期的肌电信号训练是必要的。受试者 M 验证数据的成功率普遍超越 95%,F 在第四期超越 95%,并趋于稳定。

为了比较 Ⅰ 与 Ⅱ 两个不同特征集对过渡特征的识别效果,图 6.11 显示了对于验证特征集 Ⅳ,受试者 M,F 获得的成功率。

无论受试者的熟练程度与否,使用特征集 Ⅰ 训练能大幅减少过渡态特征的错误分类,

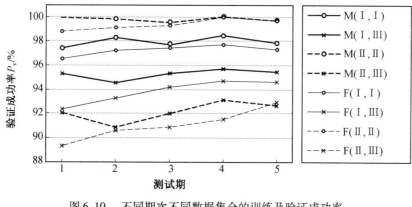

图 6.10　不同期次不同数据集合的训练及验证成功率

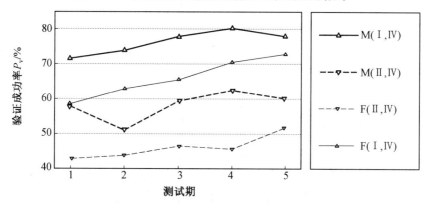

图 6.11　过渡特征集 Ⅳ 识别成功率

识别性能提升近 20%。特别是在实验的初期,F 在姿态模式过渡时出现错误较多,且这些特征的可分性确实较差,即便是采用特征集 Ⅰ 进行训练,成功率也比较低。随着实验次数的增加,F 在过渡特征的分类成功率有升高的趋势。

采用稳态肌电信号进行分类器的训练尽管能对手部的持续姿态进行较好地识别,但是对于模式过渡特征识别较差。采用叠加输出模式标签加多数选举的方法进行当前模式的识别,但是会引入持续性的识别延迟。基于复合决策的人手动作识别能较好地处理动作发起及持续两种状态的肌电模式特征,而且引入的延迟仅为单次分类器判别所需时间,识别实时性更高。总之,基于复合决策识别方法主要具有以下特点:

(1)训练数据同实时验证数据样本空间重合。

(2)仅需要在激活态模式之间建立分类器,识别效率较高。

(3)在一定程度上使用采集到的瞬态肌电信号,并与稳态肌电信号一同训练,减少了模式过渡时期的错误率。

(4)训练样本采集阶段,由于基于发起决策采集激活态数据,因此在一次模式采集中可以进行多次人手动作及恢复的过程,这相当于提高了训练期次的组合组数,并有助于提高分类成功率。

6.4.2　波动式动态训练方法

前面讨论了各组实验内各模式仅一次收缩时,采用 4 组实验数据训练、1 组实验数据验证所能达到的识别率。在具体应用中,为了得到训练分类器的数据,这需要准备较长的时间。复合决策允许在一次不间断采集中进行同一模式的多次动作,并通过发起检测提取所需的训练数据。因此,可以采用较快的、多次的人手动作进行训练样本的采集,提高训练数据的完备性。本书称此训练数据采集方法为"波动式"动态采集方法。

考虑人手动作的快慢有两种收缩频率:0.3 ~ 0.5 Hz(慢)及 1 ~ 2 Hz(快)。实验共分 4 期,每期间隔 2 h,在期次间要移除电极(研究在长时间间隔以及电极重新佩戴条件下识别方法的表现能力)。每期包括相同的 4 组(后两期进行 3 组),组间间隔 0.5 h 使得受试者肌肉进行有效的恢复。各组实验采集各模式手部连续动作肌电信号 10 s(按不同收缩频率各采集 5 s),采样频率为 100 Hz。

图 6.12 显示了在全部实验组次内部,快、慢两种肌肉收缩节奏下,两者所得数据分别进行训练及验证所得识别成功率。由图 6.12 可见,快节奏肌肉收缩蕴含的各模式信息要比慢节奏更加完备,成功率较高,特别是在受试者的前期实验中(1 ~ 8 期)。在后期实验中(9 ~ 14 期),可能由于肌肉疲劳的影响,快节奏及较慢节奏所得验证成功率提升不大。

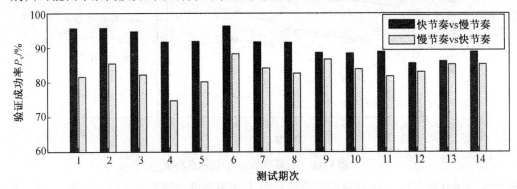

图 6.12　各组次内部两种肌肉收缩交叉验证成功率(期次内)

图 6.13 显示了各组次训练数据分别与同一期次内的不同组次,以及不同期次之间各组次(期次间)平均验证成功率。使用快节奏肌电数据,对快、慢两种肌肉收缩节律均能进行较好的识别。特别地,对于实验期次内(电极未重新安放)数据,单组训练数据即可达到接近 90% 的验证成功率。当肌电电极配置发生改变(位置发生改变或者接触条件发生变化),需要进行分类器的重新训练,因为所得期间验证成功率较低(70%)。

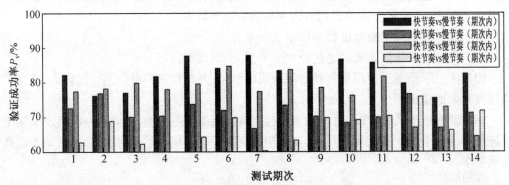

图 6.13　期次内及期次间交叉验证成功率

6.5 假手姿态肌电控制实验

基于前述各种肌电训练数据（稳态或瞬态数据）以及不同训练方法（波动式训练方法）所能得到的成功率离线分析结果，选择适当控制参数，建立假手控制实验。

6.5.1 虚拟假手控制实验

为了验证肌电控制算法，首先在 PC 机环境中实现对虚拟假手的在线控制。基于前述方法，在 LabView 环境中建立假手虚拟环境。为了满足图形渲染速度要求，需对假手的结构进行简化，使得活动指节和手掌各自仅对应一个面组。同时，针对人手部姿态的规划（3 自由度配置），在程序面板内将相关节点联合驱动实现关节联动。基于 Cortona Client 插件 Software Render 渲染方式（依赖于计算机的运行速度），在个人计算机上（Core Dual 2.53 G，2 G RAM），可以至少实现 30 帧／秒的渲染速度。

肌电信号训练数据的采集同样在 LabView 环境内实现，人手跟随虚拟假手的运动进行数据的采集，采集基于决策式（6.4）分模式进行（各通道阈值 0.5 V），按快节律（1 ~ 2 Hz）肌肉收缩方法进行，每模式采集样本 200 个。采集完毕后随即进行 SVM 的训练（Libsvm 插件），训练采用 C – SVC 分类函数（惩罚参数 $C = 2^6$），RBF 核函数（核参数 $\gamma = 2^{-3}$），1 s 内可以实现训练。训练完毕支持向量个数大致占总样本个数（3 600）的 10%，各模式内支持向量个数为 10 ~ 40 不等，取决于模式间之间的可分程度。将训练完毕的支持向量模型进行保存，随后在在线识别流程中调用。

在线识别基于图 6.6 所示算法，首先载入 SVM 模型文件，其次针对每次采集到的数据进行识别，得到模式标号后经转译对应虚拟假手各关节位移量。其中，根据 IDLE 状态是否对应位移量，实现以下两种控制方式。

（1）基于绝对位置控制控制方式。

将 IDLE 态及 ACTIVE 态（共 19 种）同时对应假手的一个姿态（图 6.2），假手在得到模式标号后随即控制各手指向目标姿态（位置）以最大速度运动，到达后停止。适用于假手具备绝对位置传感器情况下的"姿态跟随"控制。

（2）基于增量位置的控制方式。

将 IDLE 状态对应假手姿态保持状态，其他 18 种 ACTIVE 状态分别对应各手指的弯曲或者伸展的一个步进角度。该方式适用于只含有增量位置传感器的假手控制。

图 6.14 显示了虚拟假手按方式（1）进行控制的帧图，虚拟假手能够按模式快速跟随人手的运动，控制直观性强。识别系统识别成功率高（约 95%），延迟较小（模式输出频率大于 20 Hz）。虚拟假手渲染速度满足刷新率的要求，动作平滑、无迟滞。对于控制方式（2），假手可以实现位置叠加及力矩叠加两种控制，在判断物体接触后进行切换。采用虚拟手进行肌电控制的优势在于其能专注的显示肌电控制的效果，而忽略真实假手本体不确定因素的影响。虚拟假手的控制实验可以用于方便验证肌电控制算法的有效性，且可以应用于残疾人患者的肌能训练。

6.5.2　嵌入式假手控制实验

　　基于 PC 机进行肌电控制算法的验证,是实现假手有效肌电控制的基础。然而对于假手肌电控制的具体实现,更需要嵌入式地实现前述先进的模式识别方法。实验室业已研制完毕假手肌电控制器的硬件电路,主要是在手臂筒内部布置数块电路板(包括假手外部控制器主板、电源管理板、振动电机与蓝牙接收电路板等),以实现电源管理、语音控制、电刺激控制器等多种功能。其中,控制器主板集成了信号调理电路、8 通道模拟输入通路,为肌电信号采集提供了必要条件。控制器核心芯片为 TI 公司 TMS320F2812 数字信号处理器,保证一定的计算能力及外围控制功能,通过 eCAN 总线同假手内部控制器实现通信。

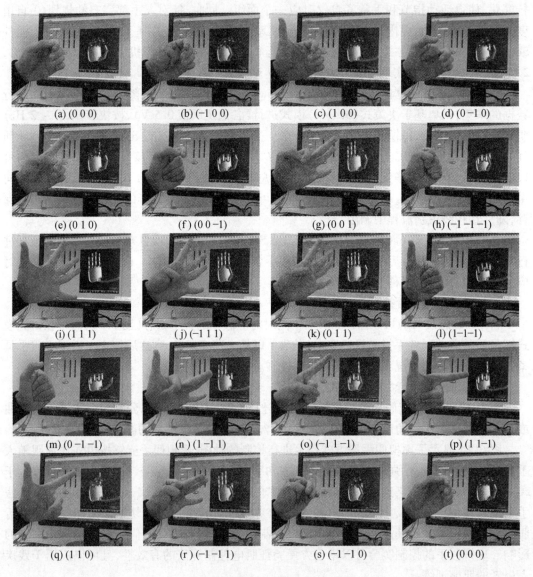

(a) (0 0 0)　　　(b) (−1 0 0)　　　(c) (1 0 0)　　　(d) (0 −1 0)

(e) (0 1 0)　　　(f) (0 0 −1)　　　(g) (0 0 1)　　　(h) (−1 −1 −1)

(i) (1 1 1)　　　(j) (−1 1 1)　　　(k) (0 1 1)　　　(l) (1 −1 −1)

(m) (0 −1 −1)　　　(n) (1 −1 1)　　　(o) (−1 1 −1)　　　(p) (1 1 −1)

(q) (1 1 0)　　　(r) (−1 −1 1)　　　(s) (−1 −1 0)　　　(t) (0 0 0)

图 6.14　虚拟假手肌电控制帧图

　　基于 PC 机能够快速准确的识别图 6.2 中的 19 模式。然而,在计算能力受限的 DSP 内部实现这种实时分类任务(特别是分类器学习过程)是较为困难的。将 19 种模式进行进一步的简化,只保留单一手指伸展及弯曲,全部手指全展、全屈和捏取共 9 种 ACTIVE 动作(图6.2 中 2,6,10,14,18,22,26,24,27 模式),进行其识别及控制实验。

在假手嵌入式控制器中,为了获得范围更广、模式信息含量更大的肌电信号,一方面需要减小采样频率,另一方面增加模式肌电采集的时间。实验采用 10 Hz 采样频率,每模式 50样本(至少需要 5 s 采集时间)取得较好的效果。

支持向量机核函数采用线性核,表达式为

$$K(\boldsymbol{x}_i, \boldsymbol{x}_j) = \,<\boldsymbol{x}_i \cdot \boldsymbol{x}_j> \tag{6.6}$$

决策函数变为(线性可分问题的原始问题)

$$f(\boldsymbol{x}) = \mathrm{sgn}\big[\sum_{i=1}^{l} \alpha_i y_i <\boldsymbol{x}_i, \boldsymbol{x}> + b\big] = \mathrm{sgn}(\boldsymbol{w} \cdot \boldsymbol{x} + b) \tag{6.7}$$

式中　　$\boldsymbol{w}$——两类分隔平面的法向量。

由于

$$\boldsymbol{w} = \sum_{i=1}^{l} \alpha_i y_i \boldsymbol{x}_i \tag{6.8}$$

可以由支持向量直接计算得到,避免了在实时识别中进行复杂的核函数计算。因此实时样本的识别速度大大增加,这在计算能力受限的嵌入式控制器内显得尤为重要。分类器训练方法选择较为成熟的序贯最小优化方法(Sequential Minimal Optimization,SMO)[44]。数据按照模式采集完毕即进行二类分类器的训练,根据各模式内支持向量产生 C_9^2 个法向量 $\boldsymbol{w}$。训练完毕后即可进行后续采集到的实时肌电数据进行识别,识别仍然采用二类分类器之间的“投票法”。识别完毕通过 eCAN 通信将模式标号发送至假手控制器,由控制器实现相应电机的驱动。图 6.15 显示了实验具体硬件配置。

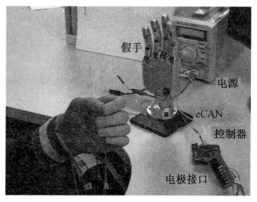

图 6.15　嵌入式假手肌电控制硬件配置

由于肌电采样率及分类核函数的不同,需要对全部 9 种 ACTIVE 肌电模式进行成功率的验证。数据采集类似于波动式训练验证实验,共分 4 个组次,每个组次包含 4 个期次,采样频率保持在 100 Hz,样本数各模式 500 个。将数据载入 MATLAB 进行分析。对各模式数据进行欠采样操作,使数据采样频率近似为 10 Hz。分别采用 RBF 核函数($C = 32, \gamma = 0.125$)及线性核函数($C = 4$)进行 100 Hz 样本及 10 Hz 各组样本进行训练,使用其他组次进行验证,成功率定义为识别标签正确所占总数的百分比,如式(6.3)所示。

　　图 6.16 显示两种核函数对于不同样本采样频率(样本细致度)情况下所有训练及验证成功率,大小使用色素灰度表示。在组次内,即在肌电电极未移除的情况下,RBF 的组次内交叉验证成功率为 93.7% ± 4.4%,线性核为 93.1% ± 5.1%,表示使用线性核在样本数减少的情况下能够获得与 RBF 核相近的成功率。两者在组次外验证成功率分别为 87.6% ± 7.1%(RBF 核函数)和 85.88% ± 8.34%(Linear 核函数),表明电极位置发生改变的情况需进行分类器的重新训练,而 SVM 片上训练的实现为其提供了必要的嵌入式支持,使假手肌电控制完全能够脱离 PC 机运行。

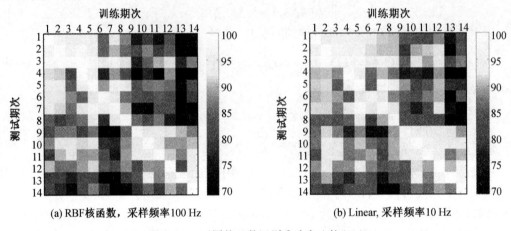

(a) RBF 核函数,采样频率100 Hz　　　　　　　　(b) Linear, 采样频率10 Hz

图 6.16　　不同核函数识别成功率比较(%)

　　经统计,肌电控制器采集各模式数据共需近 50 s,分类器训练(Linear 核支持向量机,采集终止至计算 w 完毕)需要约 120 s。在线识别可以不少于 10 Hz 的决策频率进行,远小于迟滞感的临界 300 ms。假手按照基于增量位置的肌电控制方式进行运动,控制效果显示,控制模式准确率高,受试者直观控制感觉强烈。

6.5.3　截肢患者实验

　　临床示范截肢患者 10 名,年龄 35 ~ 63 岁,身高 160 ~ 180 cm,截肢史 0.1 ~ 20 年。截肢患者具有不同的年龄层次、截肢原因、截肢方式和截肢史。患者中,有些人从未佩戴过假肢;有人虽然配置过假肢系统(如德国 Otto Bock 产品、国内丹阳假肢等),但不经常使用;有些人经常使用肌电假肢。患者截肢残端长短不一,按照人体标准身高／肢体工程学比例设计手臂筒,使得假肢长度同健康肢体长度相匹配。

　　针对全部患者,首先进行肌电配置实验。实验目的主要是通过虚拟假手肌电控制系统确定患者可供采用的肌电信号通道数(包括详细的电极位置)、假手可控运动模式数以及模式控制成功率。

　　首先,使用稀释后医用酒精擦拭患者残肢进行脱脂处理,然后使用柔和清洁剂进行细致清洗以去除死皮、污渍,待干燥后放置电极。患者坐于实验桌前,在实验员的要求下进行手部各种运动模式,运动模式包括各手指单独运动以及多指联合运动(如两指捏取、强力抓取)等。对于双臂截肢患者,在实验中幻想各动作进行的本体感觉;而对于单臂截肢患者,需要健康臂同时做出相同的动作。实验员通过观察、触摸各种动作时残肢处的肌肉活动情况,初步将肌电电极放置在肌肉活动幅度较大的部位。

将放置在患者残肢上的电极连接至数据采集卡,通过程序窗口对每通道数据进行可视化处理,采样频率为 100 Hz。观察在不同运动模式情况下,各通道肌电信号的反应,初步确定各种运动模式的可分程度。人手不同运动牵涉不同肌肉及肌肉组,基于肌肉在前臂的分布差异性及多枚电极的空间排列,肌电信号会在不同通道中表现出不同的时空模式。基于实时观测到的肌电信号幅值信息,可以初步判定不同动作时肌电模式的差异。由于患者截肢处解剖缝合条件不明,以及神经肌肉系统萎缩程度不一,每位患者所能感觉以及控制的手部运动模式是不同的,因此在实验中需要对每位患者进行具体的肌电配置。

确定患者所能控制的运动模式以后,进行分类器的训练及虚拟假手的控制,如图6.17所示。训练数据的采集使用基于阈值判断的方法,将超过设定阈值的肌电数据作为分类器的输入向量。分类训练采用的是基于模式识别的多模式运动控制方法。分类器训练完毕,即可将其应用于实时肌电信号的分类,分类结果直接发送至虚拟假手控制窗口,控制虚拟假手进行运动。患者通过视觉反馈观察虚拟三维假手运动效果,对肌电信号输出模式进行实时调节,运动模式识别速率满足图形渲染要求,一般在 30 Hz 左右。

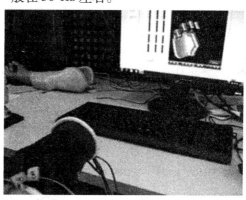

图 6.17　截肢患者虚拟假手控制实验

为了实现多自由度假肢的控制,需要更加丰富的肌电信号。然而,紧凑、拟人的外观要求以及狭窄的可用空间却要求肌电电极个数尽量少。为了能够在电极通道数及识别模式数、识别成功率之间寻求平衡,实验致力于使用最少的电极个数达到最大可用的运动模式数及识别成功率。在确定患者肌电配置,即电极个数、电极位置及运动模式后,由丹阳假肢厂有限公司进行接受腔的开模制造,制造过程综合考虑拟人性外观和供电电池、肌电识别器、开关电路等的空间位置要求。

在肌电配置实验完成以及手臂筒加工完毕后,需要患者佩戴多自由度假肢进行操作实验。实验的目的在于检测多自由度假肢及其控制系统的总体性能,并同单自由度假肢进行比较。实验中 10 名患者均能正确佩戴假肢,假肢总体长度适合,质量适中,佩戴无不舒适感,如图 6.18 所示。

实验以多自由度假手的运动模式控制为主,结合人手日常操作行为,特别针对多种形状物体的操作,建立一系列操作任务,从而考察和比较新型多自由度假手与传统单自由度假手在抓取有效性及操作灵活性等方面的特点。在实验设计中,为了能够重点考察新型假手的操作性能,在规划的操作任务中尽量不包含使用肘部及肩部的动作,从而使实验脱离其他自由度干扰因素的影响。

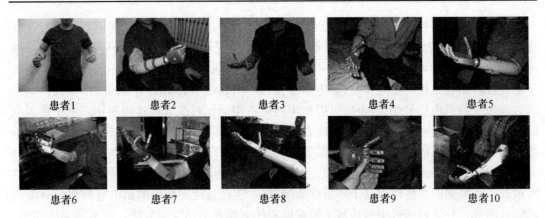

图 6.18　患者假肢配置图

　　实验共分为两个部分,一是多物品抓取 – 释放实验,二是复杂物体操作实验。在第一个实验中,将生活中常见的多种物品放置在一个收纳盒内,如图 6.19 所示,这些物品具有多种形状及尺寸,基本能够代表日常生活中所使用的基本物品种类,包括圆柱形茶杯、矿泉水瓶,细长型铅笔、牙刷,扁平形手机、钥匙、乒乓球和非规则形塑料包装等。要求患者佩戴假肢,一次抓取一个物体放置到另外一个收纳盒内,计时所有物品完成放置的时间。要求两个收纳盒之间具有一定的距离,当物品抓取不稳定而导致在移动期间发生掉落时,由实验员将物品归位后重新开始抓取。实验通过总体放置时间来考察多自由度假手快速及稳定抓取物体的能力。

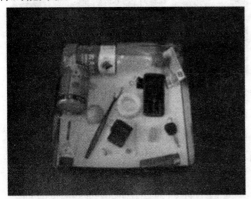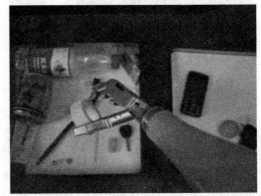

图 6.19　抓取 – 释放实验的物品

　　第二个实验主要是多自由度假手操作复杂物品的实验,以进一步验证多自由度假手的操作性能。操作实验包括键盘操作、鼠标操作、门把手操作、打火机操作等,如图 6.20 所示。对于能够完成的复杂操作实验给出完成时间,并与传统商业假肢进行比较;对于假手目前无法完成的操作,给出主要原因及改进方法。

　　对于截肢处肌肉较为完整且经常使用传统假肢的患者,其残肢处肌肉能够保持一定的活性,且对各手指运动具有一定的本体感觉。在此情况下,采用较多的电极(4 ~ 6 枚),可以实现多自由度假肢的多模式控制(5 ~ 9 模式)。患者可以任意操作受控单个手指(手指群),突破了传统假肢夹持式控制方法的局限性,体现了较好的灵活性。其中,一名患者使用 6 枚电极可以实现拇指、无名指及小指 3 个手指共 9 种模式的控制,控制成功率可以达到92.5%,体现了多自由度假手多模式肌电控制的优越性。在实际应用中,将患者无名指对应

(a) 键盘操作

(b) 鼠标操作

(c) 打火机操作

(d) 门把手操作

图 6.20　复杂物体操作实验任务

假手食指的控制,小指对应假手中指、无名指及小指的联合运动,可以体现更强的假手操作功能。

对于长期截肢且未使用假肢的患者,由于受到截肢处肌肉活性的影响,即使使用较多的电极,多模式识别效果仍然不佳。此时,为了实现多自由度假手的控制,充分利用假手的灵活性,需要采用假手自主抓取及编码控制方法。在假手本体上实现阻抗控制,使用简单的肌电配置实现假手的抓握控制,由假手机构及控制系统本身决定抓取物体时的姿态及出力。

总体实验结果表明,对于经常佩戴假肢的截肢患者有能力输出 5 ~ 9 种肌电控制模式,从而可以实现实时、灵巧的多自由度假肢控制。对于神经肌肉系统萎缩较为严重的患者,可采用基于模式识别的肌电控制方法(模式较少)结合假手阻抗控制,以实现对多种形状物体的稳定抓握。多自由度假手质量轻(小于 500 g),患者普遍感觉佩戴较舒适,无明显负重压力。同时,大容量电池保证了充足的电量供给,能够持续使用达 12 h 以上。10 名患者均实现了新型假肢的安装、配置和控制,表明了多自由度假肢应用于临床应用的可能性。

知识拓展

根据所采用的电极信号属性(滤波,直流型),本书采用了简单阈值的方法进行肌肉动作发起的检测,这相对于真实的动作发起会引入至少 100 ms 的动作延迟。在 Englehart 提出的控制延迟 300 ms 要求下,基本满足姿态及动作控制的需要。然而,在使用输出原始肌电信号的电极,或者对动作发起相位要求比较严格的场合下,需要基于多通道肌电信号进行动作发起结束精确的检测,普通的单阈值方法将不再适用。

早期的检测方法一般是由经验丰富的医师进行观察得到,但由于受到检测者主观方面(经验及技术)的影响,个体差异性比较大[45]。简单的实现方法可以直接利用肌电信号的标准差值及绝对平均值 MAV 特征,建立单一的阈值进行判断[46],但由于需要处理一定窗口内(Finite Moving Average,FMA)的数据,检测的延迟较大。当然,也可以使用双阈值检测器[47]、小波变换[48]或者使用统计判据决策[49]等先进的方法,但计算量颇大,有些需要关于肌电信号的先验知识以建立合适的模型,这在肌电发起动作实时监测中并不适用。近期,有研究[50]将 Teager - Kaiser Energy(TKE)算子应用至 EMG 信号进行肌肉活动检测。TKE 应用于音频信号,用于验证语音信号的非线性[51]。

在获得人体动作的发起点后,将能够获得更加精确的瞬态肌电信号,继而判断人手预抓取阶段的模式[52]或者各手指在抓取过程中的协同。预抓取主要是调节各手指至合适的姿态,以决定各个手指的施力方向,从而能稳定、有效地抓取物体。业已有文献表明[53,54],肌电信号中蕴含着人手预抓取模式的信息。如果能有效地提取到这种模式信息,即可将其应用至假手抓取的在线控制。

采用机器学习的方法,在控制过程中持续进行控制预测以及信息的学习[55],是多自由度 EMG 感官控制及克服信号时变的有效方法。这种方法使用相应的实时感知信息获取策略,以期赋予 sEMG 控制更多的功能。获取上下文信息或情境认识(以暂态预测形式存在的知识)是适应性改变提升肌电控制系统性能的基础。对预测及情境信息进行实时的机器学习能够为肌电控制提供与人类相类似的、与形势相适应的调节机制,如图 6.21 所示。文献表明,暂态预测学习可以通过在假肢控制接口的持续使用中引入增强学习[56,57](Nexting 和 GVF's[58])来实现,可以从单一数据流中高效地学习并做出肌电假肢控制中的精确预测,包括位置、运动、sEMG 的输入及接触力,用户控制意图以及控制时序等。

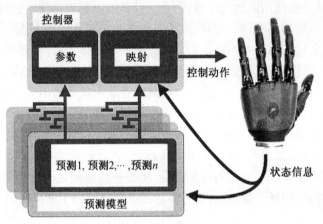

图 6.21　情境认知在肌电控制中的应用[59]

早期的神经科学研究表明,人体中枢神经系统(CNS)采用一种协调的方式控制人手的运动。研究者经常采用"协同"(Synergy)来描述人手的这种空间协调机制,并将其划分为 3 种不同的层次,即姿态协同、运动协同及力协同[60]。人手在面对不同抓取任务时,其全部的变化可以使用少数几个变量(一般两个,大于 80%)来进行描述[61]。基于"协同"能够在低纬度描述系统复杂特性,它能够广泛应用于仿人型假手的机械设计[62]、抓取控制[63,64]以及人手到机械手的运动映射[65,66]。近期,研究者提出一种新颖的基于"协同"概念的灵巧假手肌电控制方法[67],用于完成少数几种特定的人手灵巧操作任务,如拧瓶盖等。这种控制方法仅需要 1~2 枚肌电电极,为可用肌电信号严重受限的患者提供了一种控制灵巧假肢的可能。同有限状态机[68,69]结合起来,使用传统触发式肌电信号控制进行假手模式的切换,使用"协同"控制选定操作模式[70],将是近期多自由度假肢控制的一种有效途径。同时我们也应该意识到,"协同"只代表人手运动参数的大部分变化机制,一些小的变化可能对抓取模态的描述更加重要[71]。此时,通过在操作空间引入柔顺协同(Soft Synergy)[72]的概念,或者在协同空间引入阻抗控制[73]来弥补协同肌电控制所带来的控制误差,将是未来假肢肌电控制一大发展方向。

本章小结

本章探讨了假手多种姿态及手指动作模式的肌电控制方法。该方法通过持续性地检测人体前臂肌电信号，能够在线识别包括单手指运动、多手指联动在内的多种人手运动模式，继而控制假手做出相似的动作。

本章首先使用各模式内多组次稳态训练数据，以较高的成功率识别了包括放松态在内的人手19种姿态模式。为了减少实时识别时在人手姿态转换过程中的分类错误，提出使用复合决策的方法，将所有待分模式划分为放松态及激活态两组，采用阈值决策及支持向量机决策分别进行放松态和激活态（EMG发起活动检测）及两激活态之间（运动模式）的识别，显著提高了人手在姿态的发起阶段的识别成功率。

在采集训练数据时，复合决策方法还允许受试者动态地给出所需姿态及动作模式。基于此，本书提出一种"波动式"训练方法，可提高单组次训练数据的模式信息含量。最后进行了基于PC机的虚拟假手控制实验、基于DSP的嵌入式假手控制实验以及截肢患者肌电控制实验。控制实验效果表明人手运动模式识别成功率高，识别速度快，且假手控制的感觉性较强烈。

参考文献

[1] WU Y, HUANG T S. Hand modeling, analysis, and recognition: for vision-based human computer interaction[J]. IEEE Signal Processing Magazine, 2001, 18(3):51-60.

[2] OKADA T. Computer control of multijointed finger system for precise object-handling[J]. IEEE Transactions on Systems, Man and Cybernetics, 1982, 12:289-299.

[3] MELCHIORRI C, VASSURA G. Mechanical and control features of the university of bologna hand version 2[C]. Raleigh: Proceedings of the 1992 IEEE/RSJ International Conference on Intelligent Robots and Systems, 1992:187-193.

[4] LI J W, LIU H, CAI H G. On computing three-finger force-closure grasps of 2-D and 3-D objects[J]. IEEE Transactions on Robotics and Automation, 2003, 19:155-161.

[5] CARROZZA M C, MASSA B, MICERA S, et al. The development of a novel prosthetic hand—ongoing research and preliminary results[J]. IEEE/ASME Transactions on Mechatronics, 2002, 7(2):108-114.

[6] HUDGINS B, PARKER P, SCOTT R N. A new strategy for multifunction myoelectric control [J]. IEEE Transaction on Biomedical Engineering, 1993, 40(1):82-94.

[7] SHENOY P, MILLERK J, CRAWFORD B, et al. Online electromyographic control of a robotic prosthesis[J]. IEEE Trans. Biomedical Engineering, 2008, 55:1128-1135.

[8] BITZER S, Van Der SMAGT P. Learning EMG control of a robotic hand: towards active prostheses[C]. Orlando: Proc. of ICRA, International Conference on Robotics and Automation, 2006:2819-2823.

[9] ENGLEHART K, HUDGINS B. A robust, real-time control scheme for multifunction myoe-

lectric control[J]. IEEE Transactions on Biomedical Engineering, 2003, 50(7): 848-854.

[10]HUDGINS B,PARKER P, SCOTT R N. A new strategy for multifunction myoelectric control [C]. IEEE Transaction on Biomedical Engineering, 1993, 40(1):82-94.

[11]ITO K, TSUKAMOTO M,KONDO T. Discrimination of intended movements based on non-stationary EMG for a prosthetic hand control[C]//The 3rd International Symposium on Communications. Julians: Control and Signal Processing,2008:14-19.

[12]VUSKOVIC M,SIJIANG D. Classification of prehensile EMG patterns with simplified fuzzy-artmap networks[C]. Honolulu:International Joint Conference on Neural Networks,2002, 3:2539-2544.

[13]ENGLEHART K, HUDGINS B,PARKERPA. A wavelet-based continuous classification scheme for multifunction myoelectric control[C]. IEEE Trans. Biomed. Eng. ,2001, 48 (3):302-310.

[14]SCHMIDR O. Multiple emitter location and signal parameter estimation[C]. IEEE Trans. Antennas Propagation,1986, 34:276-280.

[15]BICKERTONL E,AGURA M,ASHBY P. Flexor digitorum superficialis: locations of individual muscle bellies for botulinum toxin injections[C]. Muscle Nerve, 1997, 20:1041-1043.

[16]OSKOEIM A, HU H. Myoelectric control systems—A survey[J]. Biomedical Signal Processing and Control,2007, 2(4):275-294.

[17]MERLO A,FARINA D,MERLETTI R. A fast and reliable technique for muscle activity detection from surface EMG signals[J]. IEEE Transaction on Biomedical Engineering,2003, 50:316-323.

[18]CLANCY E A,MORIN E L,MERLETTI R. Sampling, noise-reduction and amplitude estimation issues in surface electromyography[J]. Electromyogr. Kinesiol,2002, 12 :1-16.

[19]FARINA D, MERLETTI R. Comparison of algorithms for estimation of EMG variables during voluntary isometric contractions[J]. Electromyogr Kinesiol, 2000, 10:337-349.

[20]KARLSSON S,YU J,AKAY M. Time-frequency analysis of myoelectric signals during dynamic contractions: a comparative study[C]. IEEE Trans. Biomed. Eng. ,2000, 47 (2): 228-238.

[21]MERLETTI R, KNAFLITZ M,De LUCAC J. Electrically evoked myoelectric signals[J]. Crit. Rev. Biomed. Eng. ,1992, 19:293-340.

[22]ENGLEHART K,HUDGINS B,PARKER P A, et al. Classification of the myoelectric signal using time-frequency based representations[J]. Med. Eng. Phys. , 1999, 21:431-438.

[23]ENGLEHART K, HUDGINS B,PARKER P A. A wavelet-based continuous classification scheme for multifunction myoelectric control[J]. IEEE Trans. Biomed. Eng. ,2001,48 (3):302-310.

[24]PHINYOMARK A,NUIDOD A, PHUKPATTARANONT P, et al. Feature extraction and reduction of wavelet transform coefficients for EMG pattern classification[J]. Elektronika Ir Elektrotechnika, 2012,122:27-32.

[25] CHU J, MOON I, KIM S, et al. Control of multifunction myoelectric hand using a real time EMG pattern recognition[C]. Edmonton: Proceedings of the IEEE/RSJ International Conference on Intelligent Robots and Systems, 2005: 3957-3962.

[26] FINLEY F R, WIRTA R W. Myocoder studies of multiple myopotential response[J]. Arch. Phys. Med. Rehabil. , 1967, 48(11): 598-601.

[27] LAMOUNIER E, SOARES A, ANDRADE A, et al. A virtual prosthesis control based on neural networks for EMG pattern classification[C]. Banff: 6th IASTED International Conference on Artificial Intelligence and Soft Computing, 2002: 425-430.

[28] AU A T C, KIRSCH R F. EMG-Based prediction of shoulder and elbowkinematics in ablebodied and spinal cord injured individuals[J]. IEEE Trans. Rehabil. Eng. , 2000, 8 (4): 471-480.

[29] HUDGINS B, PARKER P, SCOTT R. Control of artificial limbs using myoelectric pattern recognition[J]. Med. Life Sci. Eng. , 1994, 13: 21-38.

[30] KIGUCHI K, ESAKI R, TSURUTA T, et al. An exoskeleton system for elbow joint motion rehabilitation[C]. Kobe: Proceedings of IEEE/ASME International Conference on Advanced Intelligent Mechatronics, 2003: 1228-1233.

[31] KARLIK B, TOKHIM O, ALCI M. A fuzzy clustering neural Network architecture for multifunction upper-limb prosthesis[J]. IEEE Trans. Biomed. Eng. , 2003, 50 (11): 1255-1261.

[32] CHANF H Y, YANGY S, LAMF K, et al. Fuzzy EMG classification for prosthesis control[J]. IEEE Trans. Rehabil. Eng. , 2000, 8 (3): 305-311.

[33] CHANAD C, ENGLEHART K. Continuous classification of myoelectric signals for powered prostheses using gaussian mixture models[C]. Cancun: Proceedings of 25th Annual International Conference of the Engineering in Medicine and Biology Society, 2003: 2841-2844.

[34] HUANG Y, ENGLEHART K, HUDGINS B, et al. A gaussian mixture model based classification scheme for myoelectric control of powered upper limb prostheses[J]. IEEE Trans. Biomed. Eng. , 2005, 52 (11): 1801-1811.

[35] CHANA D, ENGLEHART K B. Continuous myoelectric control for powered prostheses using hidden markov models[C]. IEEE Transactionson Biomedical Engineering, 2005, 52: 121-124.

[36] CORTES C, VAPNIK V. Support-vector network[J]. Machine Learning, 1995, 20: 273-297.

[37] KEERTHI S S, LIN C J. Asymptotic behaviors of support vector machines with gaussian kernel[J]. Neural Computation, 2003, 15(7): 1667-1689.

[38] HSU C W, LIN C J. A comparison of methods for multi-class support vector machines[J]. IEEE Transactions on Neural Networks, 2002, 13(2): 415-425.

[39] ENGLEHART K, HUDGINS B, ROBUST A. Real-time control scheme for multifunction myoelectric control[C]. IEEE Transaction on Biomedical Engineering, 2003, 50: 848-854.

[40] XU Q, QUAN Y Z, YANG L, et al. He, an adaptive algorithm for the determination of the

onset and offset of muscle contraction by EMG signal processing[J]. IEEE Transactions on Neural Systems and Rehabilitation Engineering, 2013, 21:65-73.

[41] LI X Y, ZHOU P, ARUIN A S. Teager-kaiser energy operation of surface EMG improves muscle activity onset detection[J]. Annals of Biomedical Engineering, 2007, 35: 1532-1538.

[42] ENGLEHART K, HUDGINS B, ROBUST A. Real-time control scheme for multifunction myoelectric control[J]. IEEE Transaction on Biomedical Engineering, 2003, 50:848-854.

[43] ERIKSSON L, SEBELIUS F, BALKENIUS C. Neural control of a virtual prosthesis[C]. Skovde:Proceedings of the 8th International Conference on Artificial Neural Networks, 1998.

[44] PLATT J. Fast training of support vector machines using sequential minimal optimization [M]//Advances in Kernel Methods-Support Vector Learning. Cambridge:MIT Press, 1999: 41-65.

[45] DIFABIOR P. Reliability of computerised surface electromyography for determining the onset of muscle activity[J]. Phys. Ther. ,1987, 67:43-48.

[46] HODGESP W, HUIB H. A comparison of computer-based methods for the determination of onset muscle contraction using electromyography[J]. Electroencephalography and Clinical Neurophysiology, 1996, 101:511-519.

[47] BONATO P, ALESSIO T D, KNAFLITZ M. A statistical method for the measurement of muscle activation intervals from surface myoelectric signal during gait[J]. IEEE Transaction on Biomedical Engineering, 1998, 45:287-298.

[48] MERLO A, FARINA D, MERLETTI R. A fast and reliable technique for muscle activity detection from surface EMG signals[J]. IEEE Transaction on Biomedical Engineering, 2003, 50:316-323.

[49] STAUDE G H. Precise onset detection of human motor responses using a whitening filter and the log-likelihood-ratio test[J]. IEEE Transaction on Biomedical Engineering, 2001, 48: 1292-1305.

[50] LI X, ZHOU P, ARUIN A S. Teager-kaiser energy operation of surface EMG improves muscle activity onset detection[J]. Annals of Biomedical Engineering, 2007, 35(9):1532-1538.

[51] TEAGER H M, TEAGER S M. Evidence for nonlinear sound reduction mechanisms in the vocal tract[C]. Kluwer Acad. Publ. , 1990:241-261.

[52] IBERALL T. Grasp planning for human prehension[J]. In Proceedings of IJCAZ−87a, 1987:1159-1156.

[53] VUSKOVIV M I, POZOS A L, POZOS R. Classification of grasp modes based on electromyographic patterns of preshaping motions[C]. Vancouver: IEEE International Conference on Systems, Man and Cybernetics, 1995:89-95.

[54] VUSKOVIC M, SIJIANG D. Classification of prehensile EMG patterns with simplified fuzzy-artmap networks[J]. Networks: International Joint Conference on Neural Honolulu, 2002, 3:2539-2544.

[55] PILARSKI P M, DAWSON M R, DEGRIS T, et al. Adaptive artificial limbs: a real-time approach to prediction and anticipation[J]. IEEE Robotics & Automation Magazine, 2013, 20(1): 53-64.

[56] PILARSKI P M, DAWSON M R, DEGRIS T, et al. Dynamic switching and real-time machine learning for improved human control of assistive biomedical robots[C]//The Fourth IEEE RAS/EMBS International Conference on Biomedical Robotics and Biomechatronics. Roma: IEEE, 2012:296-302.

[57] EDWARDS A L, KEARNEY A, DAWSON M R, et al. Temporal-difference learning to assist human decision making during the control of an artificial limb[C]. New Jersey:1st Multidisciplinary Conference on Reinforcement Learning and Decision Making, 2013.

[58] MODAYIL J, WHITE A, SUTTON R S. Multi-timescale nexting in a reinforcement learning robot[J]. Adaptive Behavior-Animals, Animats, Software Agents, Robots, Adaptive Systems, 2014, 22(2): 146-160.

[59] CASTELLINI C, ARTEMIADIS P, WININGER M, et al. Proceedings of the first workshop on peripheral machine interfaces: going beyond traditional surface electromyography[J]. Frontiers in Neurorobotics, 2014, 8 (22):1-17.

[60] GRINYAGIN I V, BIRYUKOVA E V, MAIER M A. Kinematic and dynamic synergies of human precision-grip movements[J]. J. Neurophysiol, 2005, 94:2284-2294.

[61] SANTELLO M, FLANDERS M, SOECHTING J F. Postural hand synergies for tool use[J]. The Journal of Neuroscience, 1998, 18:10105-10115.

[62] BROWN C Y, ASADA H H. Inter-finger coordination and postural synergies in robot hands via mechanical implementation of principal components analysis[J]. IEEE/RSJ International Conference on Intelligent Robots and Systems, 2007, 29:2877-2882.

[63] FICUCIELLO F, PALLI G, MELCHIORRI C, et al. Experimental evaluation of postural synergies during reach to grasp with the UB hand IV[C]. IEEE/RSJ International Conference on Intelligent Robots and Systems, 2011:1175-1780.

[64] MASON C R, GOMEZ J E, EBNER T J. Hand synergies during reach-to-grasp[J]. J. Neurophysiol, 2001, 86:2896-2910.

[65] ROMERO J, FEIX T, EK C H, et al. Extracting postural synergies for robotic grasping [J]. IEEE Transactions on Robotics, 2013, 29:1342-1352.

[66] GIOIOSO G, SALVIETTI G, MALVEZZI M, et al. Mapping synergies from human to robotic hands with dissimilar kinematics: an approach in the object domain[J]. IEEE Transactions on Robotics, 2013, 29:825-837.

[67] KENT B A, KARNATI N, ENGEBERG E D. Electromyogram synergy control of a dexterous artificial hand to unscrew and screw objects[J]. J. Neuroeng Rehabil, 2014, 11:41.

[68] REISCHL M, MIKUT R, PYLATIUK C, et al. Control and signal processing concepts for a multifunctional hand prosthesis[C]. Fredericton: Proceedings of Myoelectric Controls Symposium, 2002:116-119.

[69] DALLEY S A, VAROL H A, GOLDFARB M. A method for the control of multigrasp myoe-

lectric prosthetic hands[J]. IEEE Transactions on Neural Systems and Rehabilitation Engineering,2012,20(1):58-67.

[70]KENT B A, LAVERY J, ENGEBERG E D. Anthropomorphic control of a dexterous artificial hand via task dependent temporally synchronized synergies[J]. Journal of Bionic Engineering,2014,11:236-248.

[71]MASON C R, GOMEZ J E, EBNER T J. Hand synergies during reach-to-grasp[J]. J. Neurophysiol, 2001,86:2896-2910.

[72]PRATTICHIZZO D, MALVEZZI M, GABICCINI M,et al. On motion and force controllability of precision grasps with hands actuated by soft synergies[J]. IEEE Transactions on Robotics,2013,29:1440-1456.

[73]WIMBOCK T, JAHN B, HIRZINGER G. Synergy level impedance control for multifingered hands[C]. IEEE/RSJ International Conference on Intelligent Robots and Systems,2011:973-979.

第7章 假手生机交互——抓取控制

本章要点：传统肌电控制方法只能给出各个运动模式的"开关"信号，在无反馈引入的条件下无法对绝对位置及手指出力进行精确控制，这在一定程度上降低了仿人型假肢的控制直观性及生理感受性。研究表明，通过对肌电信号进行合理的量化（回归算法），不仅可以用来区分不同的手指状态，还可以表征手指施力的大小。生物力学研究表明，肌肉收缩的强度与肌电信号的幅值具有较强的相关性，因此，本章探讨一种分层式的仿人型假手肌电控制方法，对人手动作及抓取力同时进行检测，进而为假手的控制提供多种可供选择的参考信号。

7.1 基于肌电的分层控制策略

由第2章可知，人体对肢体末端的控制实际包括两大循环：外层循环由大脑产生，通过获取的感觉信息由运动皮层产生控制意图，经小脑及脑干的协调后由脊髓神经发送到末梢神经。该循环的主要特征在于延迟较大，通常由大脑产生的指令到达肌肉需要 150 ~ 250 ms。内层的循环又称为"神经反射循环"，主要的执行器官为肌肉及感觉器官。尤其是肌肉之中的肌梭，既能通过传入神经将感觉信息传递到脊椎，也能够通过神经冲动将控制意图传递到肌肉，进而刺激肌肉产生收缩，其控制延迟为 25 ~ 30 ms。除此之外，肌肉中的腱梭还可以通过脊髓纤维将肌肉信息反馈给大脑。对上述控制规律进行简化，结合电气系统的结构，建立基于 EMG 的分层控制策略，如图 7.1 所示。

该策略主要由 EMG 信息处理层及假手协调控制层组成。其中，EMG 信号处理层主要实现手指抓取模式的识别及基于 EMG 的抓取力预测；假手协调控制层根据力平衡条件来分配各手指的抓取力，最后通过阻抗力跟踪的方式实现单手指的控制。该方法能够根据人的意愿主动控制抓取力，从而间接控制各指间的接触力，且能够保证抓取的力平衡，但能否抓住物体则需要各种反馈信息（如视觉、振动、电刺激等）。此外，各指接触力通常不具备最优性。

肌电信息处理层主要完成人手抓取模式的识别以及手指抓取力的预测。从动作识别的角度分析，虽然通过模式识别的方法可以区分超过 20 种以上的手部姿态，但绝大多数无法应用于抓取，而且前期残疾人实验的结果也表明残疾人能够区分的动作模式仅有 4 ~ 5 种。第2章已经对人手的基本抓握形式进行了综述。一般认为，人手对日常生活中不同形状物体的抓取遵循6种基本抓取模式，即圆柱抓取（Cylindrical）、指尖捏取（Fingertip）、钩形抓取（Hook）、掌心捏取（Palmar）、球形抓取（Spherical）及侧边捏取（Lateral）。从抓取功能看，如果假手能够实现上述6种基本抓取模式，即可应对日常生活中的大多数物体。从抓取力控制的角度来说，尽管在单指施力时可以通过 EMG 幅值预测施力的大小，但在多指抓取物体时，由于人体前臂肌群存在耦合作用，任意手指施力时都会在其他手指上产生一定的附加

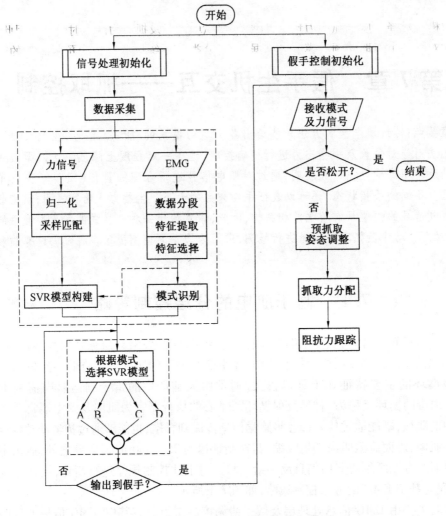

图 7.1　基于肌电的分层控制方法流程

力。此时,单纯从多通道 EMG 信号幅值上无法直接区分各手指出力。

　　基于上述两点,需要建立基于多通道 EMG 的抓取模式及抓取力预测方法。基于前文有关人手姿态肌电模式识别的研究,拟在抓取力预测中采用支持向量回归(Support Vector Regression,SVR)建模方法,从而可以方便地应用于不同对象,而不需要复杂的生理学测量及建模。在 6 种抓取模式中,圆柱、虎克以及球状抓取属于强力抓取,此时手指与物体有多个接触点,这就意味着每个手指上作用有多个接触力。由人手肌肉构造可知,通过手臂处 EMG 预测各指节的出力难以实现,因此暂不考虑强力抓取模式,而倾向于其余 3 种精细抓取模式。另外,由于侧边捏取实际是拇指的单独推搡运动,同样不予考虑。从第 6 章人手自由度配置出发,由于日常生活中主要使用拇指、食指及中指,较少用到无名指及小指,因此专注于拇指、食指及中指的联合捏取情况,对应抓取模式为 3 指捏取、拇指与食指捏及拇指与中指捏。

　　总之,针对上述抓取模式的抓取力预测方法可以概括为:同步采集前臂肌群的多通道 EMG 信号以及法向抓取力,根据不同的抓取模式分别采样、存储 EMG 以及力数据,利用上述数据进行抓取模式的分类以及抓取力预测模型库的建立。在实际的抓取操作中,通过当前的抓取模式选择对应的抓取力预测模型,实现抓取模式及抓取力的同时输出。因此,每种抓取模式对应一个抓取力预测模型。数据采集、分类器训练以及抓取力预测模型的建立均离线完成,在线控制阶段只需要 EMG 信息。

7.2　信号采集及预处理

7.2.1　力信号的采集及预处理

首先,采集一种指尖力信号用于建立抓取模式的标签。由于不需要进行精确测量,采用压阻式柔性力传感器 FSR[1]。该传感器静态标定后粘贴于人手的指尖处,以其作为接触的开关量,通过式(7.1)的阈值决策方法标示出各手指的状态,分别以"0"和"1"表示。按照拇指到中指的顺次排列组成二进制编码形式,因此,每种手部动作方式对应一个值,用于在线生成模式识别所需的类别号,并用于抓取力预测模型的选择。

$$f(x) = \text{sign}\{x(i) - Thd(i)\} = \begin{cases} 1, \text{接触态} \\ 0, \text{非接触态} \end{cases} \tag{7.1}$$

式中　　$x(i)$——通道 i 的 FSR 测量值;

$Thd(i)$——通道 i 的阈值,根据实验确定为 0.3 N。

另外,需要一种精确的力信号用于建立回归模型。使用 JR3 公司生产的商业化高精度六维力传感器(型号为 67M25A3 - I40 - D 100N6)[2]。该传感器线性度为 1.0%,重复性为 1.0%,其零点温漂在 0.5%/℃以下,传感器 Z 方向允许载荷为 200 N,分辨率为 0.02 N。使用过程中沿传感器的 Z 轴垂直施加力。由于 JR3 在测量过程中的示数为格数,范围为 [-50 000,0],实际使用中需要对其标定。采用在 F_z 方向放置砝码的方式标定,通过线性拟合,得到近似方程为

$$F = -z/66.9 \tag{7.2}$$

由于抓取力预测中需要反映出力的大小变化,因此,在力采集过程中采用波动式采集方法,并需要至少施加一次最大抓取力(MVC)用于将力信号归一化处理。归一化处理有助于降低大数的主导作用,提高模式识别及抓取力预测精度。

7.2.2　肌电信号的采集

EMG 信号的质量对模式识别及抓取力预测均具有重要的意义。EMG 极易受到噪声干扰而降低信噪比。常见的干扰主要包括电极本身的噪声、外界 50 Hz 工频干扰、相邻肌肉之间的耦合作用等。优质电极一般具有低畸变放大特性,采用双极性差分放大器减少共模噪声,采用 Ag - AgCl 极片来提高信号的稳定性,降低电磁噪声,初级放大后再进行陷波滤波处理以消除工频干扰。为了能够获得原始肌电信号(Raw EMG),选择商业化有源双极性差分电极,其参数见表 7.1。

表7.1　　商业化电极参数

图　　片	属　　性
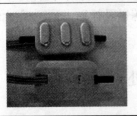	电极尺寸:30 mm × 18 mm × 11 mm 极片材料:Ag – AgCl 放大系数:2 000 ~ 100 000 输出:0 ~ 5 V 共模抑制比:大于 108 dB 频宽:90 ~ 500 Hz

　　根据第 2 章的人体前臂肌肉解剖学,人体前臂处共有 19 块肌肉。根据它们的作用不同可以分为前臂前群肌及后群肌,前者负责控制关节弯曲,后者负责伸展。肌群中的肌肉呈分层交叠方式,一块肌肉控制多条肌腱的收缩,多块肌肉协调控制手指的运动及施力。因此,同一个电极可能测得多个手指动作时的 EMG 信号。为了实现手指动作的区分,模式识别的方法便必不可少。根据解剖学的研究,手指在静态施力时主要来自前臂的长肌,结合本书研究的抓取模式,选择 4 块肌肉放置电极[3]。肌电电极配制见表 7.2。

表7.2　　肌电电极配置

图　　片	编　号	肌肉名称	作　　用
	1	拇短伸肌	拇指伸展
	2	拇短屈肌	拇指弯曲
	3	指浅屈肌	食指弯曲
	4	桡侧腕屈肌	中指弯曲

　　三块屈肌用于控制手指弯曲,一块伸肌用于控制拇指伸展。电极位置的选择需要让每一通道 EMG 信号的最大变化量基本与所需检测动作对应,并且使相邻电极之间的耦合作用尽可能小。在实际应用中,在抓取完成后需要松开手指,由于抓取都需要拇指参与,因此选取拇短伸肌信号控制手指伸展,且不需要进行模式识别。采用这种布置方式可以兼顾分类的成功率以及抓取力预测的冗余性。

　　电极的放置方向对 EMG 信号的幅值具有较大的影响。根据 SENIAM 项目的研究[4],电极应当放置在肌腹的位置,并使得极片垂直于肌纤维方向。为了更好地提高极片与皮肤之间的导通性,采用 70% 医用酒精去除皮肤表面的污垢。EMG 信号采用 ADlink – 9118HR 型16 bit A/D 数据采集卡进行采集。采集系统的电压范围为 ± 5 V,由于原始肌电信号幅值平均约为 100 μV。为了与信号采集卡的输入匹配,将电极的放大倍数设置为 14 000 倍,采样频率设为 1 kHz。通过对人手施力信号的频谱分析可知,其能量主要集中在 50 Hz 内,因此力信号采样频率设定为 100 Hz。EMG 及力信号通过在 Lab VIEW 中编制程序实现同步采集。

　　在信号采集过程中,手腕的俯/仰以及内展/外伸对前臂肌肉群肌电信号具有较大的干扰,在假手控制中容易产生误动作。为了消除手腕运动的干扰,在信号采集过程中保持实验对象手腕固定。采集系统硬件如图 7.2 所示。

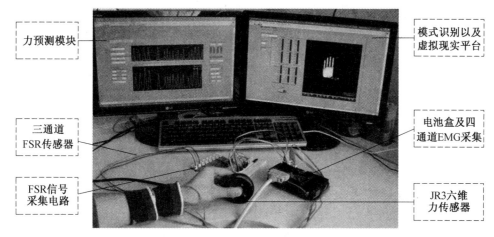

图 7.2　实验装置

7.2.3　肌电信号的融合

从人机交互安全性的角度考虑,对 EMG 信号的融合主要用于提高力预测的准确性并减小预测力的超调。在电极佩戴好之后,为了保证电极的位置及良好的接触,通常不能移除。长时间的接触会导致皮肤出汗,引起信号漂移;此外,电极与皮肤意外脱离、接触也会带来瞬时的输出饱和。上述信号畸变对模式识别及抓取力预测均会产生影响。在本书的控制方法中,模式识别仅起到判别的作用,提供的信号仅相当于"开关"信号,而抓取力预测得到的是一种直接的力控制信号,受到 EMG 信号畸变的影响更大。因此,对信号畸变可能引起的输出饱和采用多传感器融合的方法加以削弱。

根据应用场景的不同,多传感器融合可以在不同的层次实施。例如,在实时控制中可以采用传感器级别的融合,只需要将融合当作是信号处理流程中一个额外的步骤。像素级别的融合可以应用于图像分割;特征或是符号级别的融合可以应用于模式识别,以提高识别准确度。根据上述依据,可以将信号融合算法分为估计方法、分类方法、推理方法以及人工智能方法。本章主要在传感器级别进行数据融合,因此采用估计方法。最为简单、直观的估计方法为加权平均法,该方法可以针对传感器的冗余信息对原始 EMG 信号进行处理。除此之外,应用最广泛的是卡尔曼滤波法,该方法利用被测模型的统计学规律递归确定估计值,对于近似满足高斯噪声分布的 EMG 信号来说,卡尔曼滤波器能够提供唯一的统计学意义上的无偏最优估计,能够使得估计值的方差最小。考虑到实时运算及增减电极数量的方便,本章采用离散形式的卡尔曼滤波法[5]（Discrete Kalman Filter,DKF）,如图 7.3 所示。

首先计算原始肌电信号的均值 $\bar{s}_i(k)$ 和方差 $\sigma_i^2(k)$,即

$$\bar{s}_i(k) = \bar{s}_i(k-1) + [\bar{s}_i(k) - \bar{s}_i(k-1)]/k \tag{7.3}$$

$$\sigma_i^2(k) = \sigma_i^2(k-1) + \{[s_i(k) - \bar{s}_i(k-1)]^2 - \sigma_i^2(k-1)\} \tag{7.4}$$

式中　$s_i(k)$——通道 i 在 k 时刻的 EMG 电极采样值;

$\bar{s}_i(k)$——通道 i 在 k 时刻的均值;

$\sigma_i^2(k)$——通道 i 在 k 时刻的方差。

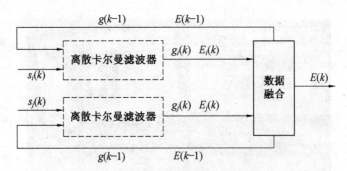

图 7.3　离散卡尔曼滤波融合算法

以 i 通道的离散卡尔曼滤波器为例:

$$g_i^{-1}(k) = g_i^{-1}(k-1) + \left[\sigma_i^2(k)\right]^{-1} \tag{7.5}$$

$$E_i(k) = g_i(k)\left[g_i^{-1}(k-1)E_i(k-1) + (\sigma_i^2)^{-1}s_i(k)\right] \tag{7.6}$$

数据融合后,有

$$g^{-1}(k) = g^{-1}(k-1) + \sum_{i=1}^{n} g_i^{-1}(k) - g_i^{-1}(k-1) \tag{7.7}$$

$$E(k) = g(k)\left[g_i^{-1}(k-1)E(k-1) + \sum_{i=1}^{n} g_i^{-1}(k)E_i(k) - g_i^{-1}(k-1)(\sigma_i^2)^{-1}E_i(k-1)\right] \tag{7.8}$$

以两通道电极融合为例,经过 DKF 处理后的信号如图 7.4 所示。

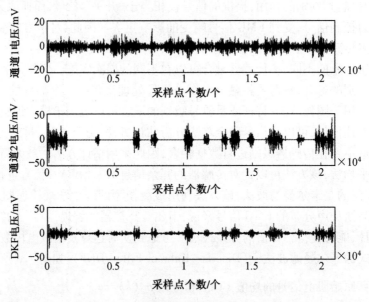

图 7.4　原始 EMG 信号 DKF 融合

7.2.4　特征提取及选择

本小节探讨对电极测量得到的原始 EMG 信号进行滤波、数据分段及特征提取,以用于模式识别及抓取力预测。采用 6 阶 Butterworth 带通滤波器进行滤波,频带宽度为 10 ~ 500 Hz,该频带可以覆盖肌电信号的主要能量范围,同时可以去除低频,防止高频噪声放大。特征的提取及选择对模式识别及抓取力预测均具有重要的影响。所选特征既要能反应不同抓取模式的差异,又需要尽量减少特征的维数,尤其是抓取模式较多时,过多的维数会严重影响模式识别的实时性。在特征提取中,采用基于滑动窗口的实时算法[6]。首先设定每个数据窗口的长度 T_{total} 为 128 ms,分为 3 个子窗口(64 ms),窗口重叠步长为 32 ms,从而尽可能提高特征的分辨率,如图 7.5(a) 所示。特征选择既要保证减小特征的维数,又要保留足够丰富的信息,通常采用奇异值分解法或主从分量分析法。由于既要分辨手指的状态又要考虑力回归,因此需要选择合适的肌电特征。

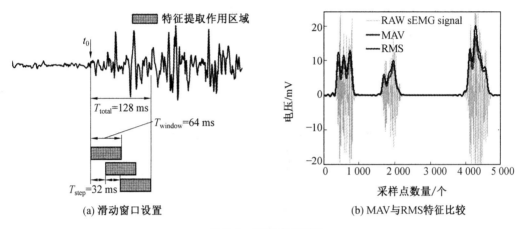

图 7.5　EMG 特征提取

(a) 滑动窗口设置　　　　　　　(b) MAV 与 RMS 特征比较

对于手部动作的识别来说,采用不同的特征结合不同的分类器会有不同的精度,前期关于 SVM 动作识别方法的研究表明,采用单一时域特征(如 MAV,WL,RMS 等)的分类成功率并不亚于使用综合时域特征(MAV + WL + ZC + SSC);直接使用各种频域特征(如 MDF,AR6 等)的分类成功率不到 80%;采用时频域结合特征(RMS + AR6)的成功率不如单独采用时域 RMS 时高。另外,多类特征的简单叠加会加大运算量,引起延迟,不利于后续的算法片内集成,而复杂的特征选择方法效率较低,泛化能力差。由于本小节模式分类较为简单,因此采用单一的时域特征即可满足要求。

对于力回归而言,所选特征需要能够反映出力的大小变化。研究表明,时域特征中的 MAV,RMS 随力的增大而显著增加,频域特征中的 MDF 随力的增大而显著减小。进一步分析还表明 MAV,RMS 及 MDF 在力变化的瞬间也有显著的改变。此外,从生物医学的角度分析,力的大小与肌电信号的幅值具有直接的近似线性关系。而从数学上分析,对肌电信号幅值的估计实际上是对信号方差的估计,而采用不同的概率密度函数来描述 EMG 可以有不同的幅值估计方法[7]。肌电信号的概率密度分布介于高斯分布与拉普拉斯分布之间,以 SNR 为评价指标,当采用高斯型概率密度函数时 RMS 具有较高的 SNR,而采用拉普拉斯型概率密度函数时,MAV 具有较高的 SNR,SNR 最大相差约为 10%。通过实测肌电信号计算得到的 MAV 与 RMS 特征比较如图 7.5(b) 所示,可见,RMS 及 MAV 均可以公正地反映 sEMG 的幅值特征。

7.2.5　实验设置

为了实现假手力控制,围绕如何提高人手抓取力预测的准确度及可靠性,设计了 3 组实验。实验选取4名男性实验对象,年龄在(27.3 ±1.8)岁,质量为(67.8 ±9.3)kg,所有实验者均没有神经及骨骼肌肉损伤病史。实验者采取坐姿,手臂呈自然放松状态,上臂与前臂夹角约为120°。

实验1:用于验证基于EMG的模式识别及抓取力预测方法的有效性。实验对象1名。手部动作分为以下3种方式:拇指与食指捏、拇指与中指捏及3指捏。实验中需要同步采集抓取法向力及EMG信号,其中传感器的配置、信号采集、处理如前所述。实验需重复进行4组,在每组中按照3种方式依次进行,每种方式的持续时间为10 s,相邻两种方式之间间隔5 min。相邻组次之间间隔0.5 ~ 1 h,以使前臂肌群得到恢复。在整个实验过程中不移去电极并尽量保持电极的位置不变。

实验2:比较抓取力预测算法中不同参数优化方法的性能。手部动作为拇指与食指捏取。实验对象4名。其余设置与实验1相同。

实验3:验证抓取力预测模型对左、右手的适应性。本章针对左、右臂在近似相同电极配置的情况进行同样抓取模式的研究。实验对象1名,手部动作为拇指与食指捏取,先采集右手的EMG信号与捏力;为了尽可能保证左、右手电极与所在肌肉的相对位置,首先选择左臂对应的肌肉,并以手腕为基准确定左右手电极纵向位置相同,然后采集两手对应手指分别运动时的EMG信号做对比,通过信号的吻合程度进行微调,确定其横向位置。在左臂近似相同的肌肉上放置电极,重复采集EMG与捏取法向力。

7.3　基于肌电的抓取模式识别

手指动作模式的识别在本节的控制方法中具有重要的作用。首先,假手需要根据模式识别的结果进行预抓取构型;其次,手指抓取力预测模型的选择需要根据模式识别的结果确定。基于前期关于模式识别方面的研究,本章采用基于支持向量机(SVM)的手部动作分类方法,具体算法见第6章。

采用实验1测得的数据,每种模式取100个MAV特征进行训练,取另外的100点进行预测,训练以及预测的识别成功率达到93%以上,如图7.6(a)所示。为了对分类器的性能进行进一步的验证,本书对实验1中4组数据进行了交叉验证,得到的识别成功率结果如图7.6(b)所示。成功率均在85%以上,其中,以同一组次内的数据训练及验证得到的成功率最高。

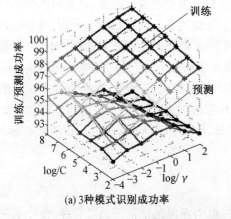

(a) 3种模式识别成功率

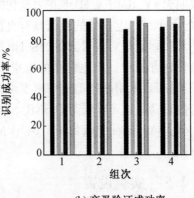

(b) 交叉验证成功率

图7.6　3种抓取模式识别成功率

7.4 基于肌电的抓取力预测

7.4.1 抓取力预测模型的建立

从被操作物体的角度来看,作用在物体上的外力可以表示为一个六维力旋量,要使物体保持平衡需要各手指出力的合力与该外力旋量相互抵消。假设被抓取的物体为六维力传感器,当其处于平衡状态时可以根据力平衡条件测出各手指的合外力。然而,到目前为止还没有研究表明 EMG 信号与力旋量中的扭矩存在对应关系。因此,试图通过 EMG 同时预测力及力矩是不符合实际的。然而,众多针对 EMG 信号与力关系的研究都表明手指的法向力与 EMG 存在相关性。因此,本章的抓取力预测中只考虑手指的法向力或法向力的合力。

通过对肌电信号与力的关系研究发现,两者之间既存在线性关系,也存在非线性关系,但线性关系与所选择的肌肉具有一定的关联性。由于肌肉的多样性,难以确定具体 EMG 与力之间联系的线性度,而且采用线性模型无法描述肌肉收缩时的动态特性,因此选择采用非线性 SVR 模型。该模型的构造仍然基于支持向量机的理论,其区别在于采用了不同的惩罚函数。本章以 EMG 信号作为输入,以指尖法向力或合力作为输出,采用 ε – SVR 支持向量机[8] 构建预测模型,其中惩罚函数可以用式(7.9) 表示,ε 取为 0.1,用于控制回归估计的精度,当估计误差小于 ε 时,该惩罚函数将予以忽略。

$$L_{\varepsilon}[y, f(\boldsymbol{x})] = \max(0, |f(\boldsymbol{x}) - y| - \varepsilon) \tag{7.9}$$

给定一组训练数据 $\{(x_1, y_1), \cdots, (x_l, y_l)\} \subset X \times R$,其中 X 为训练样本空间。所要完成的预测目标是找到一个回归估计函数 $f(\boldsymbol{x})$ 使得模型对新样本的估计值与真实值的差在 ε 定义的区间内。$f(\boldsymbol{x})$ 以隐函数的形式表示为

$$y = f(\boldsymbol{x}) = w\varphi(\boldsymbol{x}) + b \tag{7.10}$$

式中　　y——真实值;

w, b——系数,$w \subset X, b \subset R$;

$\varphi(\boldsymbol{x})$——非线性映射函数。

预测问题的目标转化为求解 w 的最小值问题,也等价于在线性等式约束条件下求 $\|w\|^2$ 的最小值问题,至此,预测问题转化为典型的凸优化问题,为了保证问题可解,在目标函数中引入松弛变量 ξ_i, ξ_i^*,原始优化问题转化为

$$\min_{w, b, \varepsilon} \frac{1}{2} \|\boldsymbol{w}\|^2 + C \sum_{i=1}^{l} (\xi_i + \xi_i^*)$$

$$\text{s.t.} \begin{cases} y_i - \boldsymbol{w} \cdot \boldsymbol{\phi}(\boldsymbol{x}_i) - b \leqslant \varepsilon + \xi_i \\ \boldsymbol{w} \cdot \boldsymbol{\phi}(\boldsymbol{x}_i) + b - y_i \leqslant \varepsilon + \xi_i^* \\ \xi_i, \xi_i^* \geqslant 0, i = 1, 2, \cdots, l \end{cases} \tag{7.11}$$

通过拉格朗日乘子法将式(7.11) 转化为其对偶最优化问题,即

$$\max_{\alpha,\alpha^*}\left\{-\frac{1}{2}\sum_{i=1}^{l}\sum_{j=1}^{l}(\alpha_i-\alpha_i^*)(\alpha_j-\alpha_j^*)K(\pmb{x}_i,\pmb{x}_j)-\varepsilon\sum_{i=1}^{l}(\alpha_i+\alpha_i^*)+\sum_{i=1}^{l}y_i(\alpha_i-\alpha_i^*)\right\}$$

$$\text{s.t.}\ \sum_{i=1}^{l}(\alpha_i-\alpha_i^*)=0,0\leqslant\alpha_i\leqslant C,0\leqslant\alpha_i^*\leqslant C$$

$$(7.12)$$

最终得到回归估计函数为

$$f_{\mathrm{II}}(\pmb{x})=\sum_{i=1}^{l}(\pmb{\alpha}_i-\pmb{\alpha}_i^*)K(\pmb{x}_i,\pmb{x}_o)+b \tag{7.13}$$

式中　　$\pmb{x}_i,\pmb{x}_o$——训练样本；

　　　　$\pmb{\alpha}_i,\pmb{\alpha}_i^*$——拉格朗日乘子系数向量；

　　　　b——系数,通过 Karush – Kuhn – Tucker（KKT）条件确定；

　　　　$K(*,*)$——核函数,取 RBF 核函数。

7.4.2　多变量参数优化

对于支持向量机算法,参数的确定对模型的泛化能力影响非常大。ε 的值取决于样本的噪声分布、控制支持向量的个数以及模型的预测能力。如果 ε 过小,支持向量增多,精度提高,但由于过拟合,泛化能力降低;ε 过大,模型简单,从而精度不高,且由于欠拟合,泛化能力低。惩罚因子 C 没有直观解释,C 过小,对超出 ε 范围的样本惩罚小,训练误差会变大;C 过大,支持向量减少,允许错分的样本数减少,模型的泛化能力变差。

RBF 核函数的参数 γ 对泛化能力也有较大的影响。γ 越小,回归模型越复杂,但由于会产生过拟合,泛化能力变差;γ 越大,回归精度不够,易产生欠拟合,泛化能力也较差。因此有必要对以上参数进行优化,以便于提高模型的预测能力,减少建模时间。

为了研究不同参数搜索方法在本书抓取力预测中的效果,本章分别针对网格搜索法、粒子群算法[9] 以及遗传算法[10] 进行了研究。后两种方法均为启发式搜索算法,在实际应用中均具有很好的效果。为了便于比较,首先定义算法的适应度函数为

$$F_{\mathrm{fit}}=\sum_{i=1}^{n}(y_i-\hat{y}_i)^2/n \tag{7.14}$$

式中　　y_i——实测力；

　　　　$\hat{y}_i$——预测力；

　　　　n——样本数量。

各参数优化算法的流程如图 7.7 所示。

算法中采用的参数如下：

（1）网格搜索方法。

本章采用网格搜索法加 5 重交叉验证来确定 C 及 γ。其中 C 的搜索范围为 $[2^{-10},2^{10}]$,γ 的搜索范围为 $[2^{-8},2^5]$。

（2）遗传算法。

在参数初始化中分别定义交叉系数为 0.5,变异系数为 0.02。每个染色体以二进制编码表示 C 及 γ,染色体数目为 20,每个染色体的初始值满足离散均匀分布。遗传操作采用标

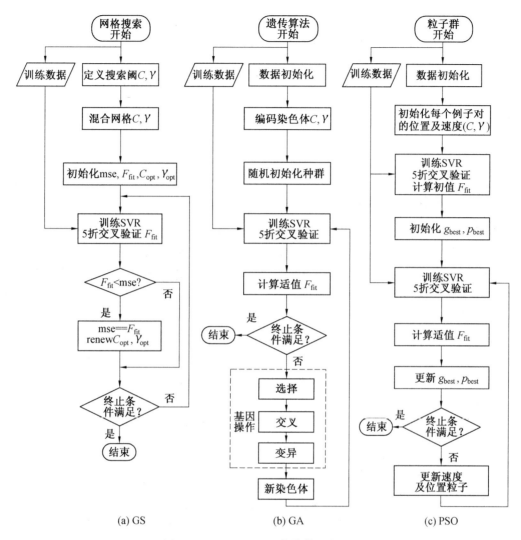

图 7.7　GS, GA, PSO 优化算法流程图

准的赌盘选择方法。交叉操作采用均匀交叉方法,得到新的染色体后,多项式变异方法进行变异。设定最大迭代次数为 100。

（3）粒子群算法。

粒子群算法与遗传算法在很多方面具有相似性,两者都是模仿现实中的某种生物行为且都是基于种群的优化方法。但二者也存在区别,PSO 算法不具备遗传功能,但各粒子具有记忆功能,因此,理论上分析其性能应当更好。每个粒子都有最优位置,所有粒子中的最优位置即为群体的最优位置,粒子的速度以及位置根据式(7.15) 更新。

$$\begin{cases} V_{id}(t+1) = w \cdot V_{id}(t) + c_1 \cdot rand \cdot [p_{best}(t) - x_{id}(t)] + c_2 \cdot rand \cdot [g_{best}(t) - x_{id}(t)] \\ x_{id}(t+1) = x_{id}(t) + V_{id}(t+1) \end{cases}$$

(7.15)

式中　w——惯性权重,惯性权重越大,粒子在解空间的全局搜索能力越强,惯性权重越小,粒子的局部搜索能力越强;

p_{best}——粒子最优位置；

g_{best}——粒子的全局最优位置；

c_1——粒子的局部搜索系数；

c_2——全局搜索系数。

根据文献[11]，选取 c_1,c_2 以及 w 满足式(7.16)的条件以保证收敛。选择 c_1,c_2 及 w 分别为 1.5，1.7，0.9。

$$\begin{cases} 0 < c_1 + c_2 < 4 \\ (c_1 + c_2)/2 - 1 < w < 1 \end{cases} \tag{7.16}$$

7.4.3　算法的在线实现

为了实现肌电－力的在线预测以及假手实时控制，在前期基于 LabVIEW 模式识别虚拟控制平台的基础上，加入具有多变量参数优化的抓取力预测模块以及 LabVIEW/CCS 双向通信功能。LabVIEW 是一种图形化的软件开发集成环境。它是基于一种"虚拟仪器"的概念，具有硬件驱动及交互式通信能力。

整个虚拟控制平台分为 4 个基本模块。

模块 1 实现信号采集及预处理，其中 EMG 信号及 FSR 信号的采集通过 DAQ 节点中的 AI Sample Cahanels 节点实现，力信号的采集通过 Np_jr3x 节点实现[12]，采用定时器方法实现 3 种信号的同步采集，所有数据通过数据 I/O 模板中的写入数据表节点存储。

模块 2 用于实现模式识别及抓取力预测模型的建立。其中，模式识别采用具有 RBF 核的 C－SVC 支持向量机，预测得到的模型存入自定义文件中，用于实际控制中调用；抓取力预测模型的训练通过调用 Trainer 子 VI 实现，参数的选择通过 math 节点调用 PSO 的优化算法，算法中的交叉验证通过 Xvalidation 子 VI 实现，并将得到的模型存入自定义文件中，在实际的抓取力预测中通过 Predictor 子 VI 调用模型文件实现预测力输出。

模块 3 为假手虚拟现实模型，主要用于模式识别训练，控制界面如图 7.2 所示。其构建方法为：将假手的 Pro/E 模型转化为 VRML 语言，在 LabVIEW 中调用 Cotonal Control 控件实现虚拟假手的驱动。在后期的研究中可以通过调用 Simulink 模块实现接触判断，进一步拓展虚拟现实模型的应用。

模块 4 为通信及数据保存模块。通过 LabVIEW 获得的控制指令需要发送到假手，由于暂时不需要回传假手的传感器信息，数据量较小，因此，该功能通过调用 VISA 中的串行通信节点来实现。数据保存通过文件写入功能实现。

7.4.4　抓取力预测结果

1. 抓取力预测结果

根据实验 1 中的任意一组数据，经特征提取及归一化处理后，取 1 000 组数据进行训练，用以建立 SVR 预测模型，经过训练得到 SVR 模型的参数为 $C = 32,\gamma = 0.1$，训练阶段的实际指尖法向力与预测出的指尖力之间的对比如图 7.8(a) 所示。

为了衡量力预测的效果，本章采用相对均方差(Relative Mean Square Error,RMSE)，交叉相关性(Cross-Correlation,CC)以及绝对均值误差(Average Absolute Error,AAE)3 个准则作为衡量指标，各参数具体为

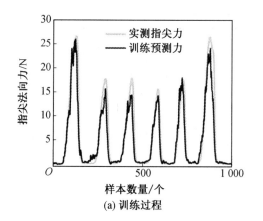

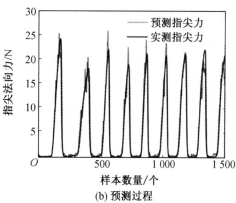

图 7.8　SVR 抓取力预测结果

$$RMSE = 100 \times \frac{\sum\limits_{i=1}^{n}(y_i - \hat{y}_i)^2}{\sqrt{\sum\limits_{i=1}^{n}y_i^2}\sqrt{\sum\limits_{i=1}^{n}\hat{y}_i^2}} \qquad (7.17)$$

$$CC = 100 \times \frac{\sum\limits_{i=1}^{n}y_i \times \hat{y}_i}{\sqrt{\sum\limits_{i=1}^{n}y_i^2}\sqrt{\sum\limits_{i=1}^{n}\hat{y}_i^2}} \qquad (7.18)$$

$$AAE = \frac{\sum\limits_{i=1}^{n}|y_i - \hat{y}_i|}{n} \qquad (7.19)$$

式中　　y_i——测量值；

　　　　$\hat{y}_i$——估计值；

　　　　n——样本数量。

$RMSE$ 是从统计学意义来衡量力预测的性能,其值越小越好;CC 用来评价 y 及 $\hat{y}$ 的相似程度,越接近100,相似度越高;AAE 可以在一定程度上克服平均误差的缺陷,比较准确地反映预测误差的大小。

计算得到训练阶段的预测力与实测力之间的 $RMSE$ 为 8.99% ,CC 为 97.1% ,AAE 为 1.48,可以看出 SVR 模型具有较好的性能。根据训练得到的 SVR 模型,取 1 500 个 EMG 特征预测指尖法向力,同时通过 JR3 采集实际的指尖力做对比,得到预测指尖力与实测指尖力的对比,如图7.8(b)所示,其 $RMSE$ 为9.43% ,CC 为95.1% ,AAE 为2.13。预测力与实测力相比具有较高的准确度。

2. 参数优化结果

参数优化采用 MATLAB 编程实现(Libsvm)[13] ,两者均通过 LabVIEW 中的节点调用。算法所用的时间均通过 MATLAB 统计,以供参考。为了从统计学意义上全面考察模型的预测能力,将每名实验对象采集的数据均分为 10 份,针对 3 种参数搜索方法,分别采用"留一法"建立 SVR 模型并验证,计算结果见表 7.3。

表 7.3　　不同参数搜索方法比较

实验对象 1	RMSE/%	CC/%	AAE	训练时间 /s
GS	9.0 ±0.32	95.5 ±0.20	0.077 ±0.002 1	7.5 ±0.02
GA	6.9 ±0.19	96.6 ±0.16	0.061 ±0.000 4	26.5 ±4.90
PSO	6.2 ±0.17	96.9 ±0.08	0.063 ±0.001 1	8.4 ±0.20
实验对象 2				
GS	22.0 ±3.40	89.0 ±1.25	0.111 ±0.042 5	9.2 ±0.06
GA	5.532 ±1.80	97.2 ±0.87	0.054 ±0.012 3	21.2 ±6.42
PSO	4.427 ±1.40	97.8 ±0.66	0.052 ±0.003 5	22.5 ±2.01
实验对象 3				
GS	6.7 ±0.92	96.7 ±0.93	0.089 ±0.010 6	15.9 ±0.13
GA	7.5 ±1.78	96.3 ±0.72	0.072 ±0.004 7	69.7 ±32.36
PSO	5.0 ±0.54	97.5 ±0.28	0.067 ±0.009 7	37.7 ±4.59
实验对象 4				
GS	8.5 ±0.56	95.7 ±0.64	0.107 ±0.007 6	20.7 ±0.13
GA	8.2 ±0.42	95.8 ±0.20	0.088 ±0.003 2	72.2 ±27.38
PSO	7.7 ±0.94	96.1 ±0.47	0.086 ±0.010 5	69.8 ±17.7

为便于比较,表7.3中数据均采用"均值 ±平方差"的形式表示。根据表7.3可以看出,实测力与预测力之间的 RMSE 值要低于9%,CC 值均在95% 左右,具有较高的抓取力预测精度,能够反映出力的大小的动态变化。对所有4组实验对象来说,采用 GA 及 PSO 的优化算法的抓取力预测精度均要高于网格搜索法,且以 PSO 的精度最高;对各行的参数进行比较可以看出,较小的 RMSE 总是对应较小的 AAE 值及较高的 CC,评价效果具有一致性。从算法所用的时间来看,GS 所用的时间最少,其次为 PSO,用时最多的为 GA,这主要是由于本章中GS算法的步长较大,因而搜索点集稀疏,这也导致其预测精度不高,但这并不意味着步长越小精度越高,而且过小的步长会大大增加参数搜索的时间。另一方面,PSO 与 GA 不具备显式的步长控制,其速度的快慢受算法中参数的影响,例如 PSO 受到 c_1,c_2 的影响。由于 PSO 中粒子具有的记忆效应,因而其速度及准确度稍高于GA。各参数搜索方法的收敛过程如图7.9 所示,GA 算法及 PSO 均较快收敛。

3.DKF 算法结果

为了验证 DKF 算法的有效性,针对拇指与食指捏取情况下电极通断的情况进行实验。在 110 ~ 170,270 ~ 320 及460 ~ 500样本点处断开某一路的电极,以正常的 EMG 信号构建预测模型,分别以融合后的以及未经过融合的 EMG 信号进行测试,得到的结果如图7.10 及图 7.11 所示。在整个预测数据段内未采用数据融合的 RMSE 值为 14.20% ±11.420%,采用数据融合的为 10.372% ±9.142%。尤其是在电极断开处具有较大的抓取力预测误差。融合算法可以在一定程度上提高系统的预测精度,防止产生过大的误差。该方法也可以用于模式识别,削弱由于信号畸变带来的预测精度下降,如果能够进一步分辨出电极的失效形式,将有助于建立一套完善的电极故障预测及恢复策略,提高系统的可靠性。

采用 DKF 算法的抓取力预测结果如图 7.11 所示。

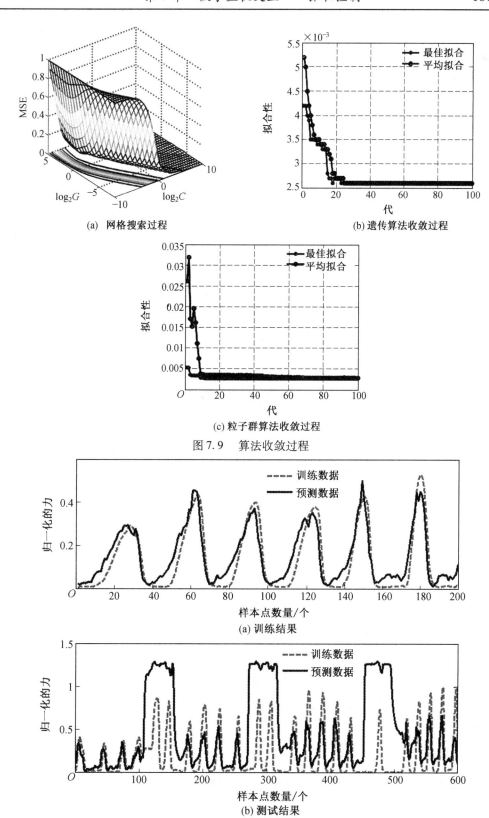

(a) 网格搜索过程

(b) 遗传算法收敛过程

(c) 粒子群算法收敛过程

图 7.9 算法收敛过程

(a) 训练结果

(b) 测试结果

图 7.10 未采用 DKF 算法的抓取力预测

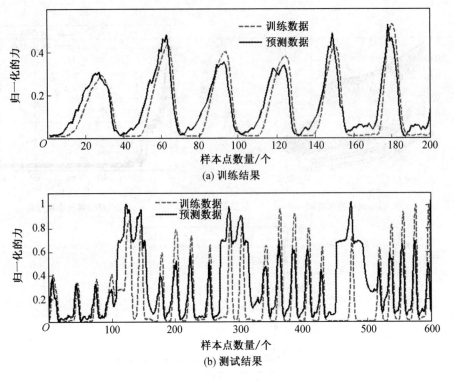

图 7.11　采用 DKF 算法的抓取力预测

7.5　抓取力预测方法的适应性及实用性分析

　　由于人体左、右臂构造的相似性,如果同一个预测模型对左、右臂均具有较好的泛化能力,那么该方法可以用于单侧残疾的患者。根据实验 3 采集的数据,取右手采集的 400 组数据建立 SVR 模型,参数为:$C = 32$,$\gamma = 0.25$;训练阶段的 $RMSE$ 为 4.587 7% ,CC 为 95.83% 。利用该模型,分别以实验 3 中左、右手未经使用的 1 000 组数据做测试,测试数据分为 5 份,计算得到所有测试组次的 $RMSE$,CC,AAE 对比见表 7.4,均采用"均值 ± 平方差"的形式表示。用右手肌电数据做预测的 $RMSE$ 值以及 AAE 均明显小于左手,说明用右手做验证的误差大小以及分布要小于左手。

表 7.4　左、右手模型验证

	$RMSE$/%	CC/%	AAE
右手	5.24 ±1.31	95.38 ±3.66	0.045 ±0.57
左手	12.57 ±5.23	66.06 ±17.33	6.85 ±7.26

　　左、右手预测结果对比如图 7.12 所示。可以明显看出,采用同一只手的数据建模以及预测具有更高的预测精度。从而说明即便是根据左、右手相同肌肉建立的预测模型也不具有通用性。

　　综合以上验证不难得出,基于 SVR 的力估计方法无须建立任何人体肌肉以及骨骼模型,具有较高的预测准确度,在仅需要产生力控制的情况下便于应用,如身体麻痹患者的康复训练。但该方法对训练数据具有很强的依赖性,且由于残疾人没有手,无法直接应用,虽

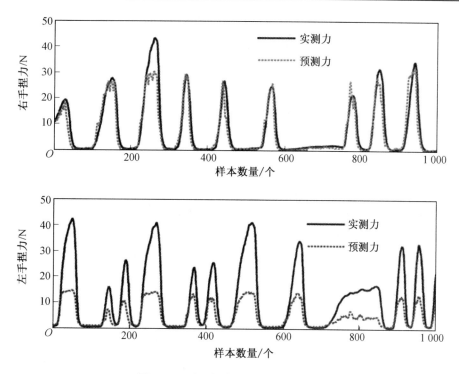

图 7.12　左、右手的抓取力预测对比

然有学者从建立专家系统以及示教学习的角度探索该方法应用于残疾人的可行性,但还没有实验验证。就目前来看,较为可行的应用方法是结合模式识别并利用 EMG 的幅值信息进行比例控制。

采用动力学的建模方法基于人体肌肉及骨骼的动力学特性,可以全面地考虑多个肌群的综合作用,有利于从科学研究的角度探索人手的动作以及施力规律。众多学者针对这一方面的研究也显示出该方法的潜力。文献[14]采用前臂的肌肉动力学建模估计拇指指尖出力的研究表明,实测指尖力与估计指尖力具有 90% 以上的相似度。文献[15]通过建立前臂的模型估计前臂肌肉的刚度及动力学参数,实现了 EMG 与关节力矩的直接映射。但该方法中的很多参数需要依赖人体肌肉长度、收缩速度等的测量,即便是通过医学方法也很难获得,因而距离在残疾人身上的应用还有很大差距。

7.6　基于肌电的多指抓取实验

7.6.1　抓取力分配

为了验证上述基于抓取模式的肌电信息提取的有效性,设计了如图 7.13 所示的 3 指抓取实验。通过对人手抓取物体的操作分析可知,相对于空间中任意物体所具有的 6 个自由度,具有 21 个自由度的人手是绝对冗余的,这就意味着完成同样的抓取操作可以有多种不同的手指组合。在各种不同的组合中,各手指施加力的大小也不尽相同。不管采用何种方式,当作用在被抓取物体上的合力或是合力矩为零时,物体处于平衡状态。给定抓取点位置以及物体受到的外力,如何求得一组接触力实现稳定抓取具有重要意义。

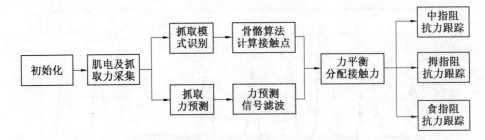

图 7.13　基于肌电的 3 指抓取实验方法

　　抓取操作必然涉及与物体的接触,对接触的描述将极大地影响抓取力的分配。根据手指抓取物体时施加的接触力的不同,可以将接触分为 3 种类型,即无摩擦点接触、有摩擦点接触及软指接触,如图 7.14 所示。

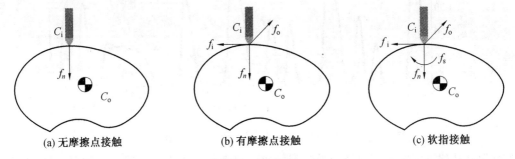

(a) 无摩擦点接触　　　　　　　(b) 有摩擦点接触　　　　　　　(c) 软指接触

图 7.14　接触模型

　　由于假手各手指仅有 1 个自由度,接触力只在一个方向上可控,因此选取对抓取影响最大的法向力方向为接触力方向,以 3 指抓取为例进行研究,假设拇指、食指及中指的法向力分别记为 f_1、f_2、f_3,为了研究方便,建立如图 7.15 所示的 3 指抓取模型,接触点坐标系 O_1f_1 位于图中长方体的下表面,O_2f_2 及 O_3f_3 位于上表面,$O-XYZ$ 位于物体的质心,并做如下假设:

　　(1) 手指与物体均为刚性,因而其接触也为刚性。

　　(2) 物体形状规则,物体坐标系的原点与其质心重合。

　　(3) 在抓取过程中抓取点保持不变。

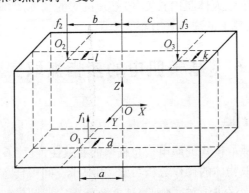

图 7.15　3 指抓取模型

　　假设物体受到外力旋量 ω_{ext} 的作用,根据力平衡条件,要实现对物体的稳定抓取各手指的出力 f_i($i=1,\cdots,3$) 需要满足式(7.20)的等式约束条件。

$$- \boldsymbol{\omega}_{\text{ext}} = \boldsymbol{G} \cdot \boldsymbol{f} \tag{7.20}$$

式中 $\boldsymbol{\omega}_{\text{ext}}$—— 外力旋量，$\boldsymbol{\omega}_{\text{ext}} = \begin{bmatrix} F_x & F_y & F_z & M_x & M_y & M_z \end{bmatrix}^{\text{T}} \in R^6$；

$\boldsymbol{f}$—— 各手指接触力向量，$\boldsymbol{f} = \begin{bmatrix} f_1 & f_2 & f_3 \end{bmatrix}^{\text{T}} \in R^3$；

$\boldsymbol{G}$—— 力旋量转换矩阵或抓取矩阵[16]。

通过抓取点的位置确定，实现接触力到物体上力旋量的线性转换，如果抓取点的数量多于 2 个，所有接触力向量的维数要高于作用在物体上的力旋量，因此 $\boldsymbol{G}$ 通常不是方阵，$\boldsymbol{G}_i$ 的通用表达形式为

$$\boldsymbol{G}_i = \begin{bmatrix} \boldsymbol{n}_1 & \boldsymbol{n}_2 & \boldsymbol{n}_3 \\ p_{c1} \times n_1 & p_{c2} \times n_2 & p_{c3} \times n_3 \end{bmatrix} \in R^{6\times3} \tag{7.21}$$

式中 n_i—— 各接触点处的法向向量；

p_{ci}—— 手指 i 对应的接触点在物体坐标系中的表示。

假设物体与假手的位姿固定，只要求得接触点在物体坐标系中的坐标就可求出各手指的法向接触力。

7.6.2　骨骼算法计算抓取点

在 3 指抓取实验中，由于不具备指尖触觉传感器或立体视觉，因此无法测量物体的姿态，也无法建立物体表面形状的模型，为了简化分析，本章选择物体为规则的长方体，并采用离线方法计算抓取点。即在虚拟模型环境中确定物体与假手的相对位置，并采用骨骼算法来确定抓取点位置以及法线方向[17]。下面以图 7.16 所示的手指与物体接触模型来说明骨骼算法的基本原理。

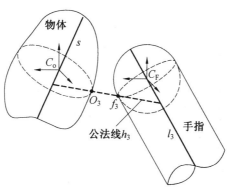

图 7.16　手指与物体接触模型

由于手指的各指节均为形状规则的单一曲率凸面，物体也为凸体且表面形状规则，因此可以将手指的 3 个指节分别简化为 3 条线段 $l_i (i = 1, 2, 3)$，将被抓取物体沿其长轴方向简化为一条线段 s。在手指与物体的接近过程中，l_i 与 s 分别构成异面直线，作其公法线 h_i 则得到两异面直线间的最短距离，如果进一步考虑指节以及物体的表面形状，将其离散化，则可以得到多组公法线，任意一条公法线 h_i 与手指指节以及物体轮廓分别有两个交点 f_i 及 o_i，随着手指与物体间距离的逐渐减小，f_i 与 o_i 趋向于重合，当两者恰好重合或是差值在一定误差范围内时，则可以认为手指与物体产生接触，从而可以方便地提取接触点的位置，由于本节中物体为正方体，其法线方向必然垂直于接触点处的平面。

　　首先在 Pro/e 中建立被抓取物体的三维模型,将其坐标系 S_w 定义在物体的质心处,并根据假手的坐标系设置物体的位置及姿态,如图 7.17 所示。

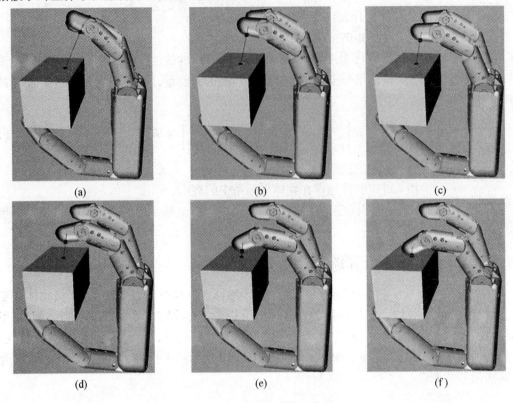

(a)　　　　　　　　　　(b)　　　　　　　　　　(c)

(d)　　　　　　　　　　(e)　　　　　　　　　　(f)

图 7.17　　接触点计算时序图

　　将假手及物体的模型转化为 VI 格式,通过 VC＋＋调用 Open Inventor 实现三维交互,手指通过运动学驱动,通过骨骼算法得到手指末端指节接触点时序,如图 7.17 所示,由此可以看出物体与手指可能的接触点随着手指的运动相互靠近,并最终重合于一点。利用上述方法计算得到抓取接触点位置及法线方向。进而根据式(7.21)计算得到抓取矩阵为

$$G = \begin{bmatrix} 0 & 0 & -1 & -0.23 & 6.77 & 0 \\ 0 & 0 & 1 & 0.35 & -8.22 & 0 \\ 0 & 0 & 1 & -0.18 & -1.89 & 0 \end{bmatrix}^{\mathrm{T}} \tag{7.22}$$

7.6.3　3 指抓取实验及结果

　　实验中被抓取物体为轻质塑料块,忽略物体的重力。实验装置图 7.2 中的各部分组成。实验步骤如下:①将物体固定在如图 7.2 所示实验台上的期望位置处;②采用肌电采集装置,根据 7.5 节的方法建立基于 EMG 的力预测模型,预测力通过串口发送到假手的 DSP 控制板;③以预测力为拇指参考力,根据物体位姿及重力,采用力平衡方法计算得到食指与中指的接触力;④采用阻抗力跟踪控制各手指运动,并记录各手指位置及接触力信息;⑤抓取稳定后撤去实验台观察物体是否能够保持稳定。其中步骤②中 EMG 的力预测仍然采用 4 电极的配置方式,由于通道 4 为伸肌信号,因此在手指施力时其电压基本为 0,如图 7.18(a)所示。由于外力为非连续变化,考虑到力预测方法对训练方式的依赖性,在力预测

训练阶段采用阶梯变化的施力方式,以提高力预测的精度,如图 7.18(b) 所示。

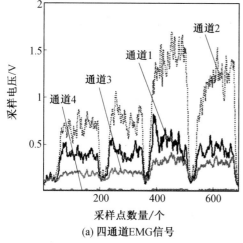
(a) 四通道EMG信号

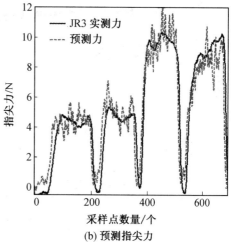
(b) 预测指尖力

图 7.18　力预测训练结果

　　EMG 预测得到的力具有较大的波动,很难直接应用于力控制,因此本节采用二阶微分跟踪器对预测力进行滤波,然后按照上述实验方法进行 3 指抓取,预测力即为拇指的法向力,食指与中指的法向力根据静力平衡分配,其近似比例系数为 3.386。其实验结果如图 7.19 所示。

　　EMG 预测力曲线如图 7.19(a) 所示,在 0 ~ 4.2 s 预测力为(5 ±0.5) N,在 4.2 ~ 7.2 s 预测力为(7.5 ±0.5)N。接触力响应曲线如图 7.19(c) 所示,图中虚线为根据预测力分配得到的手指力,实线为阻抗力跟踪控制的接触力。由图 7.19 可以看出,拇指具有最好的力跟踪效果,中指及食指的力跟踪误差在 0.2 ~ 0.5 N,随着预测力的增大,各手指的接触力均能相应地增大且大小近似满足 3.386 的比例系数,因而基本满足外力平衡条件,考虑到实际抓取为软指接触,摩擦力的存在可以对物体施加附加约束,因此即便实际接触力有所偏差,仍然能够实现抓取。对比位置响应曲线图 7.19(b) 可知,物体的位置基本保持稳定,实验说明通过 EMG 力预测及力分配可以控制假手的抓取力。

知识拓展

　　触觉传感器在多指机械手的闭环稳定抓取具有重要的作用,主要提供接触点位置信息、接触力大小信息和接触力方向信息。接触点位置信息可以对多指手运动学、力学模型进行实时修正,也可以利用接触点位置变化判断滑动。接触力大小和方向信息在多指手力控制和稳定抓取中有很重要的作用。文献[18] 提出了基于触觉信息反馈的多指手动态抓取的概念,采用光学原理设计了多指手指尖触觉传感器,基于触觉信息反馈动态的调整手指抓取力实现了稳定抓取。

　　文献[19] 研究了人手抓取的特点,将抓取任务分为抓取(Grasping)、提升(Lifting) 和替换(Replacing)3 个过程,在不同的过程中利用不同的触觉信息。为了模仿人手抓取功能研制了两种传感器,包括粘贴在手指外部的触觉传感器阵列和集成在手指中的三维力传感器。触觉系统和抓取释放实验结果如图 7.20 所示,结合传感器配置对抓取过程进行分段,

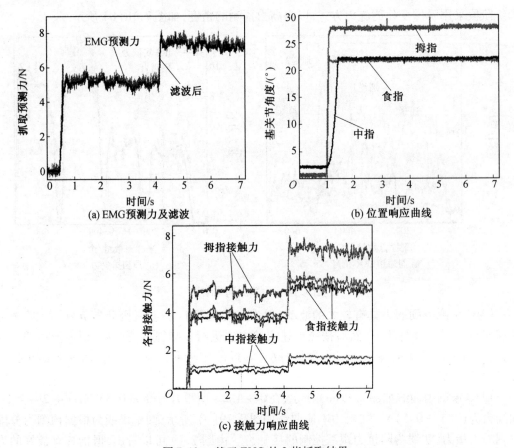

图 7.19　基于 EMG 的 3 指抓取结果

利用触觉传感器判断接触,利用三维力传感器信息反馈实时调整手指抓取力实现稳定抓取。

　　Takahashi 等人[20]针对 3 指手提出一种鲁棒力和位置控制方法,可以适用于未知环境的抓取。该方法采用触觉传感器实现了位置控制和力控制模式快速平滑的切换。采用阵列触觉传感器通过检测接触点变化判断滑动,进而实现对物体的动态稳定抓取,并且进行了 3 指手稳定抓取剥皮的熟鸡蛋、纸杯、豆腐等实验。美国 Pennsylvania 大学将 PR2 机器人手指的压阻式阵列触觉传感器信息和腕部的加速度传感器信息引入了抓取控制[21]。该抓取控制策略通过对触觉传感器信息和加速度传感器信息进行分析,将抓取任务分为 Close,Load,Lift,Hold,Replace,Unload 及 Open 6 个过程,在各个过程分别采用位置控制和力控制策略,实现对各种刚度、质量的物体的安全抓取,并且在抓取过程中通过触觉传感器信号检测接触位置的变化进而增加手指抓取力以实现动态稳定抓取。

　　日本研究者 Hanafiah Yussof[22]将基于光学原理的三维触觉传感器集成在两个手指指尖,采用两个手指进行抓取水杯实验,实验装置如图 7.21 所示。在两手指指尖抓取水杯后,向水杯中倒水引起水杯质量增大,指尖三维力触觉传感器检测到接触力大小和方向,根据接触力在摩擦锥中的位置动态的调整抓取力以防止滑动发生,实现对物体的稳定抓取。

　　2009 年 Wettels 等人[23]研制了一种名为 BioTac 的仿生触觉传感器,并安装在 Otto Bock 公司的 Michelangelo 2(M2)型商业假手指尖进行了抓取实验,实验装置和实验结果如图

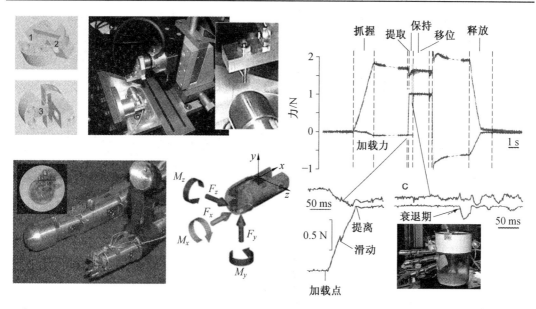

图 7.20 触觉系统和抓取释放实验结果[19]

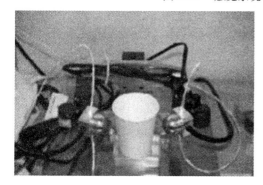

图 7.21 基于光学三维触觉传感器反馈的抓取控制[22]

7.22 所示。该仿生触觉传感器可以检测接触点位置信息和三维力信息,通过触觉传感器反馈的三维力信息实时计算切向力和法向力的比值与最大静摩擦系数的 0.83 倍进行比较,进而控制手指抓取力以实现稳定抓取。实验结果表明在抓取水杯后,向水杯里倒水引起水杯质量的变化,仿生触觉传感器检测到接触力方向的变化,手指根据接触力方向的变化相应地增大抓取力以防止滑动发生,实现对物体的动态稳定抓取。

文献[24]采用视觉传感器提取物体边缘信息,结合触觉传感器进行抓取任务,通过触觉传感器采集的信息对视觉信息进行修正。文献[25]通过触觉信息建立人手抓取不同形状物体的知识库,进而控制多指手抓取任务。文献[26]、[27]对德国 IPR - Schunk - Hand进行一系列抓取实验,其中包括搭建基于触觉信息实时反馈的控制系统结构以及提出拟人化抓取策略,将抓取过程分为自由控制的位置控制阶段、预抓取阶段和抓取阶段,通过手指上配置的电容式触觉传感器进行 3 个阶段的划分,通过力矩传感器反馈的力信息进行抓取力的动态调整。

抓取物体对于人手来讲是一个非常简单的动作,但是对于机器人多指灵巧手或者假手而言,抓取物体是一个复杂的任务,涉及很多因素,如机器人多指手的运动学、动力学、传感

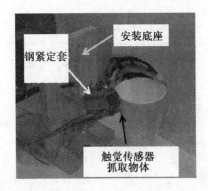

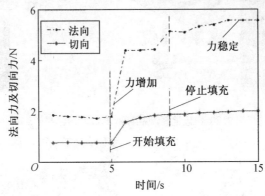

图 7.22　基于仿生触觉反馈的抓取控制[23]

器信息的反馈、物体的形状、质量、手指与物体的相互作用力、手指与物体接触点处的摩擦系数以及手指的变形等。人手在抓取物体时,是通过手指以及手掌丰富的触觉信息反馈实时控制手指运动。人手皮肤触觉可以感知物体质量,即切向力大小,人手可以通过物体质量变化动态调整手指抓取力,实现对物体的稳定抓取。这种抓取策略可以避免不必要的能量损失,以及避免手指出力较大而损坏物体和因手指出力小而发生滑动。并且人手触觉可以检测到滑动,通过条件反射增加抓取力而防止滑动。机器人多指手的任务主要是抓取并操作物体,抓取的一个重要特性是能通过在接触处施加适当的手指力螺旋,来平衡作用于物体上的外力螺旋。在克服外力螺旋时,手指所施加的力必须始终位于摩擦锥内,以避免手指在物体表面上滑动,实现手指力封闭抓取。对于手指数量较少的抓取情况,抓取的封闭性除了依靠手指的正压力之外,还要依靠接触处的切向摩擦力。力封闭考虑手指如何施加接触力,强调抓取的主动性,即通过适当分配手指接触力来达到封闭性。通常接触力可分解为操作力和内力,当任务确定后,物体的运动和外力确定,则操作力唯一确定。要保证接触力在摩擦锥内,只能靠调整内力来实现。内力的优化就是为了保证接触力在摩擦锥内,使物体不会滑落,同时又使接触力不过分大,以免损坏物体和浪费能量。三维力触觉传感器可以实时检测接触点处的法向力和摩擦力信息,通过比较指尖力在摩擦锥中的情况可以简单地进行稳定抓取控制,很大程度上降低算法的复杂性,提高控制系统的实时性,对多指手的稳定抓取具有重大意义。

本章小结

本章首先在研究人手控制策略的基础上,结合硬件系统的架构提出一种分层控制策略,并重点对基于 EMG 的抓取模式及力预测方法进行了研究。首先通过分析日常生活中常用的 6 种抓取模式的区别,将其划分为精细抓取及强力抓取,进一步将针精细抓取区分为 3 种抓取模式,提出了针对上述抓取模式的手部动作识别及抓取力预测方法。该方法利用肌电信号的稳态值,取 MAV 为特征,通过六维力传感器采集指尖抓取力。在此基础上采用支持向量机算法进行抓取模式识别,成功率达 93%。利用 SVR 进行抓取力预测,为了提高预测的准确度,引入多变量参数优化方法,并针对粒子群算法、遗传算法以及常用的网格搜索法进行比较,实验表明粒子群算法具有最高的准确度。为了提高抓取力预测的可靠性,利用肌电信号固有的耦合特性,采用离散卡尔曼滤波法进行数据融合,实验表明,该方法对信号饱和引起的抓取力预测超调具有较好的抑制作用。

参考文献

[1] Force Sensing Resistor Integration Guide and Evaluation Parts Catalog. Interlink Electronics [EB/OL]. [2011-04-23]. http://www. interlinkelect-ronics. com.

[2] PIRES J N, RAMMING J, RAUCH S. Force/Torque sensing applied to industrial robotic deburring[J]. Sensor Review,2002,22(3):232-241.

[3] MAIER S, Van Der SMAGT P. Surface EMG suffices to classify the motion of each finger independently[C]. Munich:Proceedings of MOVIC,2008:1503-1512.

[4] HERMENS H J, FRERIKS B, CATHERINE D K, et al. Development of recommendations for sEMG sensors and sensor placement procedures[J]. Journal of Electromyography and Kinesiology,2000,10:361-374.

[5] SORIA C, FREIRE E, CARELLI R. Stable AGV corridor navigation based on data and control signal fusion[J]. Latin American Applied Research,2006,36:71-78.

[6] ENGLEHART K, HUDGINS B, PARKER P A. A wavelet-based continuous classification scheme for multifunction myoelectric control[J]. IEEE Transactions on Biomedical Engineering,2001,48(3):302-310.

[7] CLANCY E A, HOGAN N. Probability density of the surface electromyogram and its relation to amplitude detectors[J]. IEEE Transactions on Biomedical Engineering,1999,46(6):730-739.

[8] VAPNIK V N. An overview of statistical learning theory[J]. IEEE Transactions on Neural Networks,1999,10(5):988-999.

[9] KENNEDY J, EBERHART R C. Particle swarm optimization[C]. Perth:Proceedings of the IEEE International Conference on Neural Networks,1995(4):1942-1948.

[10] HOLLAND J H. Adaptive in natural and artificial systems[M]. Ann Arbor:The University of Michigan Press,1975:110-124.

［11］PEREZ R E, BEHDINAN K. Particle swarm approach for structural design optimization ［J］. Computers and Structures,2007,85(19-20):1579-1588.

［12］PIRES N. Np_Jr3x-JR3PCI activeX component users short manual［EB/OL］. ［2010-04-23］. http://robotics. dem. uc. pt/norberto/jr3pci/ manual. htm.

［13］CHANG C C, LIN C J. Libsvm: a library for support vector machines［EB/OL］. ［2010-04-27］. http://www. csie. ntu. edu. t w/-cjlin/libsvm.

［14］PARK W, KWON S C, LEE H D, et al. Thumb-tip force estimation from sEMG and a musculoskeletal model for real-time finger prosthesis［C］//2009 IEEE 11th International Conference on Rehabilitation Robotics. Kyoto:IEEE,2009:305-310.

［15］SHIN D, KIM J, KOIKE Y. A myokinetic arm model for estimating joint torque and stiffness from EMG signals during maintained posture［J］. Journal of Neurophysiology,2009, 101:387-401.

［16］PARK Y C, STARRG P. Optimal grasping using a multifingered robot hand［C］// Proceedings of the International Congerence on Robotics and Automation. Cincinnati:IEEE,1990 (1):689-694.

［17］SANTIS A D, SCHAFFER A A, OTTO C, et al. The skeleton algorithm for self-collision avoidance of a humannoid manipulator［C］. Zurich:International Conference on Advanced Intelligent Mechatronics,2007:1-6.

［18］HITOSHI M,KAZUO T,KIYOSHI K. Tactile feedback for multifingered dynamic grasping ［J］. IEEE Control Systems, 1997, 63-71.

［19］EDIN B B, ASCARI L, BECCAI L, et al. Bio-inspired sensorization of a biomechatronic robot hand for the grasp-and-lift task［J］. Brain Research Bulletin,2008,75(6): 785-795.

［20］TAKAHASHI T, TSUBOI T, KISHIDA T, et al. Adaptive grasping by multi fingered hand with tactile sensor based on robust force and position control［C］. Pasadena:Proceedings of IEEE International Conference on Robotics and Automation,2008: 264-271.

［21］JOSEPH M R,KAIJEN H,GUNTER N,et al. Human-inspired robotic grasp control with tactile sensing［J］. IEEE Transactions on Robotics, 2011, 27(6): 1067-1079.

［22］HANAFIAH Y,MASAHIRO O,HIROFUMI S, et al. Tactile sensing-based control algorithm for real-time grasp synthesis in object manipulation tasks of humanoid robot fingers［C］// Proceedings of the 17th IEEE International Symposium on Robot and Human Interactive Communication, Technische Universität München. Munich:IEEE, 2008:377-382.

［23］NICHOLAS W, AVINASH R P, JI-HYUN MOON,et al. Grip control using biomimetic tactile sensing systems［J］. IEEE/ASME Transactions on Mechatronics, 2009, 14(6): 718-723.

［24］HEIKO H,CHEN Z C,DARREN E, et al. Adaptive robotic tool use under variable grasps ［J］. Robotics and Autonomous Systems, 2014, 62(6):833-846.

［25］DIEGO R F,PEDRO T,JORGE L,et al. Knowledge-based reasoning from human grasp demonstrations for robot grasp synthesis［J］. Robotics and Autonomous Systems, 2014,62(6): 794-817.

[26]HAO D, ALLEN P K. Stable grasping under pose uncertainty using tactile feedback[J].
　　Auton Robot, 2014, 36: 309-330.
[27]LUDOVIC R, MRINAL K, PETER P, et al. An autonomous manipulation system based on
　　force control and optimization[J]. Auton Robot, 2014, 36:11-30.

[10] LI N, LIU D J, A Study on peak under stimulation feedback in the haptic feedback system, 2011, 56: 162-167.

[11] FERNANDCMINAVA, PETER P Y, et al. An autonomous neuroprosthesis system[M].

第8章　假手生机交互 —— 电刺激反馈

本章要点：对于上肢截肢患者,随同肢体一同失去的还有位于上肢的感受器和传入神经纤维以及它们所形成的感觉神经通路。相对于振动反馈和压力反馈,电刺激反馈具有刺激部位精准、刺激参数易于调节、刺激感清晰强烈以及能量损耗小等优点。本章主要介绍了电刺激反馈的基本原理,给出了一种多通道电刺激反馈的设计方法,并讨论了肌电控制同电刺激反馈之间相互干扰的抑制方法,最后介绍了在感知反馈下仿生假手的控制实验。

8.1　电刺激感知反馈原理

尽管当前的各种假手本体能够以接近于人手的方式实现各种抓取动作,但是它们缺乏与人手类似的感觉神经通路,使用者仅能通过视觉来观察抓取过程,消耗使用者额外的精力。而且,由于抓取力信息无法通过视觉直接观测到,反馈信息的非完整性使截肢患者操作假肢容易产生误操作。一种理想的方式是建立完全拟人的感觉神经通路,将内置于假手的传感器信息精确地与人体的感觉神经纤维接合在一起[1,2],这种方式需要进行人体植入手术,成本较高,且有二次损伤的风险,而且目前的生物医学技术很难对各神经纤维的功能进行精确的定位。 因此, 常采用非植入的振动反馈[3]、压力反馈[4] 或电刺激反馈(Electrocutaneous Stimulation,ES)[5,6] 来实现人体感觉神经通路的替代[7]。

人手不仅是大自然创造的最为灵巧的执行器,而且还是出色的感知器,它利用高密度分布的感受器对被抓取物体进行感知。正常人体的感知神经通路如图8.1 所示。

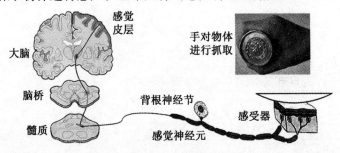

图 8.1　正常人体的感知神经通路

当手部皮肤接触物体后,分布在皮肤下方的机械感受器、温度感受器和游离神经末梢能够感知接触时的压力、振动、冷热以及疼痛,产生神经冲动,并通过其附属的感觉神经元将兴奋传递给中枢神经系统。进入中枢神经系统的兴奋再通过髓质、延髓、丘脑等一系列组织逐级传入大脑,在逐级传递过程中,信号已经经历了滤波、放大以及多感受器融合,因此能够在大脑位于中央后回的躯体感觉皮层(Somatosensory Cortex)产生清晰明确的感觉[8,9]。由于每个感受器都有其固定的感受域,而兴奋在传递过程中总是一一映射的,相邻感受器被映射到各级神经中枢的相邻区域,感受器的密度也会被映射到中枢的神经元密度。通过这种方式,在大脑躯体感觉皮层形成了躯体感觉定位图,使大脑能够定位兴奋的感受器部位。同时,由于各种机械感受器的兴奋特性不同,使大脑产生丰富多彩的触觉感觉[10]。

基于神经纤维所具有的电兴奋特性,电刺激感知反馈是一种常用的感知反馈方式。尽管缺失部分肢体,截肢患者的残留肢体上依然保存有一定数量的神经纤维,它们能够对电刺激产生兴奋。当电刺激的强度超过一定阈值时,刺激位置处神经元的膜电位会发生突变,形成一个动作电位,并通过人体的神经通路传递给中枢神经系统。由于神经纤维的种类以及神经纤维在皮下组织的分布位置各不相同,当采用不同的强度、波形刺激残肢时,能够使大脑产生包括振动、触动、麻木、压迫、痛觉等不同的感觉[7]。其替代人体旧有的感觉通路,形成新的感觉通路,如图 8.2 所示。由于大脑躯体感觉皮层的躯体感觉定位图具有可塑性[11,12],当使用者长期采用新的神经通路对假肢进行感觉时,大脑会将假手纳入人体的“本体映象”中。

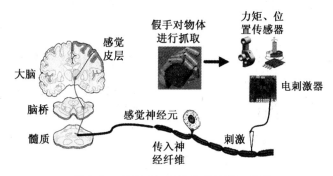

图 8.2　采用感知反馈的替代神经通路

相对于振动反馈和力反馈,电刺激反馈可能会引起使用者的不适感,因此,在采纳电刺激反馈作为主要反馈手段前,需要对电刺激反馈时的电极 - 人体界面有更深入的了解。当电刺激发生时,电荷从电刺激电极转移到人体皮肤,其过程有 3 种形式:① 双电层转移;② 可逆化学反应;③ 不可逆化学反应[13]。

不同的电荷转移方式决定了电刺激对人体可能造成的伤害程度,其中双电层转移仅仅是电荷的移动,不产生新的物质,没有任何伤害,但是可通过的电荷量很少;不可逆的化学反应伤害最大,甚至可能造成出血、灼伤等永久性伤害,因为在电荷转移的过程中,不仅在体液中产生了新的物质,而且新的物质无法重新转化为体液,破坏了局部电中性;可逆化学反应不会对人体产生伤害,同时有大量的电荷穿过人体组织刺激神经纤维,因此是电刺激中理想的电荷转移过程。

可逆化学反应转移电荷的原理,是在正向电流刺激时,在电极的周围发生可逆化学反应,形成少量新生物质,但这些新生物质聚集于电极附近,没有溶解到体液中,当电流反向时,它们又全部形成体液物质,不会对人体造成永久性伤害。

由可逆化学反应方式下电荷的转移特点可知,为了使化学反应能够在两个方向进行,电流的极性必须是可变的。同时,电流保持同一极性的时间不应过大,否则会发生大量不可逆的化学反应,引发组织损伤。因此刺激电流的大小和刺激脉冲的宽度都应当遵循适宜原则,针对不同的使用者采用不同的刺激参数。单一的高频刺激容易使神经纤维产生适应性而丧失感知能力,因此一种常用的电刺激方式是经皮神经电刺激(Transcutaneous Electrical Nerve Stimulation,TENS)[14,15],其以脉冲电流簇的形式将低频电流输入人体来兴奋周围神经系统中的大直径传入神经纤维。其主要特点如下：

（1）脉冲簇的频率较低，多在 160 Hz 以下。

（2）脉冲宽度短，一般在 9 ~ 350 μs。脉冲太宽，传递疼痛的感觉纤维便被激活，而且电极下离子化程度会增加。对于脂肪组织较多者，脉冲可适当宽一些。

（3）电流强度小，一般在 20 mA 以下，因此更安全。

（4）脉冲波形多样：① 方波包络的方波簇[16]；② 正弦波包络的方波簇[17]；③ 方波包络的正弦波簇；④ 正弦波包络的正弦波簇[18,19]，如图 8.3 所示。

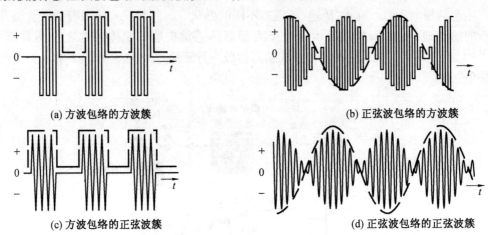

(a) 方波包络的方波簇　　　　　　　(b) 正弦波包络的方波簇

(c) 方波包络的正弦波簇　　　　　　(d) 正弦波包络的正弦波簇

图 8.3　常用的 TENS 波形

上述波形中，方波包络的方波簇最容易实现，通过简单的数模转换装置即可完成，而其余 3 种波形需要设计任意波发生器才可实现。为了实现上述所有波形，本章基于直接数字频率合成技术设计了一种新型电刺激器，并通过实验比较了不同的刺激波形下的刺激感觉。

8.2　电刺激感知反馈通道

8.2.1　电刺激器

为了能够精确地控制电刺激信号的波形参数，在设计多通道电刺激器时采用较为成熟的直接数字频率合成（Direct Digital Synthesizer，DDS）技术[20] 作为信号源，并采用四运放双相功率放大电路产生最终的刺激电流。

直接数字频率合成技术是一种以正弦波形为基础，数字化生成所需要波形的信号合成技术。其按照给定的采样时钟，从固化在 ROM 的三角函数离散数值表中读取特定相位下的三角函数值，在实现高精度的正弦波形输出的同时，改变相位偏置可实现任意波输出。

选择 ADI 公司的 AD9959 芯片为信号发生芯片，其具有较高的输出精度、多变的控制方式、低功耗以及方便的多通道输出等特点[21]。每通道的信号发生原理如图 8.4 所示。

在图 8.4 中，每经过一个系统周期，将频率合成字（Frequency Tuning Word，FTW）中的数值 F_{FTW} 加入相位累加器中得到参考相位。在相位偏置设为 0 的情况下，当 $F_{FTW} > 0$ 时，通

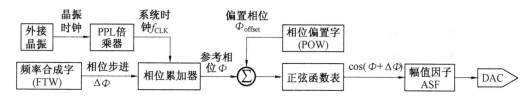

图 8.4　AD9959 芯片每通道的信号发生原理

过查询固化在 ROM 中的正弦函数表,产生频率为 f_{OUT} 的单位正弦信号。AD9959 芯片具有 32 位精度的正弦表,因此每个周期相位步进角度 $\Delta\Phi$ 为

$$\Delta\Phi/\mathrm{rad} = 2\pi\ \frac{F_{\mathrm{FTW}}}{2^{32}} \tag{8.1}$$

$$f_{\mathrm{OUT}} = \frac{F_{\mathrm{FTW}} \times f_{\mathrm{CLK}}}{2^{32}} \tag{8.2}$$

式中　f_{CLK}—— 系统时钟,其来自外接的 30 MHz 无源晶体,经过锁相环倍频后产生。

系统时钟满足公式

$$f_{\mathrm{CLK}}/\mathrm{MHz} = 30 \times F_{\mathrm{PLL}} \tag{8.3}$$

产生的单位正弦信号,经过具有 10 位精度的幅值倍乘器(Amplitude Scale Factor, ASF)和具有 10 位精度的数模转换器(DAC)后,生成幅值可调的模拟正弦波信号。为了减少信号输出时的共模噪声,AD9959 芯片提供互补的两相电流源输出。正相为模拟正弦波电流源输出 i_+,反相为其互补电流源 i_-,即

$$I_{\mathrm{OUT}} = i_+ + i_- = \frac{18.91}{R_{\mathrm{SET}}} \times \frac{F_{\mathrm{ASF}}}{2^{10}} \tag{8.4}$$

式中　R_{SET}——DAC 参考电阻;

F_{ASF}—— 幅值倍乘器数值。

为了保护 DAC 输出口,同时具有较高的信号精度,设定 $R_{\mathrm{SET}} = 2\ \mathrm{k\Omega}$。因此

$$I_{\mathrm{OUT}}/\mathrm{mA} = 9.45 \times \frac{F_{\mathrm{ASF}}}{2^{10}} \tag{8.5}$$

此外,为了实现相位调制,AD9959 芯片还提供 14 位精度的相位偏置字(Phase Offset Word,POW)用于控制相位偏置。相位偏置角 Φ_{offset} 为

$$\Phi_{\mathrm{offset}}/\mathrm{rad} = F_{\mathrm{POW}} \times \frac{2\pi}{2^{14}} \tag{8.6}$$

图 8.5 展示了四通道可扩展电刺激器的原理设计图。AD9959 芯片与主控芯片之间通过 SPI 通信线加一根片选线连接,产生需要的波形后,选用 Linear 公司的 LT1639 芯片作为功率放大芯片。LT1639 芯片集成了 4 个运算放大器,将其分为两组,运算放大器 A,B 组成正相压控电流源,运算放大器 C,D 组成反相压控电流源。

以正相电流源为例,计算电流源的电流值与各电阻阻值的关系。为了便于考虑,在计算时忽略反相电流源的推挽影响,并假定两运放均在线性工作区内。由式(8.4)可知

$$I_{\mathrm{OUT}} = i_+ + i_- \tag{8.7}$$

恒成立。由于 AVDD 引脚的拉升作用,则两输出引脚的电压值分别为

$$U_+ = U_{\mathrm{AVDD}} - i_+ R_1 \tag{8.8}$$

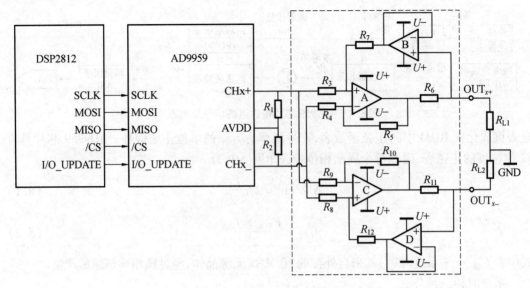

图 8.5　四通道可扩展电刺激器的原理设计图

$$U_- = U_{\mathrm{AVDD}} - i_- R_2 \tag{8.9}$$

分别设运算放大器 A 与 B 的输出为 U_{OA} 和 U_{OB},则流经 R_{L1}(接入电路的人体阻抗)的电流 I_{S} 为

$$I_{\mathrm{S}} = \frac{U_{\mathrm{OA}}}{R_6 + R_{L1}} \tag{8.10}$$

对于运算放大器 A,根据虚断原则与基尔霍夫电流定律,可得

$$\frac{U_{\mathrm{OA}} - U_{\mathrm{IA}}}{R_5} + \frac{U_- - U_{\mathrm{IA}}}{R_4} = 0 \tag{8.11}$$

式中　　U_{IA}——运算放大器 A 的同相输入端电压。

对于运算放大器 B,根据虚短和虚断原则,可得

$$I_{\mathrm{S}} = \frac{U_{\mathrm{OB}}}{R_{L1}} \tag{8.12}$$

$$\frac{U_{\mathrm{OB}} - U_{\mathrm{IA}}}{R_7} + \frac{U_+ - U_{\mathrm{IA}}}{R_3} = 0 \tag{8.13}$$

由式(8.13)可得

$$I_{\mathrm{S}} = \frac{(R_4 + R_5)R_7 U_+ - (R_3 + R_7)R_5 U_-}{(R_4 R_7 - R_3 R_5)R_{L1} + R_4 R_6 (R_3 + R_7)} \tag{8.14}$$

为了消除 R_{L1},令 $R_4 R_7 = R_3 R_5$,则式(8.14)化简为

$$I_{\mathrm{S}} = \frac{(R_4 + R_5)R_7}{R_4 R_6 (R_3 + R_7)} [i_+ (R_1 + R_2) - I_{\mathrm{OUT}} R_2] \tag{8.15}$$

进一步,取 $R_3 = R_4 = R_5 = R_7$,则可得到更为简洁的 I_{S} 调节公式为

$$I_{\mathrm{S}} = \frac{1}{R_6} [i_+ (R_1 + R_2) - I_{\mathrm{OUT}} R_2] \tag{8.16}$$

由于 AD9959 芯片的输出引脚只能承受(AVDD ± 0.5 V)的电压范围,而需要的电刺激电流不超过 10 mA,所以取 $R_1 = R_2 = 50\ \Omega$,取 R_3,R_4,R_5,R_7 为 20 kΩ,则可通过调整 R_6 的值

即可实现 i_+ 放大增益的调节。取 $R_6 = 2R_1 = 100\ \Omega$，反相电流源电路中各电阻值依据对称关系取相应的值。

综合上述设计，最终完成的电刺激器如图 8.6 所示。图 8.6 中从上至下的 3 个边框依次为 AD9959 芯片及其附属模块、功率放大模块以及 8 个电刺激输出端口。

图 8.6　多通道电刺激器实验板

8.2.2　电刺激电极

电刺激电极作为电刺激器与人体的表面接口，其大小、构造、材料以及与皮肤间的接触状态，都会对刺激电流的传递产生较大影响。首先，电极的大小直接影响电流密度的高低，从而影响人体感受。文献[22] 对采用不同大小表贴式正方形电极（边长分别为 6.3 cm，4.5 cm，3 cm，1.5 cm）时的人体感受进行了比较。结果显示，电极越小，电流密度越高，刺激感觉越尖锐；电极越大，电流密度越低，其刺激感觉越柔和。但面积增大到一定程度后，感觉差异将不再明显。

其次，电极的边缘效应[23] 容易使皮肤与电极边缘接触的部分受损。这是由于电极边缘的电流密度高于中心区域造成的，如图 8.7(a) 所示。可采用特殊的电极结构，如图 8.7(b) 所示，或涂抹导电膏使电极的电流密度趋于平衡[24]，从而减小边缘效应的影响。

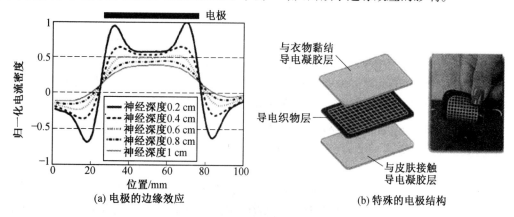

(a) 电极的边缘效应　　　　　　　　　　(b) 特殊的电极结构

图 8.7　电极的接触特性

另外，电极电阻的分布不均，电极与皮肤间的接触不良，皮肤组织结构（如纹理、毛发、毛孔、脂肪等）造成的电阻分布不均同样会在电刺激时引起局部电流密度过大或过小，从而产生刺痛等不适感。可通过在电极与皮肤间涂抹导电膏来平衡电阻分布和改善电极与皮肤的接触。

在电极材料的选择方面由于电极直接与人体皮肤接触,因此需要良好的生物兼容性。这就要求电极材料应具有良好的化学稳定性、耐腐蚀性及机械性能,并且在刺激过程中不能产生损害人体的有毒物质。常用的种类主要有硅胶电极、银／氯化银电极以及带惰性金属镀层的金属电极等,见表8.1。

表8.1　几种常见电刺激电极

电极种类	材料	电极形式	固定方式	使用寿命
	自贴式硅胶电极	独立	自粘贴	可重复使用
	自贴式银／氯化银	独立	自粘贴	一次性
	镀金铜电极	多极片一体	固定带	耐用

为了使不同的实验批次具有相同的刺激效果,采用一次性心电电极作为电刺激电极。该电极为自贴式银／氯化银电极,在电极极芯外包裹有导电胶,保证电极与皮肤的均匀接触,电极的有效刺激面积为 $1.8~\mathrm{cm}^2$。

8.2.3　电刺激反馈参数

为了表征不同的电刺激波形对被试刺激感强弱的影响,本章选择两个较为有代表性的感觉点处的电刺激电流值作为纵坐标。其中一个感觉点为适宜感觉点,其对应的刺激称为适宜刺激值,数值定义为被试能够清晰地感觉到电刺激并能准确分辨出尽可能多的频率等级,且没有不适感的电刺激电流值。该感觉点可直接用于后续的交互控制实验。然而不同的被试对清晰感觉的理解不同,对不适的忍耐程度也不同,因此,除适宜感觉点之外,还选择感觉阈值点作为刺激感强度的表征点。在实验心理学中感觉阈值定义为在大量实验中,被试者有50%的机会感觉到刺激,同时另有50%的机会感觉不到刺激的刺激强度值。为了充分利用实验次数,本章在实验中将其定义为从无刺激状态突变到有刺激状态的几次实验中,被试既可能感觉不到刺激,也可能感觉到刺激的刺激强度值。该感觉点不受被试者的认知影响,因此能较客观地反映出不同波形对被试刺激感的影响。

考虑到电刺激波形最基本的几个参数,脉冲宽度、脉冲幅值及包络波频率主要与脉冲簇有关,现将图8.3中所示4种波形依据脉冲簇的种类分为两大类,即方波脉冲簇和正弦波脉冲簇。为了便于实验与比较,都选择为方波包络的 TENS。同时,为了方便后续章节,即电刺激对肌电干扰研究的展开,本节还研究了双相刺激时,不同电刺激参数对使用者刺激感知的影响。另一方面,文献[18]、[19]等提到通过两路刺激通道,在其轴线交点形成正弦波包络的正弦波簇的方法,即干涉电流刺激法,该方法相比通过波形发生器产生波形简单了很多,本节也将其列入比较范围。综上,本节共比较了 5 种电刺激方式下不同波形参数对使用者感觉阈值、痛觉阈值及频率分辨力的影响。各刺激方式及其波形参数如图 8.8 所示。

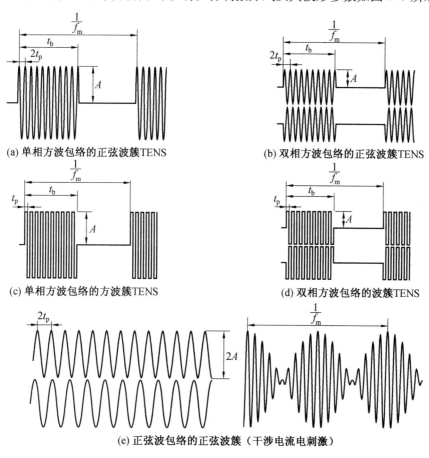

(a) 单相方波包络的正弦波簇TENS

(b) 双相方波包络的正弦波簇TENS

(c) 单相方波包络的方波簇TENS

(d) 双相方波包络的波簇TENS

(e) 正弦波包络的正弦波簇（干涉电流电刺激）

图 8.8　各刺激波形及其可调参数

由于上臂较前臂可布置刺激电极的空间更充裕,且在假手抓取控制中基本保持不动,因此选择上臂前侧作为刺激点。如图 8.9 所示,在左上臂处预先粘贴 4 枚电刺激电极,分别记为 A,B,C,D。为了保证实验条件的一致性,每名被试的电极位置保持基本一致,即 4 枚电极均位于上臂解剖学前侧面上,以点 O 为中心对称分布。其中 A,B 电极的轴心位于上臂前侧面中心轴线,A 电极位于近心端,B 电极位于远心端,两电极中心间距 3 指宽(5 ~ 6 cm),两电极中心连线的中点 O 距肘窝 E 点 5 指宽(10 ~ 15 cm)。C,D 两电极中心连线与 A,B 电极中心连线垂直,其间距也为 3 指宽。实验中,单相方波包络的电刺激仅使用 2 枚电极,即 A,B 电极,其中 A 电极作为刺激电极,B 电极作为接地电极;双相方波包络的电刺激使用 4 枚电极,其中 A,B 电极分别作为正相刺激电极和反相刺激电极,C,D 电极作为接地电极;干涉电流源刺激时,A 电极作为干涉波电极,D 电极作为基准波电极,B,C 电极作为接地电极。共选择4名被试者,其中3名男性,1名女性,年龄在20～30岁,体重为45～80 kg,身高为160～180 cm。在实验前,被试者已被告知实验目的以及可能的伤害,并确定所有被试无神经疾病或其他功能障碍。

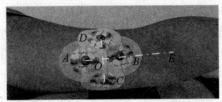

图 8.9　刺激参数选择实验时的刺激电极位置

实验中,采用 PC 机作为上位机,通过 SCI 口与控制板连接,用于调节电刺激波形的频率与幅值,控制板通过 SPI 总线与电刺激器连接。刺激时,设定刺激电流最大为 5 mA,脉冲宽度不超过 1 ms,一旦被试者有任何不适,均立即停止刺激。实验主要比较不同波形、不同载波频率下的感觉情况,因此设定簇宽度保持 10 ms 不变。在测量各被试的感觉阈值与痛觉阈值时,每次调节幅值均先将幅值调回 0 即无刺激状态 30 s 后再调至目标幅值,以减少神经纤维的适应性对实验数据的影响,幅值调节精度为 0.05 mA。在测量各被试者的簇频率分辨率时,先顺序从 0.5 Hz 依次倍增大最大频率,再顺序从最大频率倍减到 0.5 Hz,中间若有无法分辨的频率变化,需进行 3 次以上的反复实验以确定结果。每次频率变化前,在该频率稳定刺激 30 s 以保证被试有充分的感受时间。为了简化实验,设定一些基本簇频率供被试分辨,如图 8.10 所示。在实验中,被试者不被提供任何刺激参数的信息。

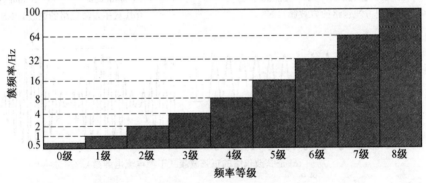

图 8.10　刺激参数选择实验预定的刺激等级

通过对实验结果进行分析,可以得到以下结论:

(1) 达到相同的刺激感,单相波形刺激相对于双相波形刺激,需要更大的刺激电流($p < 0.001$)。

(2) 达到相同的刺激感,正弦波簇刺激相对于方波簇刺激,需要更大的刺激电流($p < 0.001$)。

(3) 达到相同的刺激感,同样是正弦波簇,干涉电流刺激所需的刺激电流小于单相正弦波簇刺激($p < 0.001$),大于双相正弦波簇刺激($p = 0.009$)。

结论(1)验证了双相刺激时的电流汇聚作用。由于存在正反双相电流源的共同作用,刺激电流能够更准确地刺激到刺激电极下方的神经纤维,从而引发刺激感。同时,由于电流汇聚作用,可电流更不容易扩散到人体的其他部位,从而减少电刺激对肌电信号提取的干扰。

结论（2）表明电刺激效果是一个积分的过程，尽管正弦波簇的峰值等于方波簇的幅值，但由于其在峰值处维持的时间很短，因此产生的刺激感更弱，对于部分对电刺激过分敏感的使用者，可采用正弦波簇以减少可能的刺痛感，而对于部分对电刺激过分迟钝的使用者，可采用方波簇以增强电刺激的效果，二者可实现的感觉几乎相同。

结论（3）中干涉电流的刺激感较单相正弦波簇强，表明两通道刺激确实产生了叠加效果，同时其刺激感较双相正弦波簇弱，表明干涉电流刺激的电流汇聚作用不如正反双相刺激，事实上，干涉电流刺激可看作相位差呈周期性变化的双相刺激，与幅值呈周期性变化的双相刺激相比，刺激感更弱。

除了上述 3 条结论外，还可以看到，在簇宽度相同的情况下（设定为 10 ms），随着脉冲宽度减小，被试者的刺激感越来越弱，文献[7]、[25]中都有类似的描述，这与刺激的积分性有关。在选择脉冲宽度时，脉冲宽度不宜过小，过小的脉冲宽度会使感觉较迟钝的被试者需要更大的刺激电流才能引发刺激感，同时载波频率不宜小于 500 Hz。若小于 500 Hz，脉冲宽度达到了 1 ms，此时不仅容易产生电荷积累，而且会引发不良反应。同时，由于刺激频率接近肌电信号的有效频率，因此容易对肌电信号产生更大的干扰。为了使被试者都能在设定的刺激电流下具有清晰的刺激感，设定载波频率为 2 000 Hz，此时脉冲宽度为 250 μs。

在适宜的刺激强度下，通过比较采用不同的刺激波形时被试者对簇频率的分辨能力发现，除采用干涉电流刺激外，采用其他 4 种刺激方式时，被试具有相同的簇频率分辨能力。在干涉电流刺激时，被试者只能感到连续的、强弱不同的刺激感，无法区分不同的簇频率。表 8.2 和表 8.3 分别为在其他 4 种刺激波形下，升频和降频时 4 名被试者的频率分辨能力。

表 8.2 升频刺激时被试者的频率分辨能力

被试代号	升频刺激频率分辨能力 /Hz							
	0.5	1	2	4	8	16	32	64	100
1	√	√	√	√	√	√	√	×
2	√	√	√	√	√	×	×	×
3	√	√	√	√	√	√	√	×
4	√	√	√	√	√	√	×	×

表 8.3 降频刺激时被试的频率分辨能力

被试代号	降频刺激频率分辨能力 /Hz							
	0.5	1	2	4	8	16	32	64	100
1	√	√	√	√	√	√	×	×
2	√	√	√	×	√	×	×	×
3	√	√	√	√	√	√	√	×
4	√	√	√	√	√	√	×	×

由表 8.2 和表 8.3 可知，随着簇频率的增加，被试对频率变化的分辨能力下降。当簇频率低于 16 Hz 时，被试者感受到的是不连续的振动感；当簇频率高于 16 Hz 时，被试者感受到的是连续的麻木感，当进入麻木感后，频率变化变得难以辨别。另一方面，由于神经纤维的适应性，降频比升频更难以分辨。为了使被试者能够尽可能容易地分辨出刺激等级，选择最容易分辨的 6 个频率等级作为交互控制实验中采用的刺激频率，如图 8.11 所示。

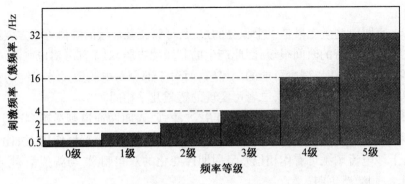

图 8.11　易分辨的频率等级

8.3　肌电控制与电刺激反馈

8.3.1　电刺激反馈干扰的抑制

由于电刺激器与肌电电极共享人体体表传导环境,因此二者不可避免地会发生串扰。为了解决这一问题,可以将刺激位置选择在靠近下肢的部位,通过人体将多余的刺激电荷导出[26];或者通过一个低通滤波器减弱高频的电刺激噪声[27];也可通过在时间上将电刺激发放与肌电信号提取分隔开,减少电刺激噪声对肌电信号识别成功率的影响[28]。以上方法通过前期实验,发现效果并不显著。将刺激位置安排在靠近下肢的部位,难以让使用者产生拟人的感觉神经通路,同时,由于人体与地面间的阻抗较大,该方法并不能有效地导出多余的电荷;另外,TENS 波形的簇频率通常较低,与肌电信号的有效频率发了交叠,因此低通滤波器难以在抑制噪声干扰的同时保留肌电信号的有用信息;时域分隔的方法限制了电刺激的应用范围,难以实现复杂的感知反馈。

一方面,由于电刺激调制波的频段与肌电信号的有用信息频段存在交叠,传统的基于频域分割原理的数字滤波器(有限冲击响应滤波器及无限冲击响应滤波器)难以在完全过滤电刺激噪声的同时保存肌电信号中的有用信息。另一方面,由于人体环境的复杂性,电刺激噪声在通过人体对肌电信号提取产生干扰的过程中产生了畸变,难以从电刺激器发放的原始电刺激波形中获得对噪声的有效先验统计信息,这使得基于先验信息的维纳滤波器也无法完全去除噪声。

与传统滤波器不同,自适应滤波器能够通过一定的优化算法使滤波器的参数趋近于具有最佳性能的滤波器参数,在优化过程中,无须信号或噪声的先验知识,同时对于缓慢变化的系统能够跟踪系统的变化,从而保持良好的滤波能力。目前常用的自适应滤波器有基于维纳滤波理论的最小均方(Least Mean Square,LMS)自适应滤波器、基于最小二乘估计的递归最小二乘(Recursive Least Square,RLS)自适应滤波器[29]、基于卡尔曼滤波理论的自适应滤波器[30]和基于神经网络的自适应滤波器[31]。其中,LMS 自适应滤波器以其算法简单、性能稳定而得到了广泛的应用[32,33]。因此,本书采用 LMS 自适应滤波器作为主要的电刺激噪声抑制方法。

由于电刺激信号以人体为导体,在整个人体体表都可以检测到电刺激波形,同时不同的电极检测到的电刺激波形之间存在未知的时延和变形。在短时间内,电刺激信号从电刺激器通过人体阻抗到达肌电信号采集端,所经历的过程是线性的,则可以采用基于最小均方原理的自适应滤波器进行噪声消除。自适应滤波噪声消除的系统原理如图 8.12 所示。

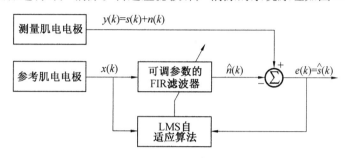

图 8.12　自适应滤波噪声消除的系统原理

采用一枚肌电电极放置在动作无关部位或肌电信号微弱的部位作为参考肌电电极。该电极产生对电刺激波形的一个观测序列 $x(k)$。其他的肌电电极放置在动作相关部位,采集人体动作产生的肌电信号,作为测量肌电电极,每枚测量肌电电极产生一个叠加了电刺激噪声和肌电信号的观测序列 $y(k)$,其中电刺激噪声记为 $n(k)$,有用肌电信号记为 $s(k)$,则

$$y(k) = s(k) + n(k) \tag{8.17}$$

将参考电极观测到的电刺激噪声信号 $x(k)$ 通过一个参数可调的数字滤波器,为了具有良好的收敛特性,通常选择有限冲击响应(Finite Impulse Response,FIR)滤波器,得到一个对电刺激噪声的估计序列 $\hat{n}(k)$,并用测量电极观测到的肌电 – 噪声混合序列 $y(k)$ 将它消去,得到误差序列 $e(k)$,它是对肌电信号 $s(k)$ 的一个估计。

$$e(k) = \hat{s}(k) = y(k) - \hat{n}(k) \tag{8.18}$$

通过调节 FIR 滤波器的参数,当使误差序列的均方值最小时,电刺激噪声及噪声的估计序列差值的均方也最小,此时得到的信号信噪比最大。该方法被称为最小均方(LMS)自适应滤波器。电刺激反馈流程如图 8.13 所示。

为了检验基于 LMS 自适应滤波器的电刺激噪声抑制方法的有效性,本书进行了电刺激与肌电信号提取相融合的实验。实验时,设定电刺激幅值为被试适宜的刺激值,簇频率为 50 Hz,载波频率为 2 000 Hz,电刺激施于左上臂处。

采用的肌电电极为江苏丹阳假肢厂商用 DJ – 03 电极,该电极能够在对工频干扰进行陷波处理后,输出信噪比较大的原始肌电信号波形。在采样频率为 10 kHz 时,其采集到的原始肌电信号波形如图 8.14 所示。

为了能够快速利用肌电信号中隐藏的肌肉收缩信息,一种广泛使用的肌电信号特征为均方根值(Root Mean Squares,RMS),其大小反映了肌电信号强度的时频特性。为了简化计算,本书对每 50 点求取一次均方根值作为肌电信号的主要识别特征,此时肌电信号的时间窗为 5 ms,包含了足够的肌肉收缩信息并能快速响应肌肉状态的变化。对图 8.13 的原始肌电信号求 RMS 值后得到如图 8.15 所示波形。

从图 8.15 中可以清晰地看到肌电信号的发起和结束时间,然而波形中有较多的毛刺,不利于后续的分类算法。为了对其平滑,同时降低运算量,采用 4 阶无限冲击响应(Infinite Impulse Response,IIR)滤波器对 RMS 值进行平滑,得到图 8.16 所示波形。

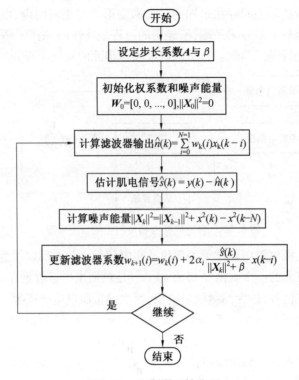

图 8.13　电刺激反馈流程

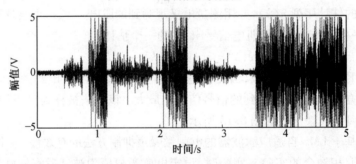

图 8.14　丹阳电极输出的原始肌电信号

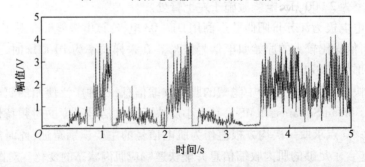

图 8.15　丹阳电极输出肌电信号的 RMS 值

选用一枚肌电电极作为参考肌电电极,安置于左前臂用于观测电刺激噪声,另外一枚肌电电极作为测量肌电电极,安置于右前臂,用于检测受电刺激噪声污染的肌电信号。对两通道肌电电极直接求 50 点 RMS 可得图 8.17 所示波形。测量电极由于电刺激噪声的干扰,其

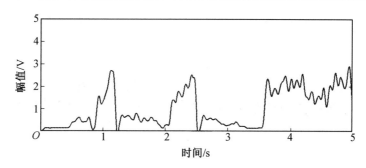

图 8.16　经过 IIR 滤波器平滑滤波后的肌电信号

信噪比已经降低到了一个难以分辨的程度。为此,对原始肌电信号先采用 LMS 算法进行噪声消除,再求取 RMS 值和进行滤波平滑处理。

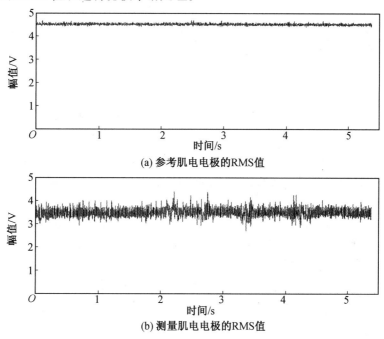

(a) 参考肌电电极的RMS值

(b) 测量肌电电极的RMS值

图 8.17　受电刺激噪声干扰的原始肌电信号的 RMS 值

图 8.18 和图 8.19 分别展示了经过变步长 LMS 自适应滤波器进行噪声消除后所测肌电信号的 50 点 RMS 值及进一步平滑处理的肌电信号图。在图 8.18 和图 8.19 的噪声区,已经可以比较明显地分出有效肌电信号。

8.3.2　假手控制双向信息交互

根据 Otto Bock 公司对 100 余名截肢患者的问卷调查,88% 的受试者认为感知反馈对假手控制是必要的,其中按重要程度排列前 5 项最为必要的反馈信息依次为:抓取力大小、是否动作、手指位置、开始接触时刻和结束接触时刻[34]。其中手指位置与动作方式密切相关,尤其是在编码式动作控制方法中,可以通过反馈使用者生成的肌电姿态编码,间接地反馈各手指的相对位置。由此本书确定以下电刺激反馈策略。

为了实现上述 5 种感觉信息的反馈,本书采用双通道电刺激;为了减少对肌电信号提取

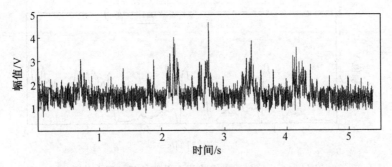

图 8.18　经 LMS 自适应滤波后的肌电信号 50 点 RMS 值

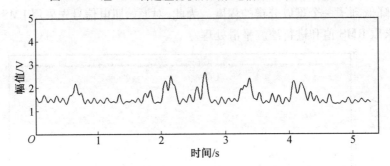

图 8.19　经 IIR 滤波器进一步平滑处理的肌电信号

的干扰,各通道电刺激采用双相方波包络的方波簇,选择被试者适宜的刺激幅值、脉冲宽度(载波周期)及簇宽度后,通过调节簇频率(调制波频率)反馈刺激信息。具体刺激流程如图 8.20 所示。

　　图 8.20 中,当假手手臂板处于姿势编码状态时,两通道电刺激分别对应抓取姿势堆栈中的两位,通道 1 对应堆栈的低位,通道 2 对应堆栈的高位,短屈信号对应较低簇频率的 2 Hz刺激,短伸信号对应较高簇频率的 8 Hz。通过这种方式,使用者可从当前的刺激频率与通道中感知当前编码堆栈中的数值,当编码错误时,使用者可方便地进行修改,更重要的是,被试者能够通过当前的编码推断假手进行增量控制状态后的假手姿势,从而对假手各手指之间的相对运动关系有大致的了解。

　　当假手手臂板进入增量控制状态后,一旦假手开始运动,通道 1 与通道 2 均产生簇频率为 0.5 Hz 的刺激信号,作为假手运动的标识,同时表征当前抓取力为 0。当假手运动至与物体接触,随着接触力的增大,逐渐增大电刺激信号的簇频率。为了使被试者能够分辨更多的抓取力等级,采用通道 1 和通道 2 合并的方法。

　　为了方便交互实验过程的监测以及控制算法、电刺激参数的调整,本书以 PC 机为中心,通过 SCI 总线分别与手臂板与手掌板通信,实现对 HIT – Ⅳ 假手的运动控制和多通道电刺激器的波形控制。PC 机控制程序基于 LabVIEW 编写,通过 USB – 6212 采集卡采集肌电信号,肌电电极采用丹阳 DJ – 03 电极。交互控制实验平台结构图如图 8.21 所示。

　　与嵌入式控制系统相比,图 8.21 所示实验平台中将手臂板的肌电信号提取、分类、识别功能,将手掌板对控制量的解析功能集成到实验 PC 机中。实验 PC 机将采集卡采集到的肌电信号依次通过 LMS 自适应滤波器消除电刺激噪声的影响,通过求取 RMS 值获得肌电信号的时频域特征,通过 4 阶 IIR 数字滤波器对求得的 RMS 值进行平滑处理,通过 LDA 分类器实

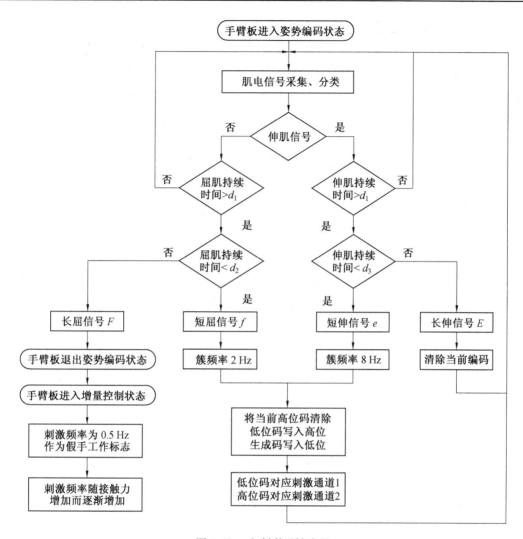

图 8.20　电刺激反馈流程

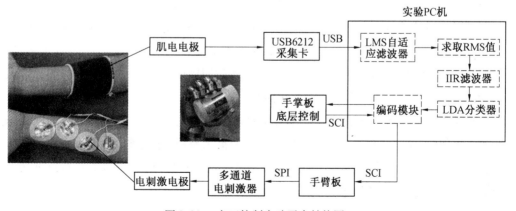

图 8.21　交互控制实验平台结构图

现对肌电信号的分类,最后通过编码模块得到相应的控制码。在编码过程中,依据制订的电刺激反馈策略,实验 PC 机在姿势编码状态将产生的姿势码转为相应的电刺激波形控制参数,并通过 SCI 接口发送给手臂板;在增量控制状态,将产生的控制量转为各手指的期望位置或期望力,通过 SCI 接口发送给手掌板,控制假手动作,并通过 SCI 接口接收各手指的力矩信息,将其转化为相应的电刺激波形控制参数,并通过 SCI 接口发送给手臂板。

8.4　基于电刺激的假手握力感知反馈实验

为了检验电刺激反馈所能达成的力反馈效果,本章进行了电刺激反馈对假手握力控制的影响实验。实验中,被试者在仅接受电刺激反馈(阻断视觉)的情况下,控制假手实现期望的抓握力。由 8.2.3 节的实验结果可知,被试者在 32 Hz 以下具有更强的频率分辨能力。为了使被试的抓取力分辨能力更高,同时考虑到假手力矩传感器的精度,采用两通道电刺激合并刺激的方式,合并后可得到 11 个频率等级,抓握力与电刺激频率等级的对应关系如图 8.22 所示。

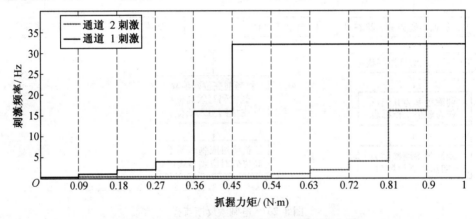

图 8.22　　两通道电刺激与抓握力矩的对应曲线

为减少力矩传感器噪声的影响,实验中抓握力矩取各动作手指力矩传感器测量值的平均值。实验时,先将力矩传感器数据可视化,让被试感受在期望握力下的电刺激频率,然后阻断视觉反馈,要求被试者在电刺激反馈下重新达到期望握力,记录力矩传感器的抓握力变化,并得到图 8.23 所示抓握力矩跟踪变化曲线。

由图 8.23 可知,在电刺激反馈下,被试者能够以较小的超调量,在较短的时间内跟踪接近期望力。但是,由于被试者对电刺激频率的分辨能力有限,导致被试不能完全控制假手抓握力达到期望力。通过多次实验,稳态抓握力矩与给定期望力矩之间的误差不超过最大反馈力矩的 10%,这与图 8.22 频率等级的划分是一致的。

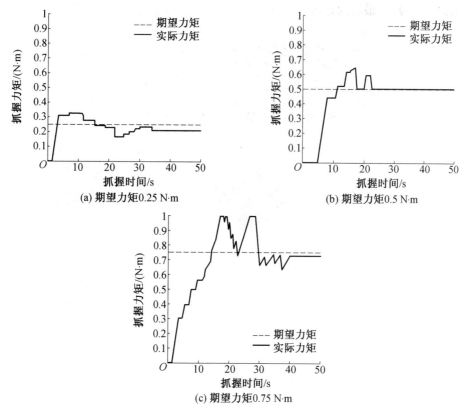

图 8.23　电刺激反馈下的抓取力矩跟踪曲线

8.5　仿生假手交互控制抓取实验

8.5.1　无视觉反馈下的物体抓取实验

为了比较电刺激感知反馈在假手控制中对视觉反馈的替代作用,本章进行了不同反馈方式对抓取效率的影响实验。实验中,两名被试分别在提供视觉反馈和电刺激反馈(记为VE反馈)、阻断电刺激反馈(记为V反馈)、阻断视觉反馈(记为E反馈)以及同时阻断电刺激反馈和视觉反馈(记为N反馈)等4种反馈条件下,采用基于状态转换机制的肌电控制方法,控制假手完成对6种典型物体的60个抓取动作,每种抓取姿势完成10次。

为了模拟真实的抓取过程,在V反馈和VE反馈中,被试者可以通过视觉观察假手各手指的运动位置判断是否抓紧物体,通过观察指示灯的亮灭判断假手控制系统的工作状态(姿势编码状态或增量控制状态),但是无法得到当前的编码状态和抓取力信息。在E反馈和VE反馈中,被试者可以通过电刺激反馈感知假手控制系统的工作状态,通过不同状态下的刺激频率判断假手当前生成的姿势码和抓取力,通过抓取力判断是否抓紧物体,但是无法直接得到假手各手指的运动位置。在N反馈中,由于阻断了视觉反馈和电刺激反馈,被试者既无法知道假手各手指的运动位置,也无法知道当前的抓取力,为了让实验能够进行下去,在N反馈下,被试者可以额外地向实验者询问,以确定当前的假手控制系统的工作状态以及假手的抓取是否成功。图 8.23 展示了 E 反馈时的实验场景,实验中通过眼罩阻断被试的视觉信息。图 8.24(a) 左由远心端至近心端依次为通道 1 正负极、通道 2 正负极和参考地极。

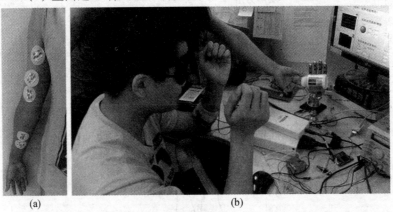

（a）　　　　　　　　　　　（b）

图 8.24　对某被试进行 E 反馈时的实验场景

上述 6 种典型物体分别为药盒、网球、长方体、名片、硬币和笔,分别对应柱状抓取、球状抓取、掌心捏取、侧边捏取、指尖捏取和钩状抓取,即除食指指示外的其他所有编码姿势。需要完成的 60 个抓取动作呈随机排列,被试者在抓取前不知道将要进行的动作,实验记录被试者从听到抓取指令,到被试者控制假手实现表 8.4 所列的稳定抓取所经过的时间。在 VE 反馈、V 反馈和 E 反馈条件下,被试者宣布抓取完成时刻,在 N 反馈条件下,实验者宣布抓取完成时刻,抓取完成后需等待 10 s 以确定物体不会脱落。若抓取失败,被试者应立即控制假手进行重新抓取,该过程不停止计时。

表 8.4　6 种抓取动作的目标位置

1 柱状抓取	2 球状抓取	3 掌心捏取	4 侧边捏取	5 指尖捏取	6 钩状抓取

两名被试者在不同反馈条件下进行不同抓取动作时的抓取时间如图 8.25 所示。图 8.25 中箱线图的上、下线分别为统计数据中的最小值与最大值,箱图的边界为数据按大小顺序排列后的第 25% 个数和 75% 个数,箱图的中间为均值。从图 8.25 中可粗略地看到,在不同反馈条件下,对于抓取效率,VE 反馈优于 V 反馈,V 反馈优于 E 反馈,E 反馈优于 N 反馈。为了对实验结果进行更精确的分析,采用 SPSS 软件(美国 IBM 公司)对实验数据进行分析。

通过对被试者 1 和被试者 2 在不同反馈条件下各抓取姿势的平均抓取时间进行配对 T 检验,得到以下结论:

(1) 视觉反馈与电刺激反馈组合、单纯视觉反馈、单纯电刺激反馈和提示反馈的各姿势平均抓取时间分别为 (4.5 ± 0.7) s(平均值 ± 标准差),(5.4 ± 1.5)s,(7.7 ± 1.4)s 和

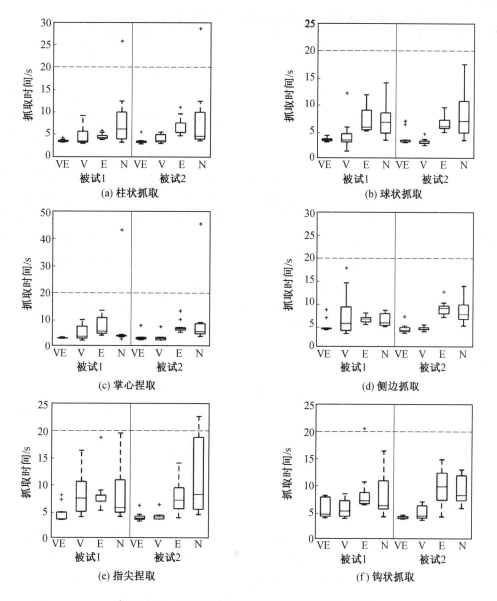

图 8.25　两名被试不同反馈条件下的抓取时间

(8.8 ± 1.2) s。

（2）相对于单纯视觉反馈（V 反馈），视觉反馈与电刺激反馈组合（VE 反馈）的抓取时间更短（$p = 0.027$）。

（3）相对于单纯电刺激反馈（E 反馈），单纯的视觉反馈（V 反馈）的抓取时间更短（$p = 0.001$）。

（4）相对于提示反馈（N 反馈），单纯的电刺激反馈（E 反馈）仍然具有优势，具有更短的抓取时间（$p = 0.036$）。

不同抓取动作的抓取时间见表 8.5。

表 8.5　不同抓取动作的抓取时间(平均值 ±标准差)

抓取动作	被试 1 抓取时间 /s				被试 2 抓取时间 /s			
	VE 反馈	V 反馈	E 反馈	N 反馈	VE 反馈	V 反馈	E 反馈	N 反馈
柱状抓取	3.6 ±0.3	4.5 ±1.9	4.5 ±0.6	8.5 ±6.8	3.5 ±0.7	4.0 ±0.9	6.6 ±2.1	8.3 ±7.8
球状抓取	4.1 ±0.4	4.9 ±2.9	7.6 ±2.3	7.9 ±3.5	4.4 ±1.4	3.7 ±0.5	6.9 ±1.3	8.9 ±4.5
掌心捏取	3.9 ±0.2	5.7 ±2.6	8.0 ±3.4	8.5 ±12.3	4.2 ±1.5	4.1 ±1.5	8 ±2.4	10.5 ±12
侧边抓取	5.3 ±1.5	7.8 ±4.9	6.7 ±0.8	6.6 ±1.4	4.7 ±1.0	4.7 ±0.4	9.1 ±1.6	8.6 ±2.9
指尖捏取	5.2 ±1.6	8.8 ±4.2	8.9 ±3.6	9.1 ±5.4	4.6 ±0.8	4.8 ±0.7	8.1 ±2.9	11.5 ±7.0
钩状抓取	5.7 ±1.7	6.0 ±1.6	9.0 ±4.1	8.6 ±4.3	4.3 ±0.2	5.2 ±1.3	9.7 ±3.2	9.3 ±2.6

由结论(2)可以推知,由于信息传输效率、被试者对电刺激信息的解析速度等原因,导致当前的电刺激反馈手段仍不能完全替代视觉反馈的作用。由结论(3)可以推知,虽然电刺激反馈不能完全替代视觉反馈的作用,但是相对于提示反馈,被试者能够在电刺激反馈的作用下实现较高效率的抓取,并且从图 8.25 可以看到,由于被试者能够从电刺激反馈中获得当前的系统状态信息,因此避免了一旦编码失误导致的连续编码错误。更进一步,由结论(1)可以推知,当将电刺激反馈与视觉反馈结合到一起,能够获得更高的抓取效率。因为,电刺激反馈与视觉反馈存在一定的互补,被试者从视觉反馈中能够快速地获得当前假手各手指的位置,但是无法直观地获得假手的握力信息,而电刺激反馈能够反馈假手的握力信息和当前的姿势码,二者相互补充,使被试者显著提高了抓取效率。

此外,从图 8.25 可以看出,除少数由于连续错误导致的极差点外,在不同反馈条件下,被试者能够在 20 s 内完成抓取,根据 Sollerman 日常生活活动能力的评定标准[35],若能在 20 s 内完成整个抓取过程即认为可实现流利抓取,因此通过本章的编码式控制方法在无连续错误时可实现假手的流利抓取。当采用视觉加电刺激反馈时,抓取效率更高,能够在 10 s 内完成抓取。

8.5.2　易碎物体抓取实验

由于传统假手不具备向人体反馈握力感觉的能力,因此在抓取鸡蛋、灯泡等易碎物体时,传统假手的使用者必须通过视觉密切监视假手与物体的接触状况,以保证抓取物不被捏碎。尽管如此,抓取的成功率仍比较低,并且需要投入极大的专注力,给用户带来很大的注意力负担。基于前文显示出的交互控制系统对假手良好的操控性和对抓握力度的有效反馈,本小节将使用该系统控制假手对生鸡蛋进行抓取,以评价所设计的交互控制系统对易碎物体的抓取能力。

为了全面地测试假手交互控制系统对易碎物抓取的影响,本小节设置了 4 种不同的抓取方式:① 无任何反馈(N);② 仅凭视觉反馈(V);③ 仅凭电刺激感知反馈(E);④ 视觉反馈结合电刺激感知反馈(V + E)。由一名实验者控制假手动作,上述每种抓取方式进行 10 次实验,另一名实验者向假手抓取范围内放入鸡蛋。

对于无任何反馈的抓取方式,抓取成功率为 0,其中大部分抓取失败的情况是直接将鸡蛋抓碎,抓碎时的力矩变化如图 8.26(a)所示,其余情况为鸡蛋滑落。这说明在没有任何感官信息的帮助下很难完成对易碎物体的抓取操作。

对于仅有视觉反馈的抓取方式,可获得 60% 的抓取成功率,一次将鸡蛋抓碎,三次滑

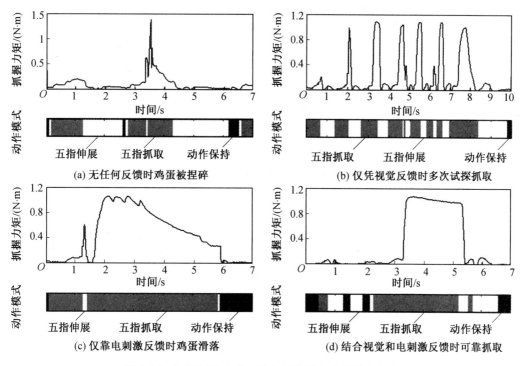

图 8.26　不同抓取方式下的力矩信号和动作模式输出

落。其中抓碎鸡蛋的一次失败是下意识地为了抓紧将要滑落的鸡蛋造成的,这使实验者的心理受到一定的影响,在后续的抓取过程中对假手的动作控制十分谨慎,经常仔细观察假手手指与鸡蛋的接触位置,并对手指位置进行微调,其抓取过程中的握力变化如图8.26(b)所示。而三次滑落则是对抓取力度无法掌握以及与另一名实验者配合失误造成的。在实验者提高了操作谨慎度后,失败次数明显减少。仅有电刺感知反馈的抓取方式的成功率达到了70%,三次失败都是鸡蛋滑落,没有造成捏碎,滑落时的力矩变化如图8.26(c)所示。这与电刺激提供的抓握力信息有关,避免了力量过大将鸡蛋捏碎的情况的发生。滑落则是由于无法观察鸡蛋的位置造成的。而视觉结合电刺激反馈方式则成功地完成了全部10次抓取。通过视觉反馈和电刺激反馈向人体提供抓取位置和力度信息,实验者可以较为轻松地完成抓取任务,并可通过视觉纠正抓取位置,而通过电刺激握力感知反馈来判断抓取力的大小,抓取稳定,如图8.26(d)所示,动作也较为迅速果断。

知识拓展

植入式双向人机接口通过将电极植入人体,能够直接利用人体的运动神经(传出神经)和感觉神经(传入神经)作为信息传输媒介,实现拟人的假手控制和感知反馈。意大利的研究者在 Cyber Hand 的基础上,采用神经束内电极(Longitudinal Intrafascicular Electrodes,LIFEs)[36] 直接将假手与人体神经相连接,其样机结构如图8.27所示。由于其采用拟人的信息传递方式,因此相对于其他的双向人机接口,使用者更容易将假手纳入"本体映象"(Self Image)中。

为了得到不同肌肉收缩时的精确信息,美国芝加哥康复中心研制了一种植入式肌电电极阵

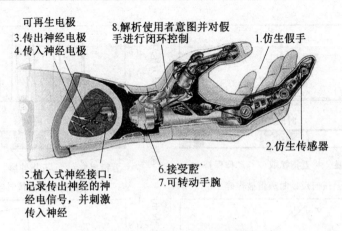

可再生电极
3.传出神经电极
4.传入神经电极

8.解析使用者意图并对假
手进行闭环控制

1.仿生假手

2.仿生传感器

6.接受腔
7.可转动手腕

5.植入式神经接口：
记录传出神经的神
经电信号，并刺激
传入神经

图 8.27　Cyber Hand 的原理样机图[36]

列,将每枚植入式肌电传感器植入不同的残肢肌肉群中,可实现对不同肌肉群收缩信息的精确观测[37]。IMES 植入式肌电电极阵列如图 8.28 所示。

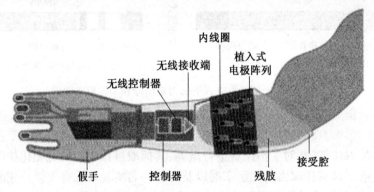

内线圈

植入式
电极阵列

无线接收端

无线控制器

假手　　　　控制器　　　　残肢

接受腔

图 8.28　IMES 植入式肌电电极阵列[37]

以上植入式控制方法都利用了截肢患者的残肢信息,而美国布朗大学与德国宇航中心的研究者合作研制了一种脑机接口,能够直接从大脑的感觉皮层和运动皮层分别进行控制信息的提取与反馈[38]。图 8.29 中一名四肢瘫痪病人利用该脑机接口控制假肢进行操作。

为了有效地利用残肢中的神经通路,一种可实现的植入式神经接口是采用目标神经移植手术,将被截去的肢体中残余的感觉和运动神经重新定向到胸部皮肤和肌肉中,并切除原处于胸部皮肤和肌肉中的神经,使胸部的皮肤与肌肉与失去的肢体中的皮肤与肌肉区域建立起映射关系。美国国防高级计划署(DARPA)支持的"革命性假肢"项目便采用该方法对部分截肢患者进行了手术[39],如图 8.30 所示。对这些患者进行的"橡胶手错觉(Rubber Hand Illusion)"实验,表明 TMR 手术能够加强患者对假肢的本体感觉使其运动和感觉功能得到部分恢复[40]。

植入式人机接口能够以拟人的方式建立起假肢与人体的替代神经通路,从而实现对假肢的直观控制与感觉,但是其代价高昂且实验风险较大;而非植入式人机接口因其更高的安全性、可靠性、易用性和相对更低的研究价格正受到世界各地的研究人员的广泛关注。

非植入式双向人机接口通过采用不植入人体的体表生物传感器和刺激器实现对人体控制意图的解码和感知反馈。图 8.31 是日本东京大学研制的以 13 自由度腱驱动假手 Tokyo

图 8.29　瘫痪病人利用脑机接口控制机械臂动作[38]

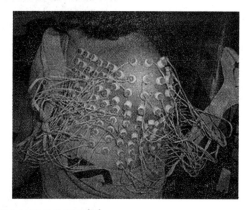

图 8.30　DARPA"革命性假肢"计划[39]

Hand[41] 为平台的人机交互系统。该系统通过使用表面肌电电极采集肌肉电信号,用以解析人体动作意图,从而实现抓取控制,并通过非植入式电刺激器将配置在假手本体的传感器产生的压力信息反馈给人体。为了研究双向生机接口对人体的影响,东京大学采用核磁共振(MRI)方法分析在使用交互式系统前后人脑兴奋区域的变化。实验结果显示,右臂截肢的患者在佩戴这种带有双向生机接口的假手一个月以后,大脑皮层与假手之间建立了某种联系,同时在抓取过程中对视觉的依赖程度大大降低[42]。

图 8.32 展示了以 Cyber Hand 为平台设计的双向人机交互系统,该系统采用表面肌电电极提取截肢患者的残肢信息,采用压力反馈方式反馈假手的抓取力信息[42]。通过进行"橡胶手错觉(Rubber Hand Illusion)"实验,证明了该人机交互控制系统能够帮助被试在流利控制假手动作的同时,将假手纳入"本体映象"中。

图 8.33 展示了以 Smart Hand 为平台设计的双向人机交互系统,该系统采用表面肌电电

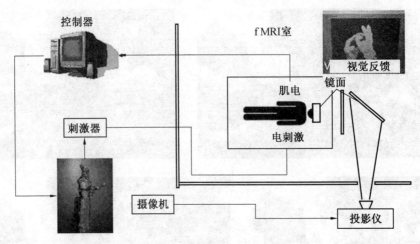

图 8.31　Tokyo Hand 人机交互系统[41]

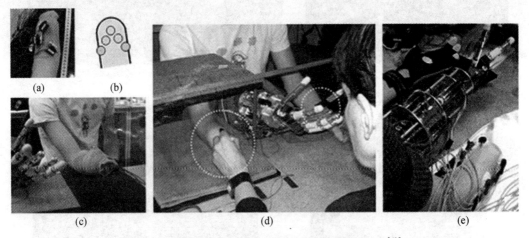

图 8.32　非植入式人机接口的"橡胶手错觉"实验[43]

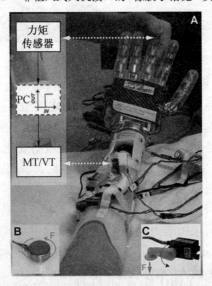

图 8.33　非植入式人机接口的"幻指感"实验[44]

极提取截肢患者的残肢信息,采用压力反馈与振动反馈相结合的方式反馈假手抓取力"有／无"信息。通过阻断患者的视觉、听觉通道,研究者发现,在当刺激发生在患者特定的皮肤位置时,有些患者产生了"幻指感",从而提高了感知反馈的辨别能力[44]。

本章小结

为了增强使用者控制假手时的本体感觉,本章采用经皮神经电刺激反馈的方式将假手的工作信息传递给人体。通过优化电刺激参数和采用基于 LMS 自适应滤波的噪声消除算法,抑制了电刺激噪声对肌电信号提取的干扰,并在此基础上进行了肌电 – 电刺激交互控制实验。

参考文献

[1] PINO G D, GUGLIELMELLI E, ROSSINI P M. Neuroplasticity in amputees: main implications on bidirectional interfacing of cybernetic hand prostheses[J]. Progress in neurobiology, 2009,88(2): 114-126.

[2] PAOLO M R, SILVESTRO M, ANTONELLA B, et al. Double nerve intraneural interface implant on a human amputee for robotic hand control[J]. Clinical neurophysiology, 2010, 121 (5): 777-783.

[3] CIPRIANI C, D'ALONZO M, MARIA C C. A miniature vibrotactile sensory substitution device for multifingered hand prosthetics[J]. Biomedical Engineering, IEEE Transactions on, 2012, 59(2): 400-408.

[4] MULVEY M R, FAWKNER H J, RADFORD H E, et al. Perceptual embodiment of prosthetic limbs by transcutaneous electrical nerve stimulation[J]. J. Neuromodulation: Technology at the Neural Interface, 2012, 15(1): 47-47.

[5] HIROYUKI K. Electro-tactile display with real-time impedance feedback[M]. Haptics: Generating and Perceiving Tangible Sensations, 2010: 285-291.

[6] HIRATA T, NAKAMURA T, KATO R, et al. Development of mobile controller for EMG prosthetic hand with tactile feedback[C]//Advanced Intelligent Mechatronics. 2011 IEEE/ASME International Conference on, 2011: 110-115.

[7] CHRISTIAN A, D'ALONZO M, ROSÉN B, et al. Sensory feedback in upper limb prosthetics [J]. Expert review of medical devices, 2013, 10(1): 45-54.

[8] KACZMAREK K A, WEBSTER J G, BACH-Y-RITAP, et al. Electrotactile and vibrotactile displays for sensory substitution systems[J]. Biomedical Engineering, IEEE Transactions on, 1991, 38(1): 1-16.

[9] KANDEL E R, SCHWARTZ J H, JESSELL T M. Principles of neural science[M]. New York: McGraw-Hill, 2000.

[10] HIROYUKI K, NAOKI K, TARO M, et al. Electrocutaneous display with receptor selective stimulations[J]. IEEE Trans., 2001, 84: 120-128.

[11]SUSAN H,ALVA N. Neural plasticity and consciousness[J]. Biology and Philosophy,2003, 18(1): 131-168.

[12]RAMACHANDRAN V S, ROGERS-RAMACHANDRAN D. Phantom limbs and neural plasticity[J]. Archives of Neurology,2000,57(3): 317.

[13]蓝宁,汪家琮. 功能性电刺激的原理、设计与应用（二）[J]. 中国康复理论与实践, 1998,4(1): 7-9.

[14]BUTIKOFER R, LAWRENCE P D. Electrocutaneous nerve stimulation-I: Model and experiment[J]. Biomedical Engineering, IEEE Transactions on,1978(6): 526-531.

[15]JONES I, JOHNSON M I. Transcutaneous electrical nerve stimulation[J]. Continuing Education in Anaesthesia, Critical Care & Pain,2009,9(4): 130-135.

[16]GENG B, KEN Y, WINNIE J. Impacts of selected stimulation patterns on the perception threshold in electrocutaneous stimulation[J]. Journal of Neuro Engineering and Rehabilitation,2011,8(3):417-423.

[17]KIM G,ASAKURA Y, OKUNO R, et al. Tactile substitution system for transmitting a few words to a prosthetic hand user[C]. Engineering in Medicine and Biology Society,2005,7: 6908-6911.

[18]YOSHIDA M, SASAKI Y. Sensory feedback system for prosthetic hand by using interferential current[C]//Engineering in Medicine and Biology Society, 2001. Proceedings of the 23rd Annual International Conference of the IEEE ,2001: 1431-1432.

[19]ALEJANDRO H A, YOKOI H, ARAI T, et al. Fes as biofeedback for an emg controlled prosthetic hand[C]. Tencon IEEE Region ,2005: 1-6.

[20]ARTHUR T,ALAN N WILLSON J. Analysis of the output spectrum for direct digital frequency synthesizers in the presence of phase truncation and finite arithmetic precision[C]//Image and Signal Processing and Analysis, 2001. Proceedings of the 2nd International Symposium on,2001: 458-463.

[21]XU J G,CAOW J,LU M,et al. Applications of AD9959 in stepped-frequency source of radar [J]. Electronic Measurement Technology,2007:9.

[22]ALON G,KANTOR G,HO H S. Effects of electrode size on basic excitatory responses and on selected stimulus parameters[J]. Journal of Orthopaedic & Sports Physical Therapy,1994, 20:29-35.

[23]KRASTEVA V T,PAPAZOV S P. Estimation of current density distribution under electrodes for external defibrillation[J]. Biomedical engineering online,2002,1(1):1-13.

[24]THIERRY K,ANDREAS K. Electrodes for transcutaneous (surface) electrical stimulation [J]. Journal of Automatic Control, University of Belgrade,2008,18(2):35-45.

[25]GAD A, ALLIN J, INBAR G F. Optimization of pulse duration and pulse charge during transcutaneous electrical nerve stimulation[J]. Aust. J. Physiother,1983,29(6): 195-201.

[26]DAMIAN D D, ARITA A H, MARTINEZ H,et al. Slip speed feedback for grip force control [J]. Biomedical Engineering, IEEE Transactions on,2012,59(8): 2200-2210.

[27]ZHANG Q, HAYASHIBE M, FRAISSE P,et al. FES-Induced torque prediction with evoked

EMG sensing for muscle fatigue tracking[J]. Mechatronics, IEEE/ASME Transactions on, 2011,16(5): 816-826.

[28] MERAZ N S, HASEGAWA Y, TAKAHASHI J. Generic bioelectrical potential signal human—computer interface with electrostimulation feedback[C]. Intenational Conference on Robotics and Biomimetics,2012:1476-1481.

[29] QIAO S Z. Fast adaptive RLS algorithms: a generalized inverse approach and analysis[J]. Signal Processing, IEEE Transactions on,1991,39(6): 1455-1459.

[30] RUDOLPH E K. A new approach to linear filtering and prediction problems[J]. Journal of basic Engineering,1960,82(1): 35-45.

[31] BERNARD W,MICHAEL A L. 30 years of adaptive neural networks: perceptron, madaline, and backpropagation[J]. Proceedings of the IEEE,1990,78(9): 1415-1442.

[32] HARRISON W, LIM J, SINGER E. A new application of adaptive noise cancellation[J]. Acoustics, Speech and Signal Processing, IEEE Transactions on,1986,34(1): 21-27.

[33] ASADAH H, JIANG H H, GIBBS P. Active noise cancellation using MEMS accelerometers for motion—tolerant wearable bio-sensors[C]//Engineering in Medicine and Biology Society. 26th Annual International Conference of the IEEE,2004: 2157-2160.

[34] LEWIS S, RUSSOLDM F,DIETL H ,et al. User demands for sensory feedback in upper extremity prostheses[C]//Medical Measurements and Applications Proceedings. 2012 IEEE International Symposium on,2012: 1-4.

[35] SOLLERMAN C, EJESKÄR A. Sollerman hand function test: a standardised method and its use in tetraplegic patients[J]. Scandinavian journal of plastic and reconstructive surgery and hand surgery,1995,29(2): 167-176.

[36] DI P G,GUGLIELMELLI E,ROSSINI P M. Neuroplasticity in amputees: main impli-cations on bidirectional interfacing of cybernetic hand prostheses[J]. Progress in neurobiology, 2009,88(2):114-126.

[37] MERRILL D R,LOCKHART J,TROYK P R,et al. Development of an implantable myoelectric sensor for advanced prosthesis control[J]. Artificial Organs, 2011, 35(3): 249-252.

[38] HOCHBERG L R,BACHER D,JAROSIEWICZ B,et al. Reach and grasp by people with tetraplegia using a neurally controlled robotic arm[J]. Nature,2012,485(7398): 372-375.

[39] KUIKEN T A,MILLER L A,LIPSCHUTZ R D,et al. Targeted reinnervation for enhanced prosthetic arm function in a woman with a proximal amputation: a case study[J]. The Lancet,2007,369(9559):371-380.

[40] MULVEY M R,FAWKNER H J,RADFORD H E,et al. Perceptual embodiment of prosthetic limbs by transcutaneous electrical nerve stimulation[J]. Neuromodulation: Technology at the Neural Interface,2012,15(1):42-47.

[41] ARIETA A H,KATO R,YOKOI H,et al. A f-MRI study of the cross-modal interaction in the brain with an adaptable EMG prosthetic hand with biofeedback[C]. New York:28th Annual International Conference of the IEEE,2006:1280-1284.

[42] KATO R,YOKOI H,HERNANDEZ A A,et al. Mutual adaptation among man and machine

by using f-MRI analysis[J]. Robotics and Autonomous Systems,2009, 57(2):161-166.

[43] CiPRIANI C,ANTFOLK C,BALKENIUS C,et al. A novel concept for a prosthetic hand with a bidirectional interface: a feasibility study[J]. IEEE Transactions on Biomedical Engineering,2009,56(11):2739-2743.

[44] ANTFOLK C, D'ALONZO M, CONTROZZI M,et al. Artificial redirection of sensation from prosthetic fingers to the phantom hand map on transradial amputees: vibrotactile versus mechanotactile sensory feedback[C]. IEEE Transactions on Neural Systems and Rehabilitation Engineering,2013,21(1):112-120.

名词索引